中老年人学用智能手机

·升级版·

曾　增◎编著

中国铁道出版社有限公司
CHINA RAILWAY PUBLISHING HOUSE CO., LTD.

内 容 简 介

这是一本专门针对中老年朋友学用智能手机而编写的工具书，对中老年朋友在使用智能手机的过程中可能遇到的基本操作问题进行全面而详细的介绍。

本书一共9章，内容包括智能手机的基本操作、管理手机中的应用软件、手机拍照怎么用、微信怎么玩、手机购物支付怎么操作、手机在生活中的应用、手机上的娱乐活动有哪些、如何用手机快速购买理财产品以及如何使用手机炒股等。

本书的主要读者是对智能手机毫无接触或接触较少的中老年朋友。另外，由于书中介绍了很多日常生活中非常实用的手机应用软件，所以对广大读者都有一定的参考使用意义。

图书在版编目（CIP）数据

中老年人学用智能手机：升级版 / 曾增编著 .—北京：中国铁道出版社有限公司，2021.5（2021.11 重印）

ISBN 978-7-113-27479-5

Ⅰ.①中… Ⅱ.①曾… Ⅲ.①移动电话机－中老年读物 Ⅳ.① TN929.53-49

中国版本图书馆 CIP 数据核字（2020）第 252696 号

书　　名： 中老年人学用智能手机（升级版）
ZHONG LAO NIAN REN XUEYONG ZHINENG SHOUJI
作　　者： 曾　增

责任编辑： 张　丹　　**编辑部电话：**（010）51873028　　**邮箱：** 232262382@qq.com
封面设计： 宿　萌
责任校对： 焦桂荣
责任印制： 赵星辰

出版发行： 中国铁道出版社有限公司（100054，北京市西城区右安门西街 8 号）
网　　址： http://www. tdpress.com
印　　刷： 北京柏力行彩印有限公司
版　　次： 2021 年 5 月第 1 版　2021 年 11 月第 2 次印刷
开　　本： 787 mm×1 092 mm 1/16　**印张：** 15.5　**字数：** 270 千
书　　号： ISBN 978-7-113-27479-5
定　　价： 69.80 元

前 言

现在市场上的手机，更新换代的速度非常快。这不，前几天我女儿给我买了一部智能手机，到现在我都还不会用呢！

谁说不是呢，爷爷，智能手机远比以前的手机功能强大，所以对您来说使用起来有点复杂。我给您推荐一本书吧，叫《中老年人学用智能手机（升级版）》，这本书非常实用，相信对您学习使用智能手机会很有帮助。

哦，是吗？可是我怕自己看不懂啊！

不会的，这本书介绍的智能手机使用方法都比较基础，而且涵盖的内容简单易懂，是专门针对像您这样的零基础读者编写的。

第1章　中老年人玩智能手机要会的操作
第2章　中老年人也能轻松管理手机软件

智能手机基本操作和软件管理

拍照和社交软件的使用

第3章　拍好照，修好图，中老年人也可以
第4章　跟上潮流轻松学会微信

第5章　手机购物与支付不是年轻人的专属
第6章　手机让中老年人的生活更方便
第7章　除了广场舞，还可选择哪些娱乐活动

手机购物、支付和娱乐

手机理财

第8章　玩转手机理财，实现养老金稳增
第9章　手机炒股，中老年人随时关注行情

看起来这些内容确实挺实用的，这下好了，有了这本书我就不用担心不会使用智能手机了。

是的，爷爷。而且这本书还有很多自己的特色呢，保证您在阅读和学习的过程中不会觉得枯燥乏味。

不过，您要注意，这本书是以国产某品牌手机为例进行介绍的，如果您的手机界面和书中介绍的稍有不同，这是正常现象，咱们主要是学习其中的操作方法。至于这本书的读者对象，主要有如下一些。

50、60和70多岁的中老年人

刚开始使用智能手机的读者

适合各中、高职学校和培训学校作为移动互联网基础教材使用

数码产品发烧友和时尚达人

本书特色

① 操作过程全图解

书中大多数的知识点都以操作案例的形式详细解读，简单易懂，而且步骤都配有对应的操作图片。

② 实用软件多种多样

本书在教会中老年人使用智能手机的过程中，也介绍了很多实用性强的应用软件。

③ 补充知识提请注意

在正文讲解中还穿插了拓展知识和技巧强化小栏目，丰富知识的同时，也让中老年人掌握一些实用的技巧。

④ 区分系统覆盖面广

本书第1章就区分了安卓手机和苹果手机的不同，如系统和特殊操作等，让中老年人使用智能手机更加得心应手。

附赠视频资源

扫一扫，复制出版社网址到电脑端下载

出版社网址：http://www.m.crphdm.com/2021/0302/14318.shtml

网盘网址：https://pan.baidu.com/s/17F_fJwSQb3rYICK6IgwvQg
提取码：6w99
复制链接地址后打开百度网盘电脑端，然后输入提取码。操作更方便哦！

目 录

第6章 手机让中老年人的生活更方便

第8章 玩转手机理财，实现养老金稳增

第9章 手机炒股，中老年人随时关注行情

学习目标

随着电子科技的发展，智能手机越来越普及。很多年轻的子女都为父母购置了智能手机。但由于其功能比以前的普通手机多很多，中老年人在刚开始用智能手机的过程中可能会存在很多困难，所以很有必要学习如何使用智能手机。

要点内容

- 智能手机的一般结构
- 点、滑、推、拉、按、双击
- 看不清屏幕？放大系统字体
- 怎么复制原手机中的电话簿和图片
- 给亲人手机号设置来电头像
- 怎么把儿孙的照片设置为桌面背景
- 锁屏太快？设置“自动锁屏”的时间

……

1.1 认识新手机的组成结构

小精灵，上周我女儿给我买了一部智能手机，我还不怎么会用呢。她每天上班又没时间教我，你抽空教教我吧。

没问题啊，爷爷，举手之劳。那我就先教您认识一般的智能手机的结构和系统吧。

要想正确且顺畅地玩转智能手机，中老年人先要学习智能手机的结构组成、系统版本和如何避免手机受损的方法。

1.1.1 智能手机的一般结构

虽然智能手机的组成结构会因为品牌和型号等的不同而有所差别，但其大致结构却是相同的。下面就来了解智能手机的一般组成结构。

[跟我学] 了解智能手机的组成部分

● 屏幕 目前市场上销售的智能手机的屏幕都比较大，与以前的功能机相比，更容易看清屏幕上的文字。它占了整个手机结构的绝大部分，有屏幕的一面称为手机的正面，如图1-1所示。

● 主键 在手机正面、屏幕下方即是手机的主键位置，有的手机只有一个主键，典型品牌是苹果，该主键一般被称为【Home】键；有的手机有3个主键，典型品牌有华为、ViVO和OPPO等，分别是菜单键、【Home】键和返回键，如图1-2所示。

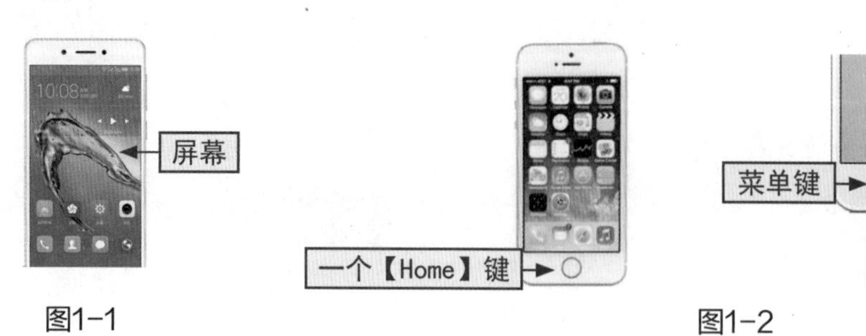

图1-1　　图1-2

拓展学习 | 关于主键的作用说明

智能手机的主键可分为两大类，实体主键和虚拟主键。实体主键一般位于手机屏幕的下方，如图1-2所示。虚拟主键一般显示在屏幕上，如图1-3所示。

现在很多品牌手机的商家都陆续发售只有一个主键的手机，即【Home】键。无论是苹果iOS系统手机还是安卓系统手机，该键的作用都非常相似，具体作用如下。

1.按下该键可立即返回主屏幕（刚打开手机，屏幕上显示了很多软件图标的界面）首页，也可以在锁屏状态下点亮屏幕。

2.两次按下该键会启动手机的任务管理器，查看最近使用的应用程序，在这里点击某个程序可直接跳转到该应用界面，而向上滑动可将程序彻底关闭。

3.按住该键不动，保持一段时间，会呼出语音助手。

4.同时按下电源键和该键5秒以上，手机会强制关机，适合在手机卡死时使用。

对于有3个主键的手机来说，返回键也能返回主屏幕，但如果开启的程序层级较深，则需要按返回键多次才能返回主屏幕，没有【Home】键方便。另外，这3个主键中的【Home】键一般位于中间位置，而返回键和菜单键的位置则因为手机品牌的不同而有所差异，如图1-4所示。

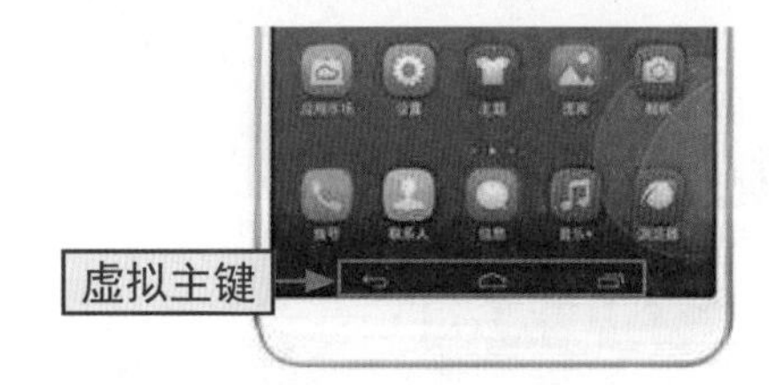

图1-3

图1-4

● 侧面按键 一般的智能手机侧面按键包括音量键（“+”和“-”）和电源键，用来控制手机各种声音的大小，如图1-5（左）所示。而苹果手机除了这两个键以外，还有一个静音键，可立即开启或关闭静音功能，如图1-5（右）所示。

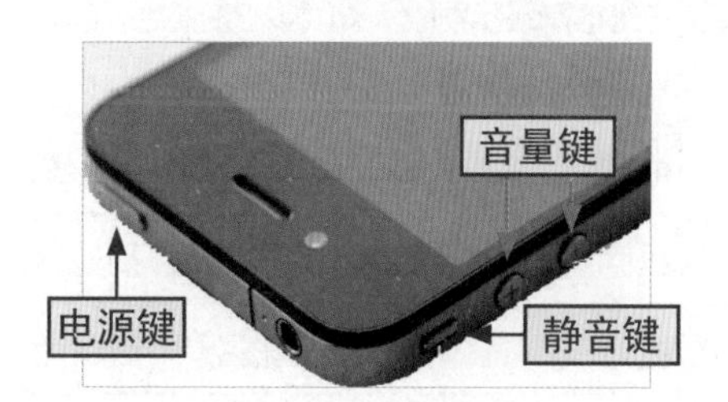

图1-5

● 各类插孔和卡槽 在手机侧面，除了有各种按键外，还有一些插孔和卡槽。插孔一般是耳机插孔和充电线插孔，如图1-6（上）所示；卡槽是放置电话卡的地方，如图1-6（下）所示。

● 前后摄像头 摄像头是手机拍照必不可少的部件，前摄像头一般位于智能手机的正面最上方，后摄像头一般位于背面最上方，如图1-7所示。

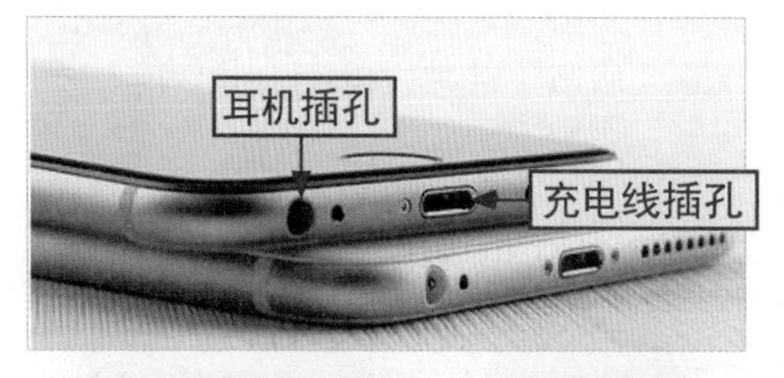

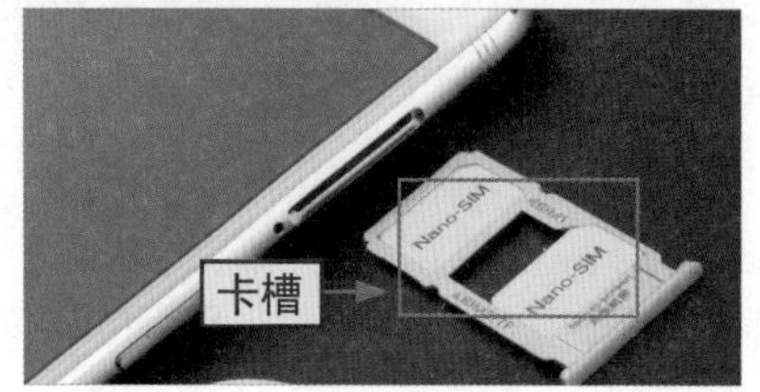

图1-6

图1-7

1.1.2 Android系统与苹果iOS系统的差别

目前市场上销售的智能手机，只有苹果手机使用的是自己开发的iOS系统，其他品牌的智能手机几乎都是Android（安卓）系统。那么，两种系统有哪些区别呢？具体如表1-1所示，中老年人只需简单了解即可。

[跟我学] Android系统与iOS系统的比较

表1-1

对比项目	Android系统	iOS系统
开发商	Google公司	苹果公司
品牌	大多数品牌的智能手机和数码产品	苹果手机及其数码产品
代码问题	基于Linux的自由及开放源代码	基于Objective-C的不开放源代码
导航方式	Tab放在页面底部，不能滑动切换	Tab放在页面顶端，可滑动或点击切换

续上表

对比项目	Android系统	iOS系统
单条item	操作有两种，点击和滑动，点击一般进入一个新页面，滑动会出现对当前item的一些常用操作	操作有3种，点击、长按和滑动，点击一般进入一个新页面，长按进入一个编辑模式，滑动也会出现对当前item的一些常用操作
浮窗设计	可看到各种浮窗、流量和清理内存等	暂不支持浮窗
UI设计	通常设计尺寸为750×1334或1242×2208	通常设计尺寸为720×1280或1080×1920
图标尺寸	36×36px、48×48px、72×72px、96×96px和144×144px等	44×44px、66×66px、80×80px、120×120px和152×152px等
图标命名	英文缩写原则（缩写后易造成误解的，将保留完整单词）；包命名全部使用小写字母；类命名采用大驼峰命名法，即所有单词的首字母大写，且尽量避免缩写；接口名称一般以I开头，命名规则与类一样；方法、参数和变量等的命名采用小驼峰命名法，即除了首个单词外，其余所有单词首字母均大写	基本思想是把文件名分成3部分，逻辑归属分类、表现内容和内容类型，有的会有第四部分，即表现状态。具体规则是：用英文命名，不用拼音；每一部分用下画线分隔；图片名中，n倍图要在名字后面加@nx

1.1.3 怎么保护手机尽量不受损

根据大多数人使用智能手机的经验可知，智能手机大都没有以前的功能机耐摔，加之功能复杂，不仅容易发生物理损坏，还容易发生文档和程序等软件损毁。其中，对软件的保护知识将在本书第2章做具体讲解，这里只介绍防止物理损坏的措施。

[跟我学] 怎么才能让手机尽可能不受损

● 套手机壳、贴膜 大多数人常用的手机壳只能对手机背面和侧面进行保护，而手机正面需要贴膜实现保护，如图1-8（左、中）所示。但有的人会直接给手机套一个手机套，正、背面都能起到保护作用，如图1-8（右）所示。

● 放在宽敞且平坦的位置 手机的外观比较平滑，如果放在狭窄或者凹凸不平的地方，很容易滑动而掉到地面上，这就有可能造成手机正面屏幕被摔坏，所以需要将手机放在宽敞而平坦的地方。

图1-8

● 远离金属材质的物件 智能手机的屏幕材质一般是TFT、TFD、UFB、STN、LCD和OLED等，这些材质容易被金属划伤。所以，当我们把手机放在衣服兜里或挎包里时，尽量与钥匙这样的尖锐金属物件隔开，否则很容易把屏幕划花。

● 避免在有水的地方使用手机 目前市场上的大多数智能手机的后盖都不容易取下来，也有很多智能手机后盖根本取不下来，如果需要检修，都需要找专业的维修人员拆开手机。所以如果手机进水，中老年人很难立即拆开后盖处理，这就会增加内部零件损坏的可能性。

● 充电时保持手机周围通风、散热良好 手机充电时，适当的发热现象是正常的，中老年人可将手机放置在通风、散热效果好的地方，让手机能在发热的同时迅速散热，这样可降低电池烧坏的概率，同时也是保证手机不受损的有效手法。

1.2 智能手机的基础操作

小精灵，我按了一下你说的电源键，可是手机的屏幕还是没有亮啊，这是怎么回事啊？

爷爷，您的手机现在是关机状态，如果您想使用手机，要长按电源键，直到手机屏幕亮了为止才能松开手。

与功能机相比，智能机的按键方法比较复杂，不像功能机只有“按”这一种。要想流畅地使用智能手机，中老年人要先学会一些基础操作。

1.2.1 搞懂按键才能用好指法

以Android系统的手机为例（在本章1.1节内容中已经介绍了其机体上的几个重要按键），不同的按键，指法不同，达到的目的也不同，具体介绍如表1-2所示。

[跟我学] 手机机体上的按键使用说明

表1-2

按键	指法和目的
电源键	在开机状态下，如果屏幕未亮，按下该键并立即松手，可点亮屏幕；如果屏幕亮着，按下该键并立即松手，可关掉屏幕显示，让其处于不可进行操作的状态。当手机处于可操作状态时，长按该键会使手机关机；当手机处于锁屏或即使亮屏但不能进行操作时，长按该键将不能使手机进入关机状态；在手机处于关机状态时，长按该键即可开机并点亮屏幕
音量键	该按键分为两端，一端是提高音量的【+】键，另一端是降低音量的【-】键。按下该键并立即松手，可调整手机的音量
菜单键	点击该键可打开系统的设置，或者进行壁纸与主题的更改，通常在进入一些应用程序后，该键的作用就不大了。如果是虚拟的菜单键，也只有“点击”这一个指法
返回键	点击该键可返回上一级操作，多次点击后最终会返回手机主屏幕，在很多应用程序中进行操作时使用较多。如果是虚拟的返回键，也只有“点击”这一个指法

1.2.2 点、滑、推、拉、按、双击

中老年人弄清楚手机机体上实体按键的指法后，并没有完全掌握智能手机使用过程中的所有指法。为了更顺畅地使用手机，还需要专门学习这些指法。

[跟我学] 智能手机使用过程中涉及的指法

● 点（点击） 在手机上执行点击操作，相当于触摸，类似于电脑上的“单击”操作。中老年人要注意，在执行“点击”操作时，一定要用手指指腹，否则手机不能识别该操作，比如用指甲点击，手机将无法识别点击操作。通常，

手机中的应用程序图标、按钮和网页上的超链接等，都需要通过“点击”操作才能进入下一步操作或下一个界面，如图1-9所示。

图1-9

● 滑 一般是单手操作，手指在手机屏幕上从左往右、从右往左、从上到下或由下至上滑动，一般用于浏览网页和程序界面，或者滑动解锁、接电话等，如图1-10所示。

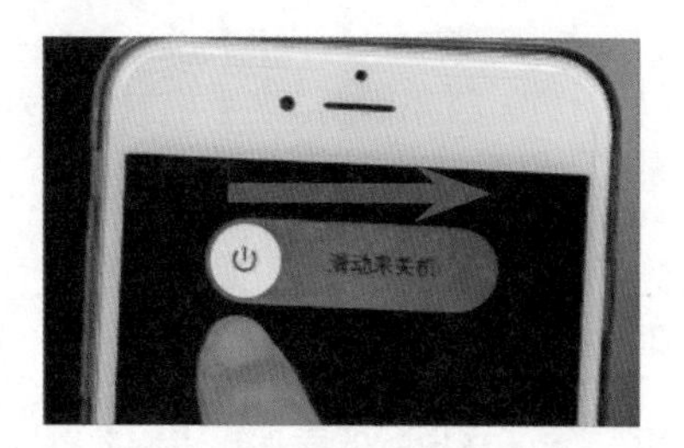

图1-10

● 推 一般是两根手指操作，至于是否是同一只手的两根手指，就与个人习惯有关。两根手指在手机屏幕上同时分别往手机外围滑动，可以放大界面中显示的内容，如图1-11所示的是将手机相册中的某一照片通过“推”放大后的效果。

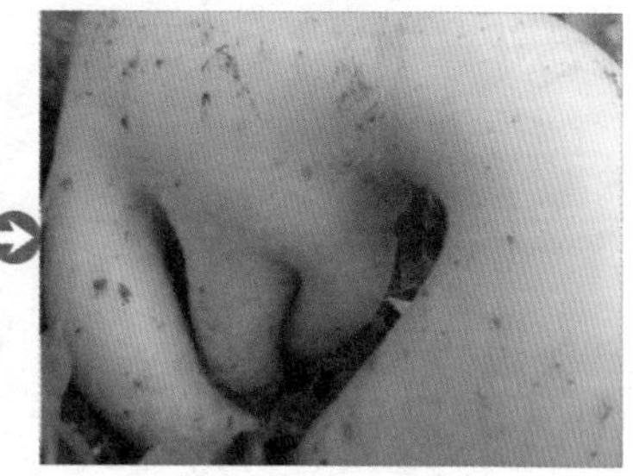

图1-11

● 拉 该操作也需要同时用到两根手指，手指在手机屏幕上往屏幕内侧滑动，其达到的效果与“推”的效果刚好相反，可缩小界面中显示的内容，如图1-12所示。

● 按 该指法一般针对实体按键，有“按下”和“长按”之分。“按下”通常是按了按键以后立即松手，而“长按”是按下按键后保持数秒再松手。图1-13所示为按下【Home】键后立即松手，退出应用程序回到主屏幕。

图1-12

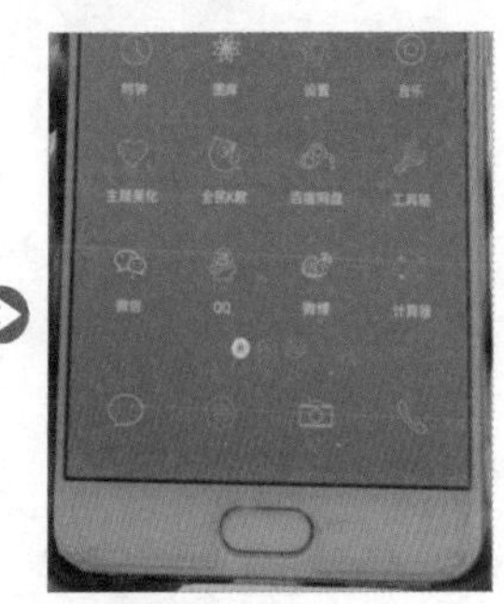

图1-13

● 双击 该操作就是快速“点”两次，当屏幕处于锁屏状态时，双击可点亮屏幕；设置了解锁密码的手机，当屏幕处于点亮状态但还未解锁时，双击屏幕可达到锁屏的目的。另外，当双击短信内容、微信消息或QQ消息时，会放大消息内容的显示比例，如图1-14所示。注意，有些手机在查看短信时，并不是执行“双击”操作来放大短信内容，而是通过“推”指法来实现放大目的。

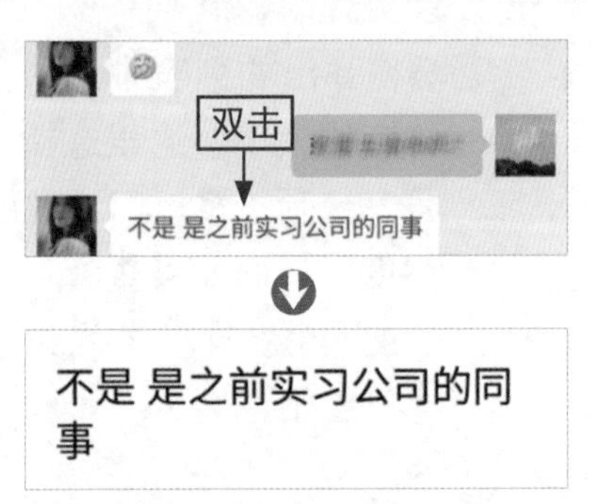

图1-14

1.2.3 看不清屏幕，放大系统字体

中老年人年龄大了，视力不好，而智能手机初始设置的字体对于中老年人来说可能显得较小。为了看清屏幕中的内容，中老年人需要学会将系统字体调大。

[跟我做] 如何调大手机系统的字体

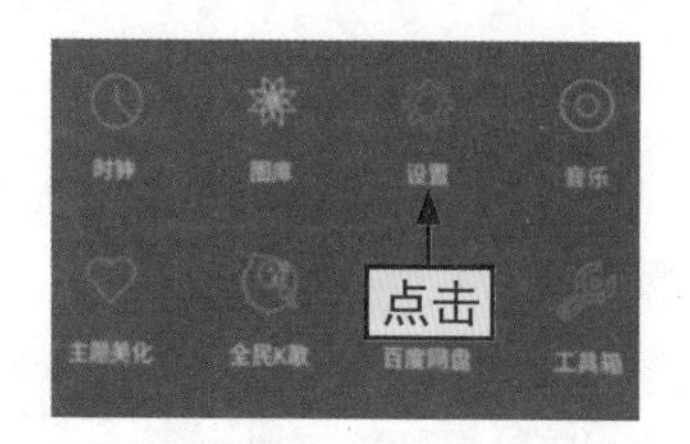

步骤01

按电源键点亮屏幕（已设置锁屏密码的要解锁），进入主屏幕，在主菜单中找到“设置”图标，点击该图标。

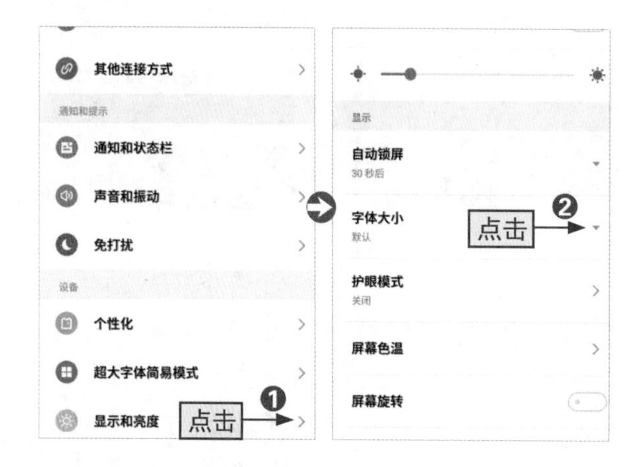

步骤02

❶在“设置”界面找到“显示和亮度”选项（有些手机的“显示”是单独的选项，根据具体情况进行选择），点击其右侧的展开按钮。❷在打开的“显示和亮度”界面找到“字体大小”选项，点击其右侧的下拉按钮。

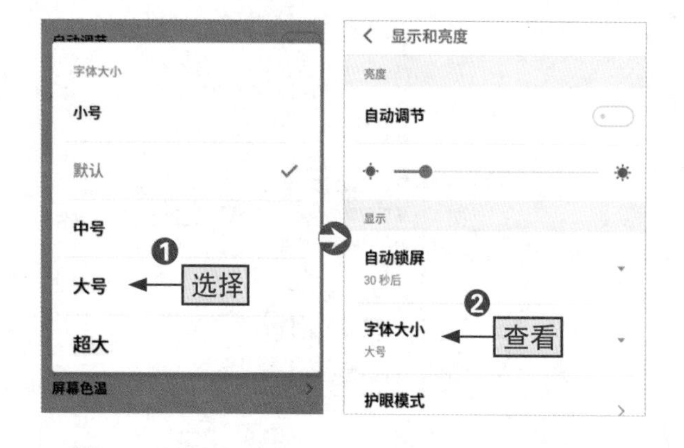

步骤03

❶在弹出的列表中选择合适的字体大小，这里选择“大号”选项，❷返回“显示和亮度”界面即可查看到更改后的字体大小，并且系统字体已经相应增大。

技巧强化丨超大字体简易模式

有些品牌的手机会专门在“设置”界面中提供“超大字体简易模式”的选项，为的就是让中老年人也能轻松使用手机，该模式的开启和退出操作很简单：❶在“设置”界面点击“超大字体简易模式”展开按钮，❷在打开的新界面中点击“开启”按钮，系统自动返回手机主屏幕，可以看到超大字体的显示效果，如图1-15所示。若想退出该模式，❶点击屏幕上的“设置”图标，❷在界面中选择“简易模式”选项，❸点击“退出”按钮即可，如图1-16所示。

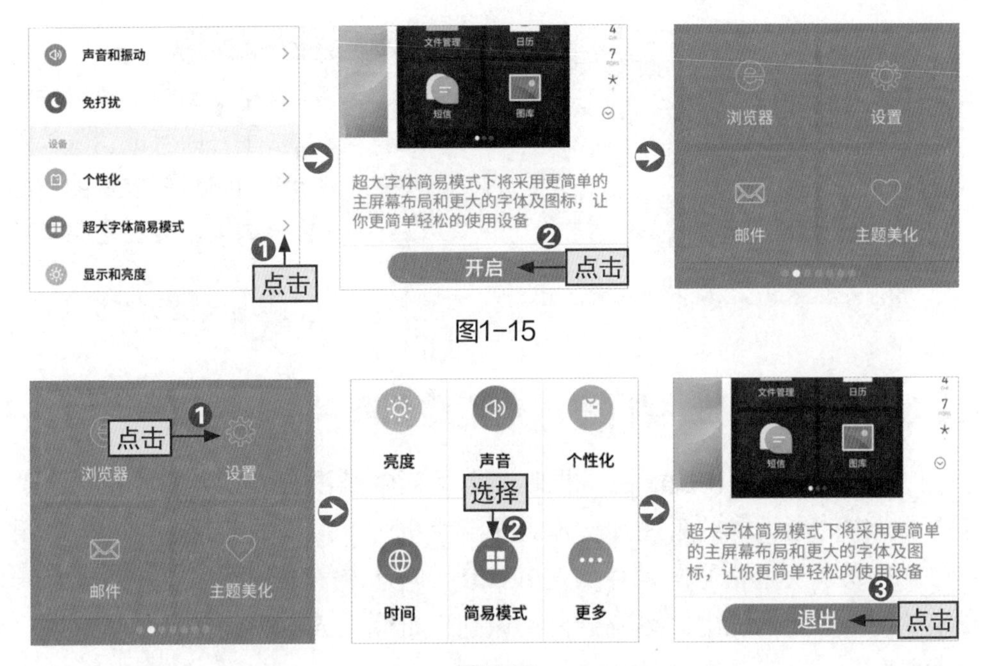

图1-15

图1-16

1.2.4 怎么把常用的软件放在显眼的位置

智能手机的内存比功能机的内存大很多，所以能够安装更多的应用软件，这就会导致手机主屏幕上出现很多的应用图标。为了更快地找到平时常用的软件，中老年人要学会将这些软件图标放在显眼的位置，一般是主菜单的第一页。下面就介绍具体的操作步骤。

[跟我做] 学会移动软件图标到主菜单第一页

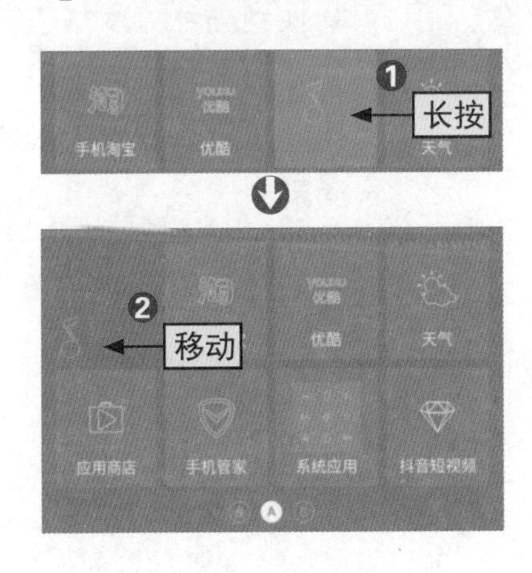

步骤01

❶进入手机主屏幕，滑动屏幕浏览主菜单，找到需要移动位置的软件图标，长按图标不松手，❷用按住图标的手指在屏幕上滑动，移动图标。如果操作过程中不能一次性移动到位，也可中途松手后再次长按并移动。

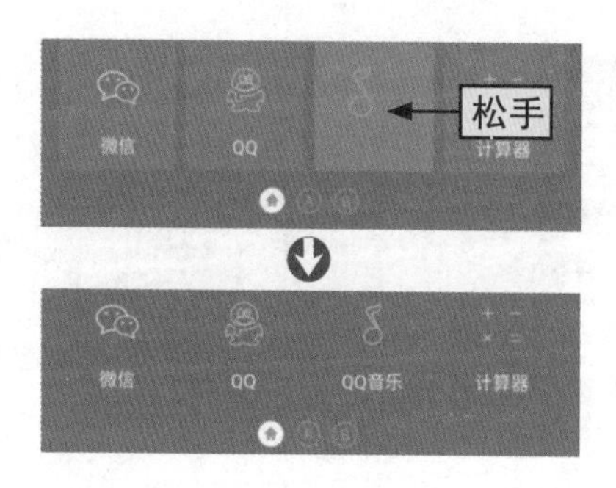

步骤02

将其移动到想要放置的位置处松手，即可成功将软件图标移动到想要放置的显眼位置，这里放置在主菜单第一页中。

1.2.5 怎么复制原手机中的电话簿和图片

中老年人刚开始使用智能手机时，电话簿中是没有联系人的。要想快速地将原手机中的电话簿或者图片传递到智能手机中，可借助蓝牙功能。但如果原手机中的联系人电话号码是存储在SIM卡（电话卡）中的，则直接将电话卡取出并安装在智能手机中，系统会自动识别手机联系人。下面就具体讲解通过蓝牙功能传送手机联系人电话号码的操作。

[跟我做] 通过蓝牙功能传送手机号码

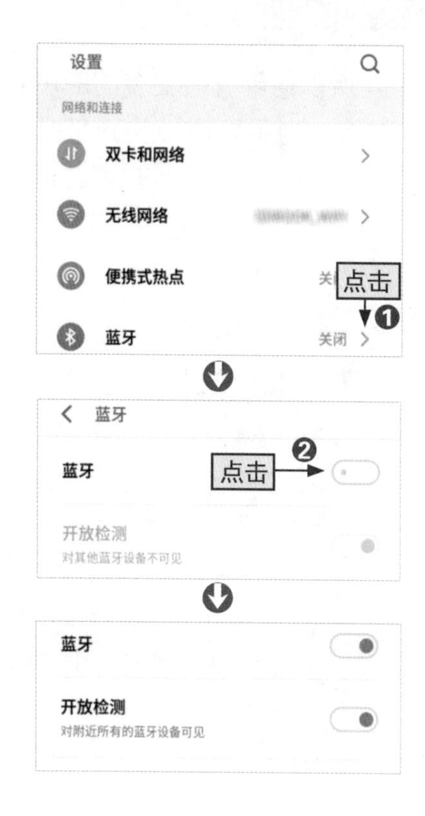

步骤01

❶打开智能手机并进入“设置”页面，找到“蓝牙”选项，点击其右侧的展开按钮，❷点击右侧的开关按钮，使其从灰色不可用状态切换到亮色可用状态，即成功开启蓝牙功能。在该界面中，可以查看到手机蓝牙的名称。

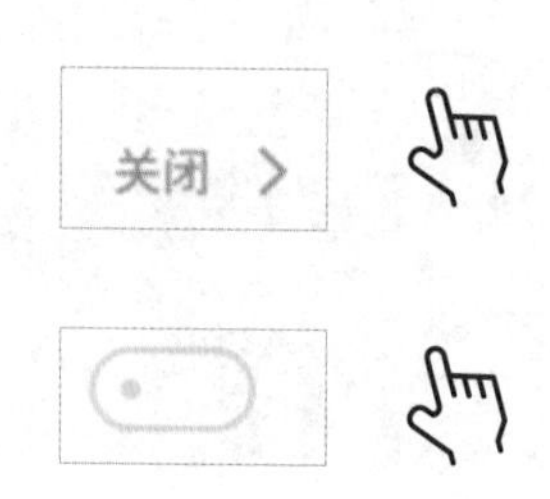

步骤02

进入原手机的电话簿中，通过手机上的方向键选择需要传送的电话号码，然后按接听键或挂机键上方的左键或右键达到点击“选项”按钮的目的。在其中找到“通过蓝牙发送”选项并选择。

接收到的文件

已配对设备

FNNI P8

可用设备

选择

❶

FNNI P8

可用设备

正在配对...

已配对设备

查看

❷

FNNI P8

步骤03

系统会自动开启蓝牙功能并搜索附近的蓝牙设备（有的功能机没有蓝牙功能，则只能将手机中存储的电话号码先移动或复制到电话卡中，然后直接换电话卡），在智能手机中可看到搜索蓝牙设备的结果，❶选择原手机的蓝牙名称选项，❷成功配对后即可在“已配对设备”栏中查看到原手机蓝牙名称（有时，两台手机必须输入相同的密码才能配对成功）。此时就可在原手机上进行手机号码的传送操作，完成手机号码的快速复制。

拓展学习 | 直接取电话卡传递手机号码

原来的功能机的后盖很容易打开，中老年人可以打开后盖，❶取出电话卡，❷将电话卡插入智能手机的卡槽中，❸关闭卡槽，即可转移原手机中的联系电话，如图1-17所示。注意，有的电话卡需要剪掉多余的部分后才能插入智能手机中。

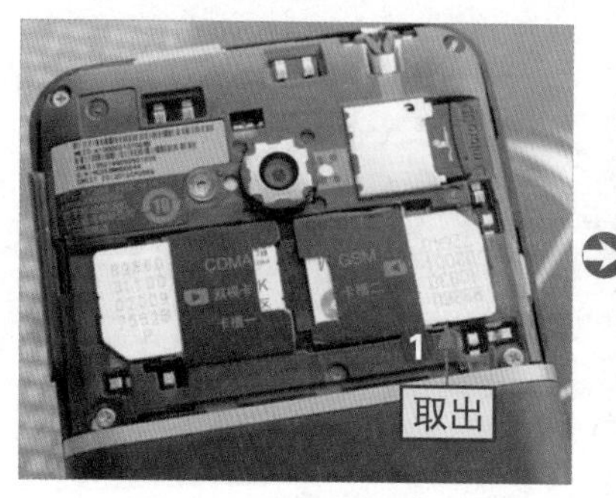

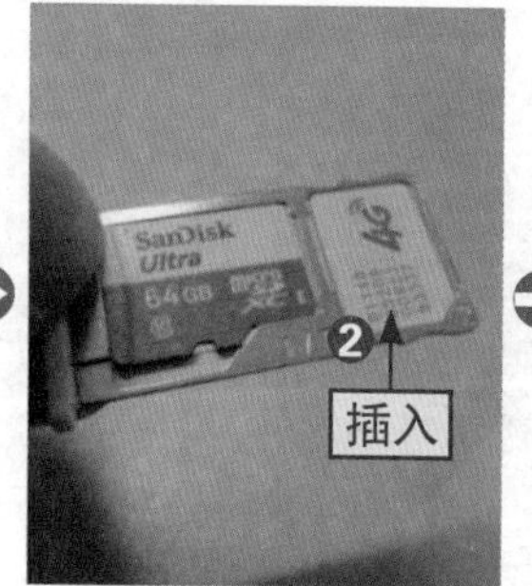

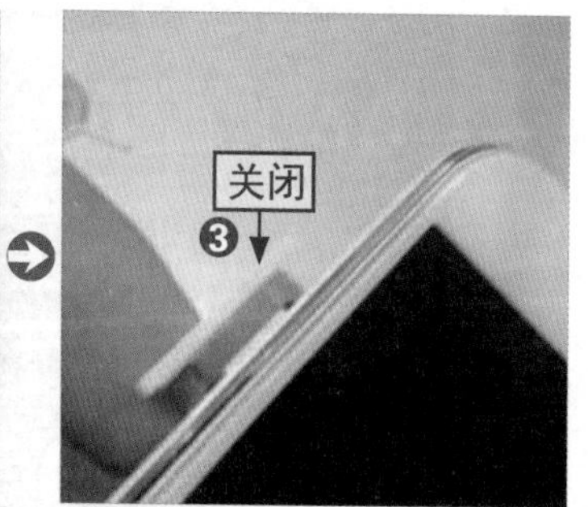

图1-17

1.2.6 如何新增联系人

中老年人在使用智能手机的过程中常常会遇到需要添加新的联系人的情况，例如遇到某个朋友需要添加电话号码，所以需要了解新增联系人的操作。

[跟我做] 快速添加新的联系人

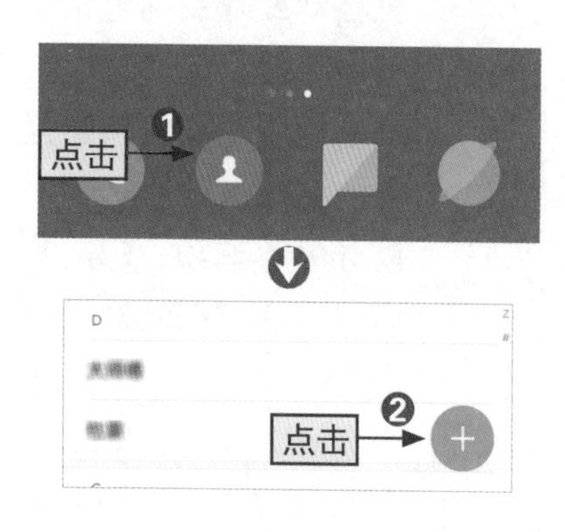

步骤01

❶打开手机，联系人的图标一般默认显示在屏幕最下方，点击电话图标，❷在打开的“联系人”界面中点击“添加”按钮。

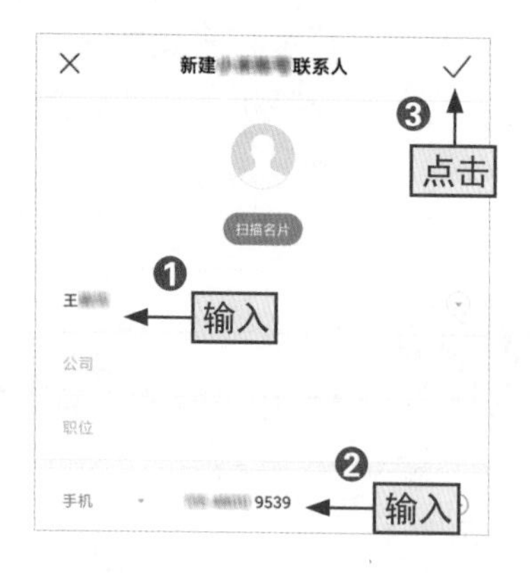

步骤02

❶在打开的添加界面中输入联系人姓名，❷在下方输入手机号码，❸点击“保存”按钮即可完成新增联系人的操作。

拓展学习丨拨号新增联系人

在拨号界面同样可以快速添加联系人，首先进入到拨号界面，❶通过拨号的方式输入要保存的手机号码，❷点击“添加到联系人”选项，即可跳转到新建联系人界面，快速新建联系人，如图1-18所示。

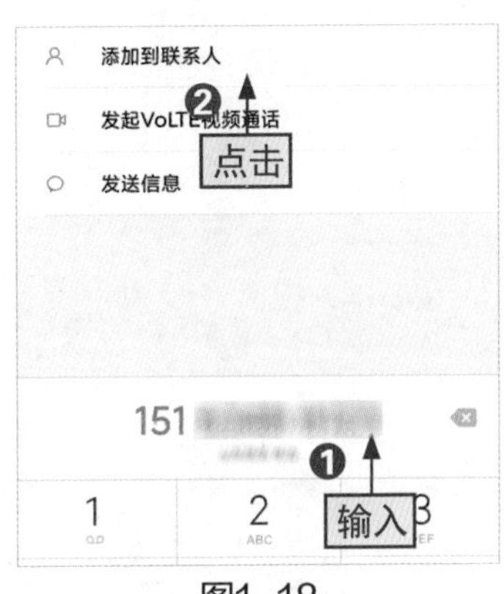

图1-18

1.2.7 给亲人手机号设置来电头像

有些中老年人想玩点时髦的操作，比如给亲朋好友的号码设置来电头像，这样可以清楚地知道是谁打来的电话。下面就来看看具体的操作步骤。

[跟我做] 通过电话簿设置来电头像

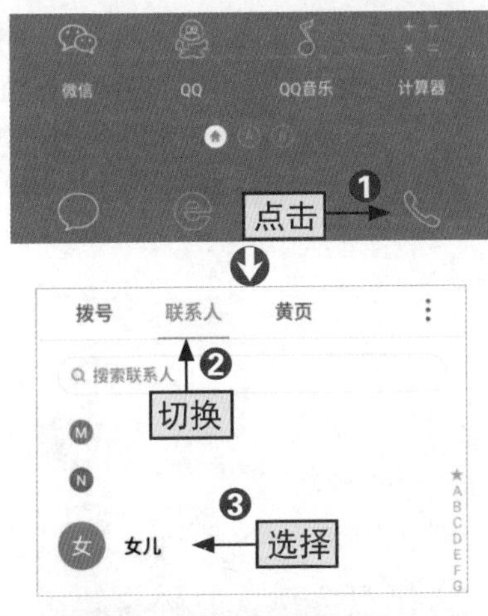

步骤01

❶打开手机，电话簿的图标一般默认显示在屏幕最下方，点击电话图标（有些手机是“联系人”图标），❷切换到“联系人”界面，❸在其中找到需要设置头像的联系人，这里选择“女儿”选项。

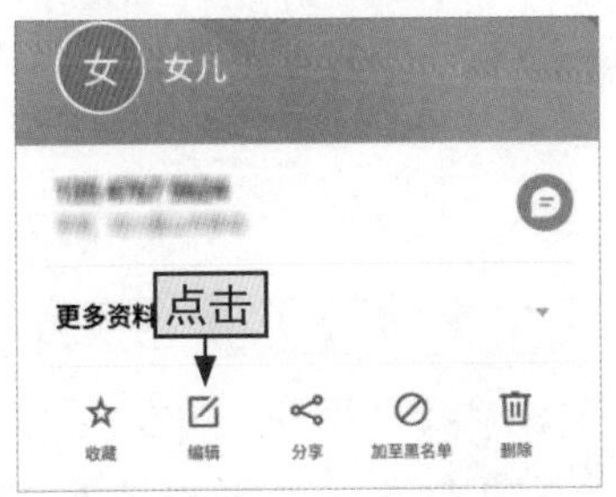

步骤02

在打开的界面中点击“编辑”按钮。

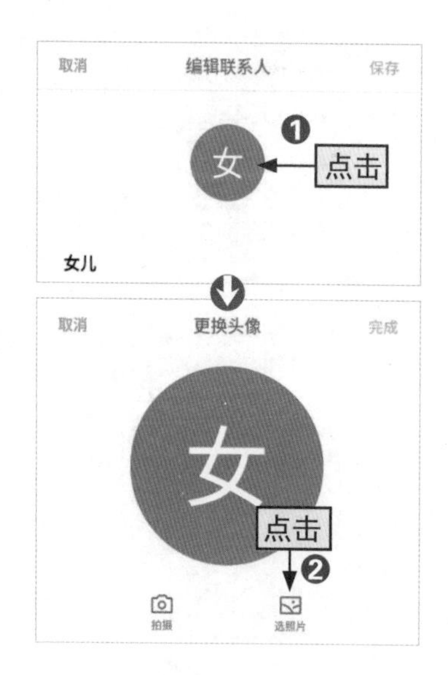

步骤03

❶在新的界面中点击默认头像图标，❷在打开的“更换头像”界面中点击“选照片”按钮，如果还没有照片，可点击“拍摄”按钮进行拍照。

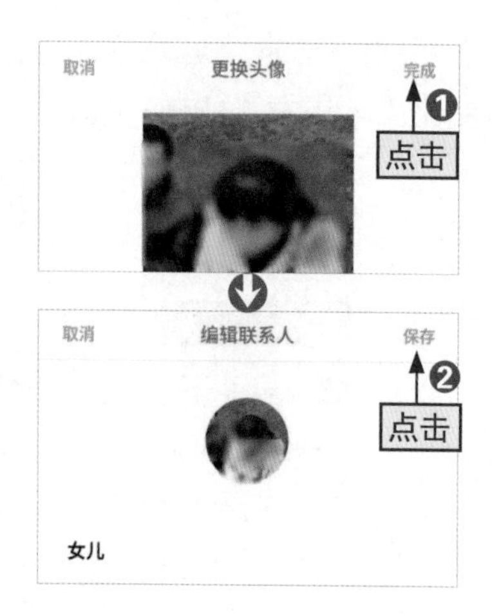

步骤04

❶选好照片后，系统会自动返回“更换头像”界面，确认后点击右上角的“完成”按钮，❷返回“编辑联系人”界面，点击右上角的“保存”按钮，完成设置来电头像的操作。

1.2.8 忘记字怎么写了？用拼音打字

中老年人使用智能手机发送短信时，与功能机的实体键不同，智能手机会在发送短信的界面生成虚拟键盘。下面以26字母键盘为例，具体讲解拼音打字操作。

[跟我做] 给亲人发短信时用拼音打字

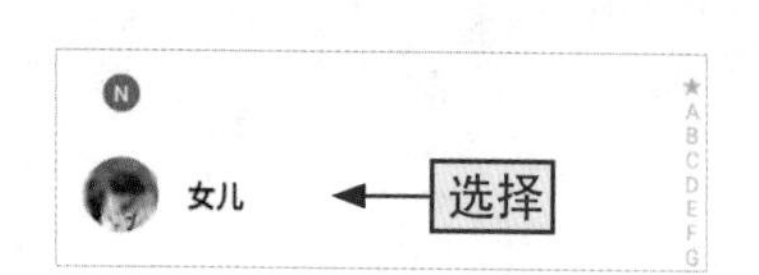

步骤01

打开手机，进入“联系人”界面，选择短信接收人。

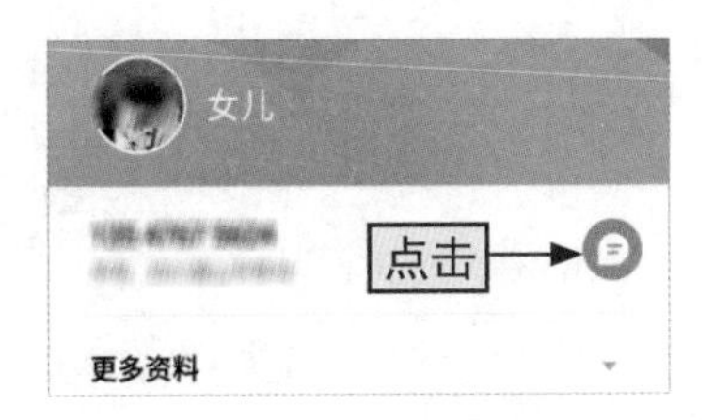

步骤02

打开联系人详情页面，点击短信按钮。

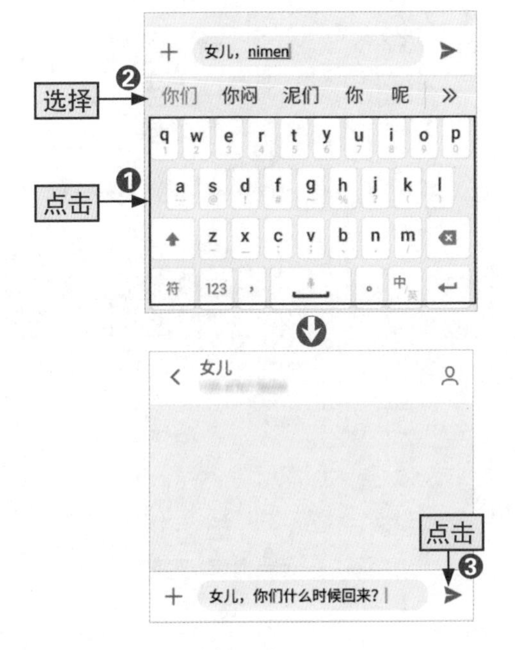

步骤03

打开编辑短信的界面，屏幕下方会自动弹出一个虚拟键盘，这里是26字母键盘（还可设置九宫格键盘），❶点击字母按钮和标点符号按钮，在输入框中会显示拼音和标点符号，❷在输入框和键盘之间选择需要编辑的文字，这里选择“你们”，❸按照相同的方法编辑完所有的短信内容，点击输入框右侧的“发送”按钮，完成发短信的整个操作过程。

技巧强化 | 切换虚拟键盘的模式

有些中老年人可能已经忘记汉字的拼音了，那该怎么办呢？没关系，❶可以在虚拟键盘上点击键盘按钮，在下方的列表框中有很多键盘模式，如1.2.7节内容提到的26字母键盘（拼音全键盘），还有拼音九宫格、英文键盘、五笔键盘、笔画键盘和手写键盘等，❷选择合适的键盘类型即可启用该键盘，这里选择“手写键盘”选项，程序会自动切换到手写键盘，❸在其中写字即可，如图1-19所示。

除此之外，中老年人还可直接通过语音输入短信，❶直接点击虚拟键盘上的语音按钮，❷点击“话筒”按钮即可录入语音信息，❸录入完毕后点击波纹就可结束短信输入操作，❹如果识别的内容与想要发送的信息不符，还可长按“话筒”按钮进行修改，也可直接点击“删除”按钮，如图1-20所示。

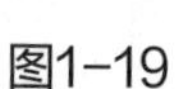
图1-19

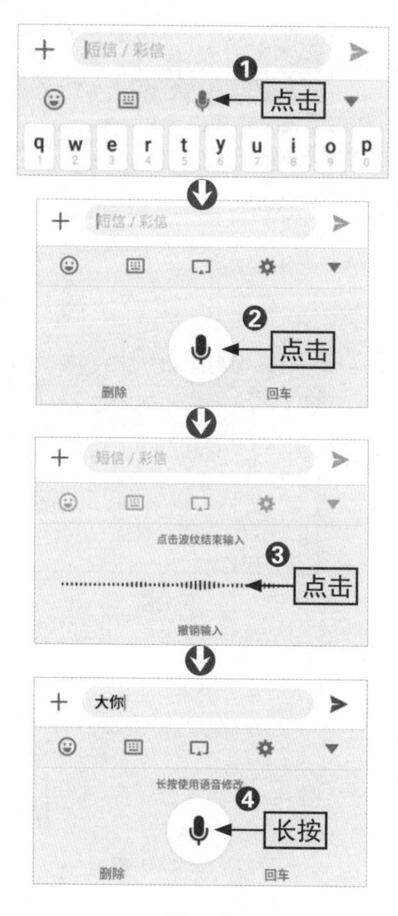

图1-20

1.2.9 移动网络和无线WiFi的启用

在智能手机的使用过程中，不得不提及的就是网络的应用。移动网络遍及大街小巷，无线WiFi也几乎每一个家庭都安装了，网络使得人们出门都不用带钱包了，唱歌都不用去KTV了，看电视不用守着电视机了。

1.启用移动网络

任何手机都可以启用移动网络，但如果不想消耗太多的话费，则必须保证电话卡开通的业务中有数据流量，这样在启用移动网络时消耗的就是数据流量，而不是话费。另外，在使用数据流量上网的过程中，要注意查看剩余流量，否则流量用完后如果继续开启移动网络，会直接花掉话费，很不划算。

[跟我学] 出门在外连接移动网络上网

❶进入“设置”界面，点击“双卡和网络”选项右侧的展开按钮，❷点击“移动数据”按钮使其变为可用状态，即可成功启用移动网络，如图1-21所示。

图1-21

2.启用无线WiFi

启用无线WiFi的方法除了可以像启用移动网络一样，还有另一种更快捷的启用方法，那就要借助智能手机的通知栏。通知栏一般在屏幕最上方，并且需要中老年人向下滑动手机屏幕来打开。具体操作步骤如下。

[跟我做] 连接无线WiFi上网速度更快

步骤01

❶进入手机主屏幕，将手指放在屏幕上的任意位置并向下滑动，在打开的通知栏中会显示很多功能按钮，❷点击“无线网络”按钮即可启用无线WiFi功能，❸点击“无线网络”按钮右下角的下拉按钮。

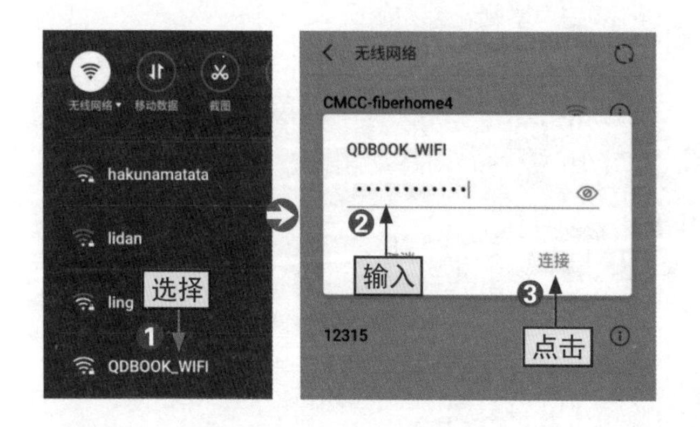

步骤02

❶在弹出的列表中选择要连接的无线WiFi名称选项，这里选择“QDBOOK-WiFi”选项，❷在打开的界面中输入WiFi的登录密码，❸点击“连接”按钮即可使用WiFi上网了。

中老年人通过这一节内容的学习，可掌握智能手机的基本操作。接下来，在使用智能手机时要注意，不同手机在一些细微的操作上会有不同，且手机界面显示的按钮也可能会有差别，具体应根据界面实际显示效果为准。

1.3 中老年人学会使用“设置”功能

小精灵，我的朋友们都把跟儿孙一起拍的照片设置成桌面背景，我也想把儿孙的照片设为桌面背景，怎么办呢？

爷爷，设置桌面背景有两种方法，一种是通过“设置”功能完成，另一种是进入相册选择照片后进行设置，下面我就具体给您讲讲吧。

智能手机的很多自带功能和基础操作都需要进入“设置”页面启用或完成，除了可以调整系统字体大小和连接网络以外，还可以自定义设置桌面背景、手机主题和锁屏壁纸，更改自动锁屏时间以及更改应用软件的权限等。

1.3.1 怎么把儿孙的照片设置为桌面背景

很多中老年人喜欢把儿孙的照片设置为锁屏壁纸或者桌面背景，这样在用手机的时候就能看到儿孙。下面以通过“设置”功能设置桌面背景为例，讲解具体的操作步骤。

[跟我做] 把儿孙的照片设置为桌面背景

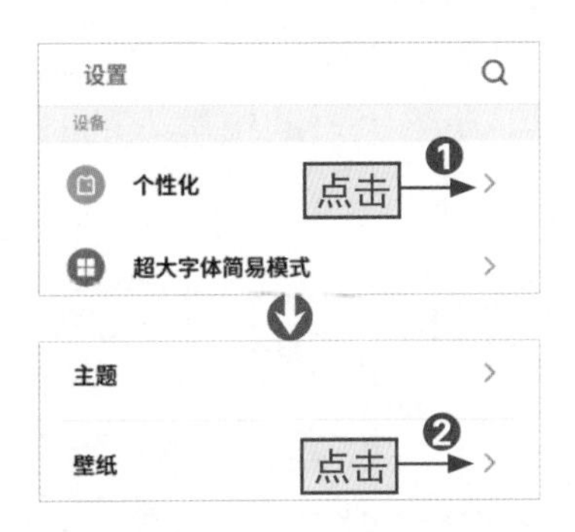

步骤01

❶进入“设置”界面，点击“个性化”选项右侧的展开按钮，❷在打开的“个性化”界面中点击“壁纸”选项右侧的展开按钮。

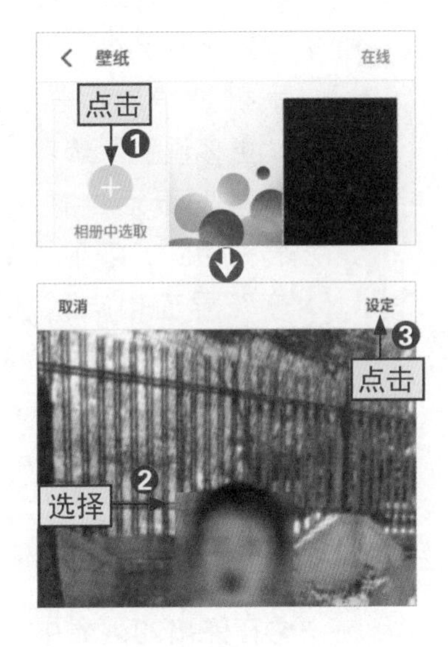

步骤02

❶在“壁纸”界面中点击“相册中选取”按钮，❷在手机相册中选择要设置为桌面背景的照片，❸点击右上角的“设定”按钮。

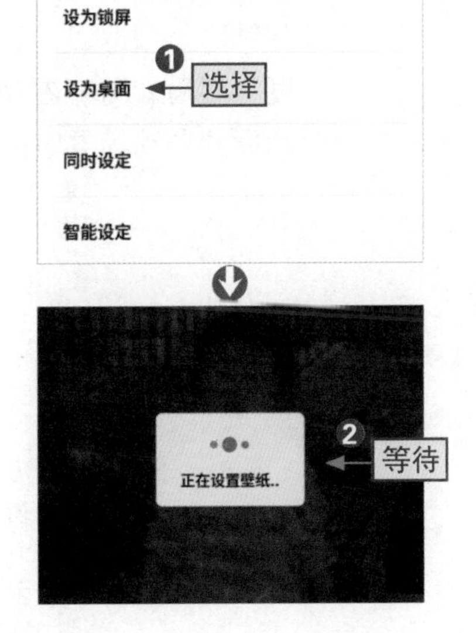

步骤03

❶程序会弹出一个列表框，选择将当前照片设置为锁屏或桌面，也可选择“同时设定”选项，这里选择“设为桌面”选项，❷等待程序自行完成桌面背景的设置，设置完成后返回主屏幕即可看到设置后的桌面效果。

1.3.2 锁屏太快？设置“自动锁屏”的时间

很多智能手机对自动锁屏的默认设置时间都比较短，而中老年人可能还没反应过来怎么操作，屏幕就暗了，所以需要手动将“自动锁屏”的时间设置得更长。具体操作如下。

[跟我做] 设置手机的自动锁屏时间为一分钟

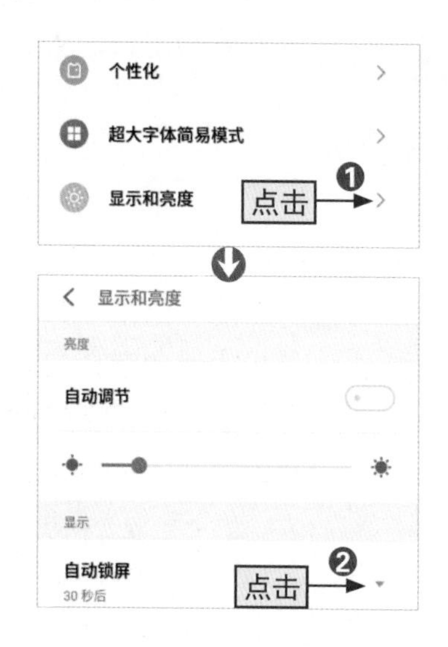

步骤01

❶进入“设置”界面，点击“显示和亮度”选项（有些手机是“显示”选项或者“更多设置”选项，根据实际情况灵活选择）右侧的展开按钮，❷在“显示和亮度”界面中点击“自动锁屏”选项右侧的下拉按钮。

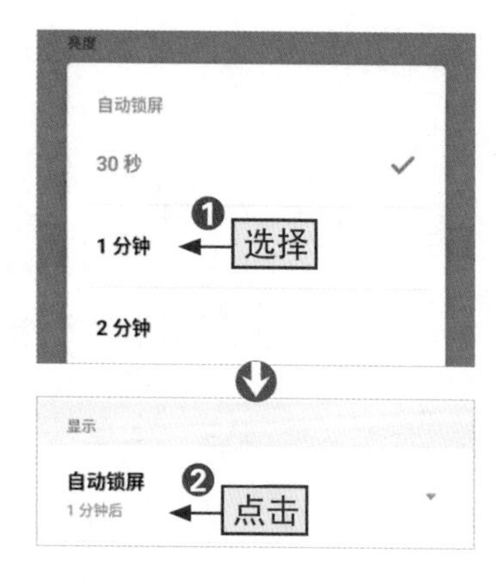

步骤02

❶在弹出的列表中选择合适的时间选项，这里选择“1分钟”，❷返回“显示和亮度”界面即可查看到设置成功后的自动锁屏时间。

1.3.3 将手机铃声设置为喜欢的音乐

中老年人在使用智能手机的过程中，如果遇到喜欢的音乐，可以将其设置为手机来电铃声。设置手机铃声的操作方法如下。

[跟我做] 设置“荷塘月色”为手机铃声

步骤01

进入到手机的音乐播放器界面，找到要设置为来电铃声的音乐（“荷塘月色”），点击其右侧的⋮按钮。

步骤02

❶在弹出的下拉列表中选择“设为铃声”选项，❷完成设置后即可查看到手机的提示信息。

1.3.4 害怕错过信息？开启“通知和状态栏”功能

开启“通知和状态栏”功能就是使手机在接收到消息后在主屏幕上方弹出提示框，对于QQ、微信和短信这些程序来说，开启该功能后可及时查看消息，以便更好地进行社交。中老年人可根据下面的操作进行设置。

[跟我做] 统一开启“通知和状态栏”功能

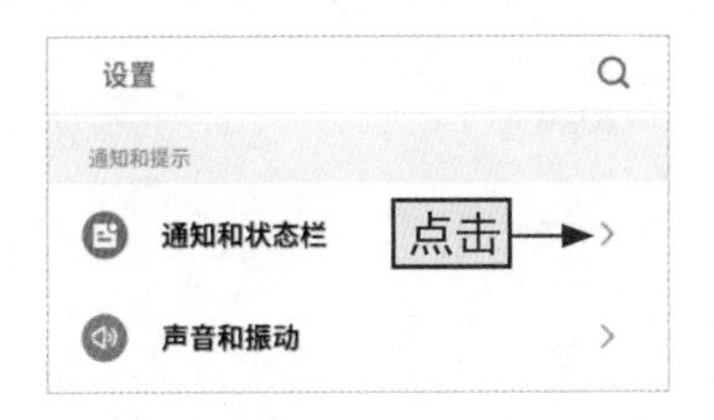

步骤01

进入“设置”界面，点击“通知和状态栏”选项右侧的展开按钮。

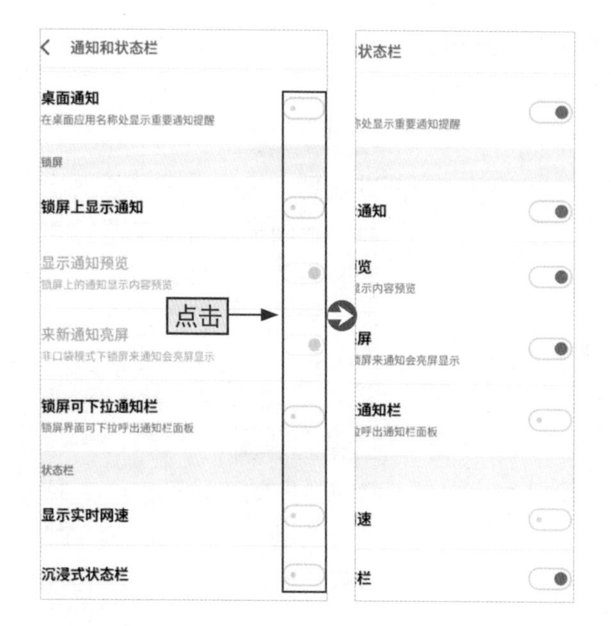

步骤02

在打开的“通知和状态栏”界面中点击“桌面通知”、“锁屏上显示通知”和“沉浸式状态栏”等按钮，当按钮颜色变为亮色，即成功开启了“通知和状态栏”功能。

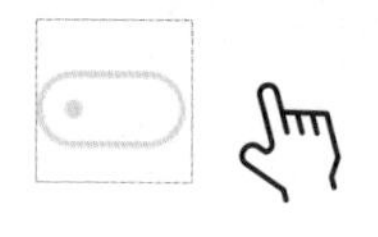

技巧强化丨单独设置某些应用的通知权限

中老年人还可以单独对某个或某些应用软件进行通知权限的设置，具体操作如下：❶进入“设置”界面，点击“应用管理”选项右侧的展开按钮，❷在打开的“应用管理”界面中切换到“已安装”选项卡，❸点击要设置相关权限的应用程序右侧的展开按钮，这里点击“微信”选项右侧的展开按钮，❹在“应用信息”界面点击“权限管理”选项右侧的展开按钮，❺在“应用”界面中点击“通知栏消息”和“悬浮窗”按钮，如图1-22所示。当按钮显示为亮色即成功开启通知权限。

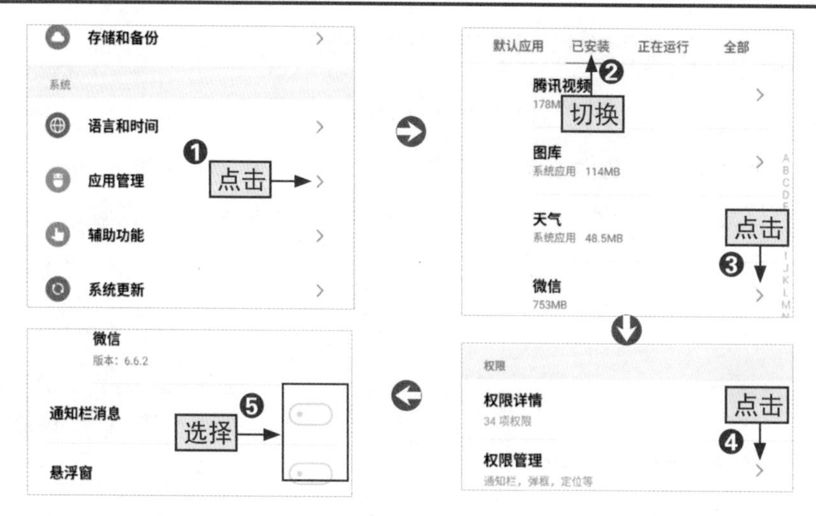

图1-22

1.3.5 为手机设置保护的几种方法

在智能手机的使用过程中，不得不提的就是安全问题。一旦手机丢失，可能导致手机信息和资金被盗取。因此，中老年人需要知道如何保护手机安全。

1.设置数字密码保护

设置数字密码保护就是设置一串数字作为密码（通常为4～16位），要想打开手机需要先输入密码，否则无法进入手机。

[跟我学] 设置数字密码保护手机安全

❶进入“设置”界面，选择“密码、隐私与安全”选项，❷选择“密码解锁”选项，❸选择“数字”选项，在打开界面中设置密码即可，如图1-23所示。

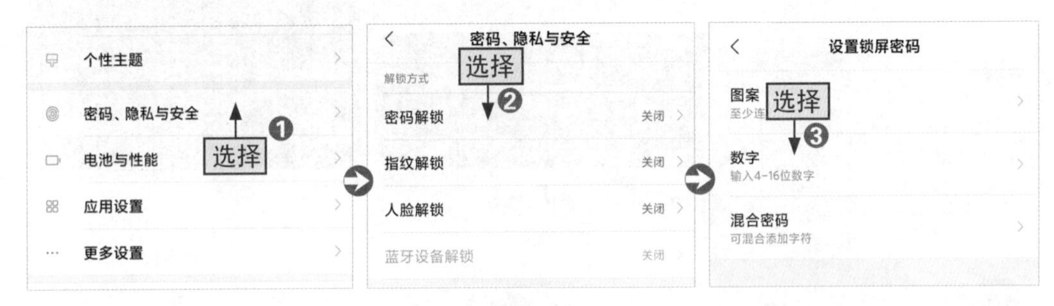

图1-23

2.设置图案密码保护

设置图案保护就是通过绘制图案密码的方式对手机进行保护，要想打开手机需要先绘制图案，否则无法进入手机。

[跟我学] 设置图案密码保护手机安全

❶在如1-24右图所示界面中选择“图案”选项，❷在打开的界面中进行绘制即可，❸绘制完成后重新打开手机需要绘制图形密码，如图1-24所示。

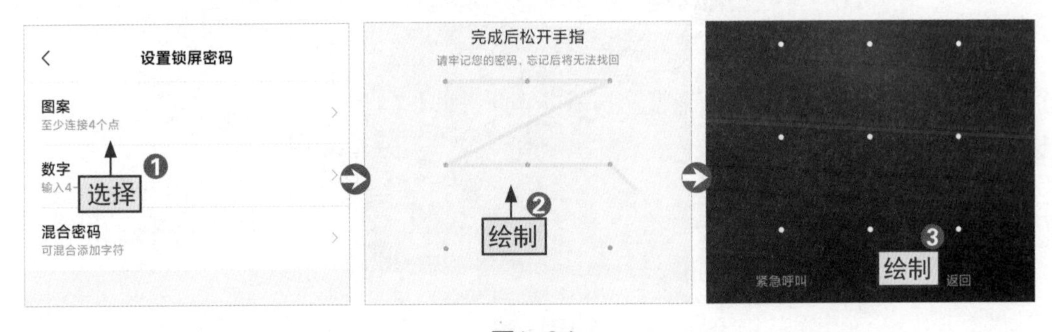

图1-24

3.设置混合密码保护

混合密码保护与密码保护不同的是，混合密码可以由数字、符号、空格、英文字母（区分大小写）等组成，因此其安全性相对更高。但是对于中老年人而言，如果密码过于复杂，可能导致自己记不住，反而给自己造成不必要的麻烦。

[跟我学] 设置混合密码保护手机安全

❶在如1-25右图所示界面中选择“混合密码”选项，❷设置混合密码即可，❸绘制完成后重新打开手机需要输入混合密码，如图1-25所示。

图1-25

拓展学习 | 智能手机的其他解锁方式

除了前面介绍的通过密码解锁外，如今大多数智能手机都支持指纹解锁和人脸识别解锁，当然这些都是建立在设置密码解锁的基础上。以指纹解锁为例，❶在“密码、隐私和安全”界面中选择“指纹解锁”选项，在打开的界面中输入锁屏密码，单击“下一步”按钮，❷在打开的界面中按住指纹识别区域录入指纹即可，如图1-26所示，完成后可以通过指纹直接解锁手机。

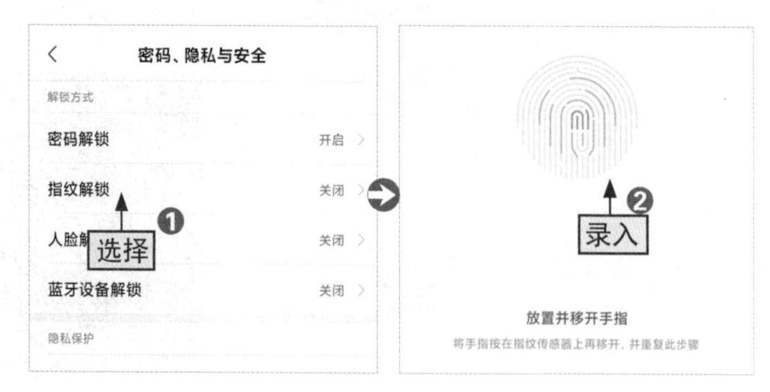

图1-26

1.4 自带功能让生活更简单

爷爷，新买的智能手机还有很多其他自带的功能，比如闹钟、计算器、手电筒和收音机等，使用它们可以让生活更方便，节约一些不必要的开支。

是吗？我还没有好好研究过呢！这智能手机太复杂了，还是你给我讲讲吧。

智能手机之所以称为“智能”，一个主要原因就是其功能强大，自带功能很多，中老年人使用这些自带功能可以让生活更便利。

1.4.1 想看黄历？看日历

目前，大部分中老年人还是喜欢看黄历，了解一下当天的宜忌。以前都需要在家挂一份纸质的日历，现在不用了，直接在手机上就能查看，具体操作如下所示。

[跟我做] 查看黄历，了解当天的宜忌

步骤01

在手机主菜单中找到“日历”应用，点击“日历”图标，在打开的界面中即可查看当月日历，包括阳历的日期、星期和阴历日期。另外，程序会对当天日期进行突出显示。

拓展学习 | 查看其他月份日历

中老年人在步骤01打开的界面中左右滑动屏幕，可查看当月前后月份的日历，如图1-27所示的是向屏幕左侧滑动，查看2020年5月份的日历。

图1-27

步骤02

❶点击日历下方的农历信息，❷在打开的界面中即可查看当日的黄历信息。

1.4.2 担心孙子/女上学迟到？设置闹铃

现在很多中老年人都会帮自己的子女带孩子，为了保证孙子/女上学不迟到，中老年人可以使用手机设置闹铃。具体设置操作如下所示。

[跟我做] 设置闹铃提醒

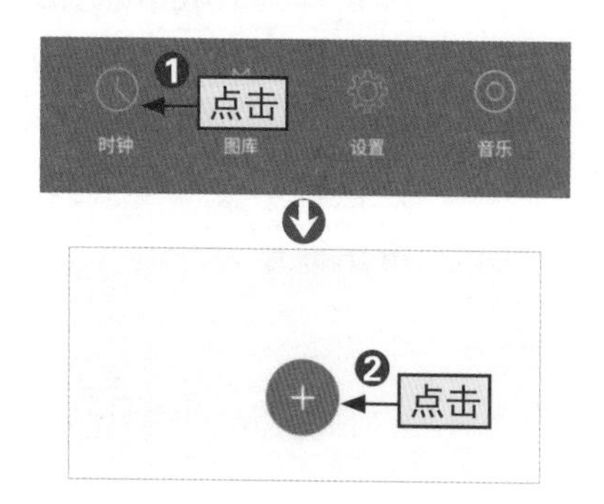

步骤01

❶点击“时钟”图标，进入程序，❷点击“+”按钮。

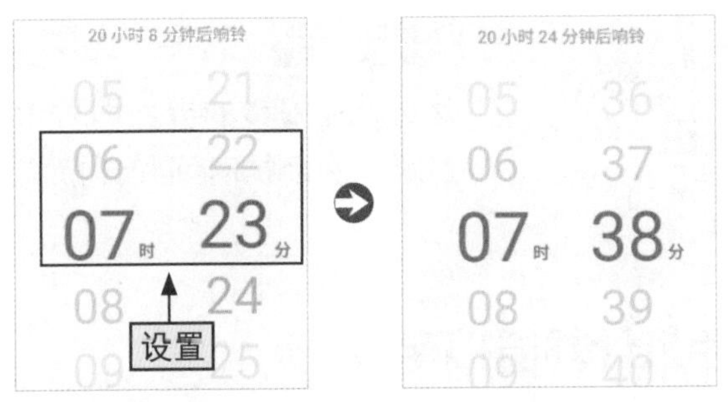

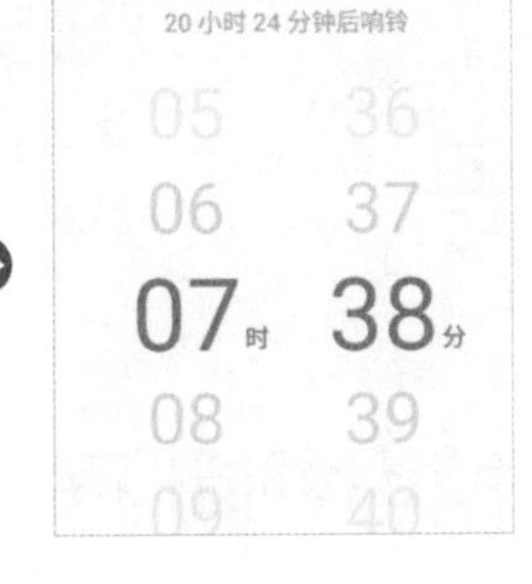

步骤02

在“时”“分”滚动条上滑动，设置闹铃的具体时间，当调到所需要的时间时停止滑动操作。

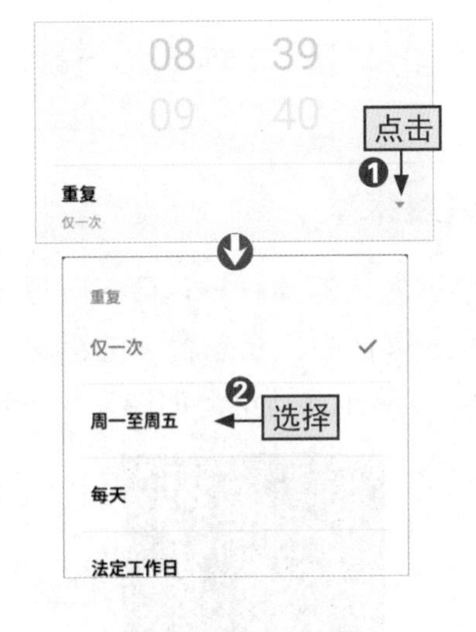

步骤03

❶向下浏览界面，点击“重复”选项右侧的下拉按钮，❷在弹出的列表中选择合适的选项，这里选择“周一至周五”选项。

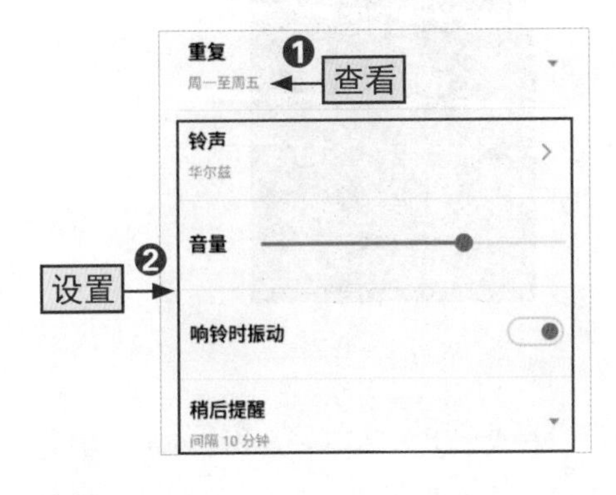

步骤04

❶返回“新建闹钟”界面，可查看到设置的重复内容。❷除此之外，中老年人还可设置闹铃的铃声、音量、响铃时振动以及稍后提醒等内容。

拓展学习 | 闹铃设置的说明

在设置闹铃铃声时，可选择系统铃声，也可选择在线铃声或本地音乐；闹铃的音量则根据需要，滑动进度条进行设置；“稍后提醒”指设置的闹铃在时间到了以后没有关闭闹铃，闹铃会自动停止，但过了设置的稍后提醒时间后闹铃又会自动响起，比如设置的闹铃是7:38，稍后提醒是“间隔10分钟”，则闹铃自动停止10分钟后又会响起。

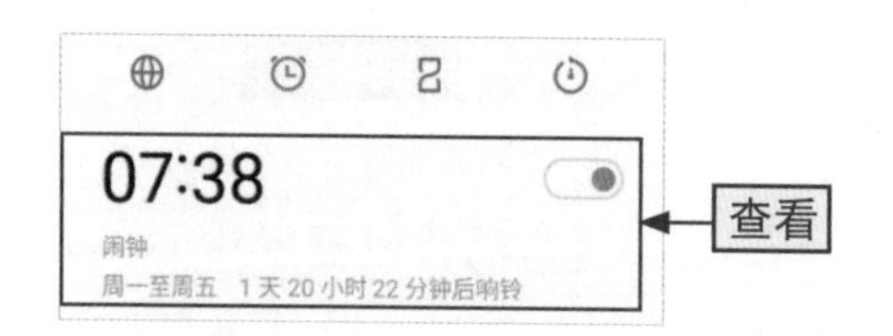

步骤05

返回添加闹铃的界面即可看到新设的闹钟时间和详情。

1.4.3 买菜不怕菜商算错，手机计算器搞定

除了会接送孙子/女上学、放学，中老年人退休在家还可能经常去附近的菜市场买菜。如果想要避免菜商把菜钱算错，可以使用手机中的计算器功能，自己算算，具体操作如下。

[跟我学] 运用“计算器”功能轻松完成算术

在手机主菜单中点击“计算器”图标，进入计算器程序，❶在虚拟键盘上点击相应的数字和运算符号按钮，❷在上方运算框中会显示输入的运算式子，❸输入完毕后点击“=”按钮，❹在运算框中显示计算结果，如图1-28所示。

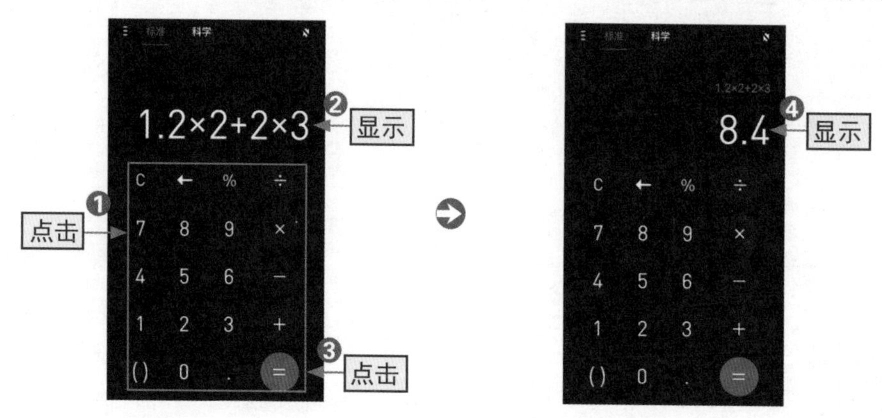

图1-28

除此之外，中老年人如果遇到2×2、16×16或888×888×888等同一个数字相乘两次或两次以上时，则可以将计算器切换到“科学”模式，如图1-29所示，输入一个数据，如“888”，点击“x^y”按钮，点击“3”按钮，即可计算出888×888×888的结果，如图1-30所示。

图1-29

图1-30

1.4.4 走夜路看不见，用手电筒

中老年人如果去邻居家串门，晚上走夜路回家看不清路，随身带手电筒又很麻烦，这时该怎么办呢？其实很好解决，现在大多数智能手机都有“手电筒”功能，且操作方便，手机也可当手电筒使用。

[跟我学] 一键开启“手电筒”功能

在手机主菜单中点击“工具箱”图标（一般类似于一个扳手），进入“工具箱”界面，❶找到手电筒，点击“手电筒”图标，系统会自动打开手电筒进行照明，❷点击“开关”按钮即可关闭手电筒，如图1-31所示。

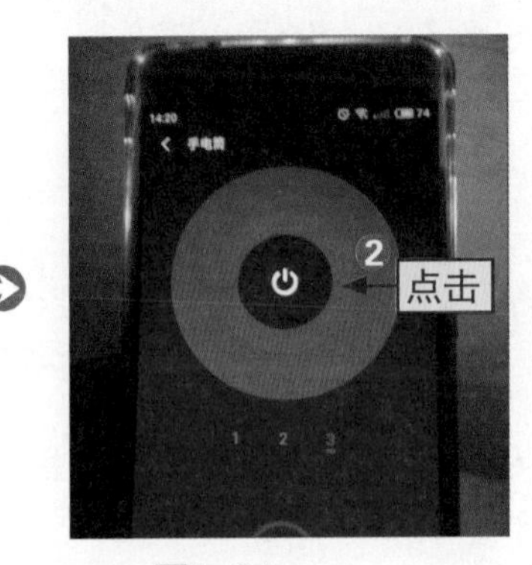

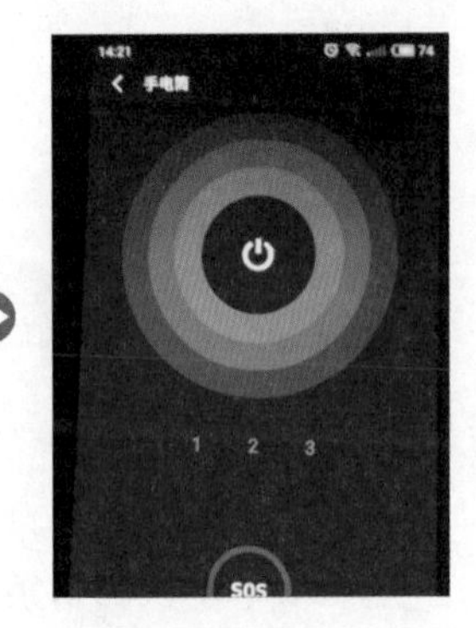

图1-31

1.4.5 怎么查看天气情况

中老年人通常都有看天气预报的习惯，但是如果错过了天气预报，该如何了解天气情况呢？通常智能手机都有天气方面APP，可以查看实时天气。

[跟我做] 查看最近天气情况

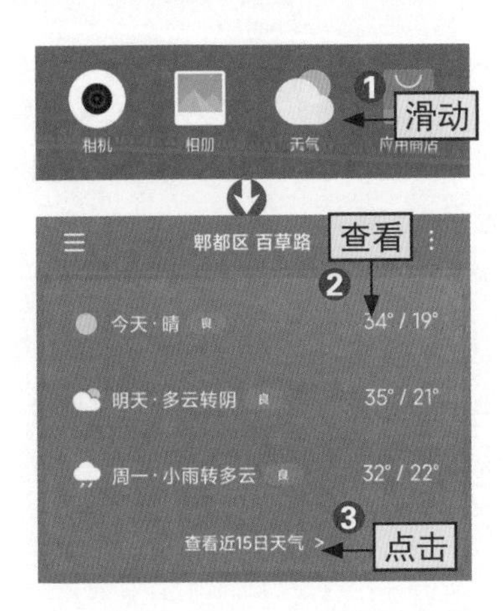

步骤01

❶点击“天气”应用按钮，❷初次使用，系统会自动定位当前位置（需联网），即可查看天气情况，❸点击“查看近15日天气”超链接。

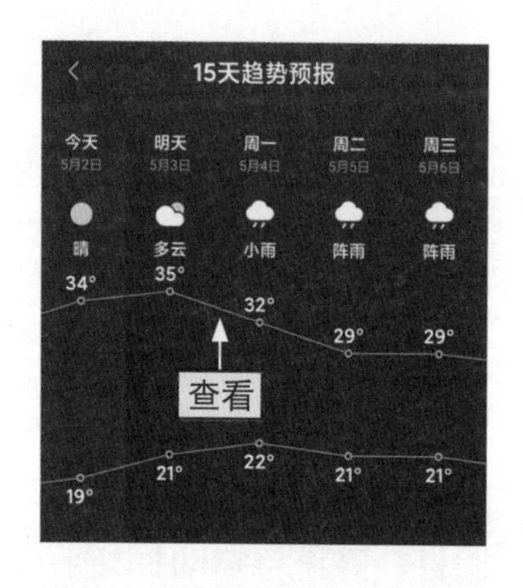

步骤02

在打开的“15天趋势预报”界面中即可查看近15天的天气情况。

1.5 苹果手机的一些特殊操作

爷爷，如果您用的是苹果手机，则还有一些其他特殊的操作，这是区别于安卓手机的功能。

哦，是吗？那你还是简单地给我讲讲吧，我也试着学习一下。

苹果手机因为有自己的系统，所以有一些特殊操作是安卓手机没有的，或者是与安卓手机不同的。中老年人学习这些特殊操作，可以丰富自己使用智能手机的知识。

1.5.1 对正在编写的短信进行“晃一晃”操作

苹果手机有一个晃一晃就能删除正在编写的短信内容的功能，比按虚拟键盘上的【删除】键更快捷。下面就来看看具体的操作。

1.删除已经输入但未发送的短信内容

当中老年人使用苹果手机给他人发送短信时，如果发现输入的内容不合适，则可以晃一晃手机，撤销已经执行的输入操作，具体步骤如下。

[跟我学] 晃一晃删除已经输入的短信内容

❶找到要发送信息的联系人，打开编写信息的界面，在文本输入框中输入要发送的短信内容，❷晃一晃手机，打开“撤销键入”提示对话框，❸点击“撤销”按钮即可删除已经输入的短信内容，如图1-32所示。

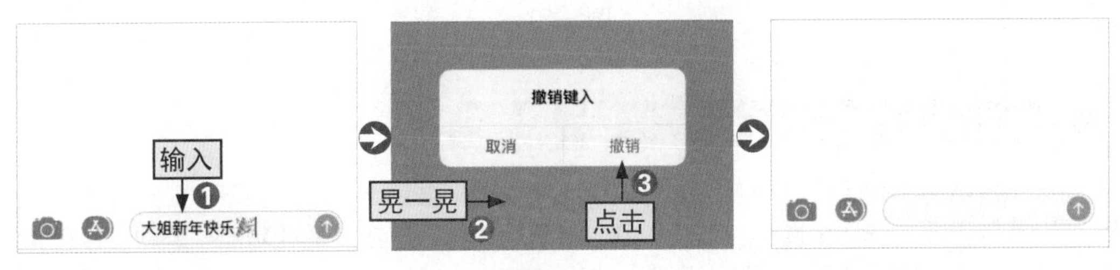

图1-32

2.恢复刚刚删除的短信内容

如果中老年人在使用“晃一晃”手法删除短信内容后，又想恢复原来的短信内容，可再次晃一晃手机，具体操作如下。

[跟我学] 晃一晃恢复刚刚删除的短信内容

❶在已经删除了短信内容的界面晃一晃手机，可打开“重做键入”提示对话框，❷点击“重做”按钮即可恢复刚刚删除的短信内容，如图1-33所示。

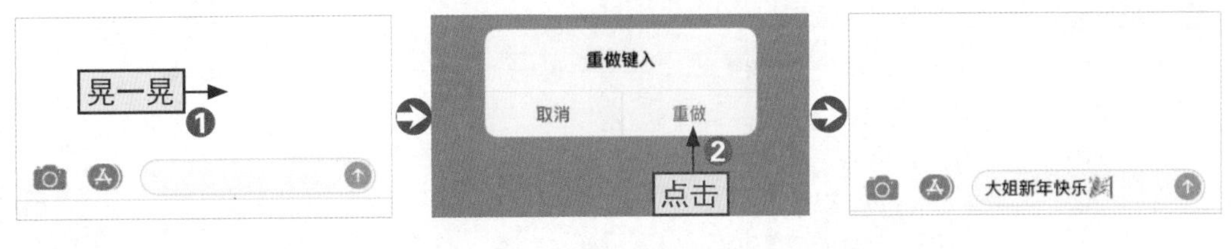

图1-33

3.撤销粘贴操作

如果中老年人将某一条短信内容复制粘贴到短信输入框后又想删除所有内容，则可执行“撤销粘贴”操作，快速删除粘贴的短信内容，具体步骤如下。

[跟我学] 将粘贴的短信内容快速删除

❶在粘贴了短信内容的界面晃一晃手机，可打开“撤销粘贴”提示对话框，❷点击“撤销”按钮即可删除刚刚粘贴的短信内容，如图1-34所示。

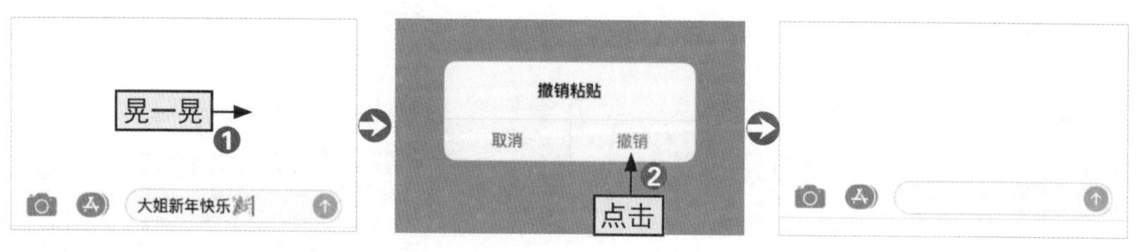

图1-34

技巧强化 | 如何开启“晃一晃”功能

苹果手机默认关闭了“晃一晃”功能，中老年人可根据如下步骤开启该功能：❶打开“设置”界面，选择“通用”选项，❷在“通用”界面选择“辅助功能”选项，❸在“辅助功能”界面选择“摇动以撤销”选项，❹点击“摇动以撤销”按钮开启“晃一晃”功能，如图1-35所示。

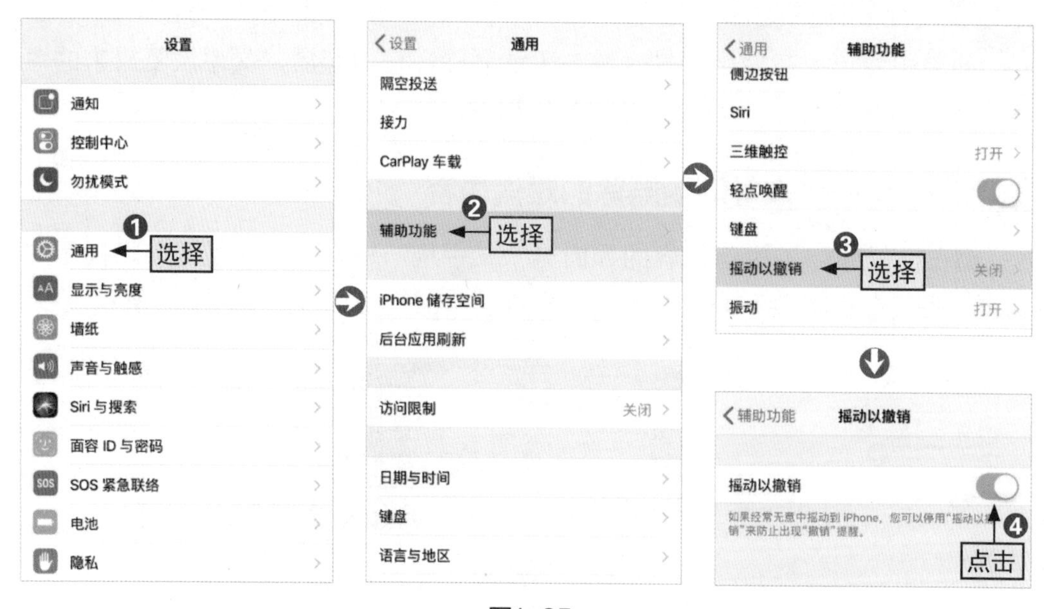

图1-35

1.5.2 利用iMessage功能发短信只耗流量

对于使用苹果手机的中老年人来说，有必要了解iMessage功能。开启该功能后，与同样使用苹果手机且开启了iMessage功能的人互发短信时，只耗费流量，不扣减话费。下面就来看看开启iMessage功能的具体步骤。

[跟我做] 开启苹果手机的iMessage功能

步骤01

点击手机桌面上的“设置”图标，打开“设置”界面，点击“信息”选项右侧的展开按钮。

步骤02

在打开的“信息”界面中，点击“iMessage信息”按钮，等待系统激活该功能。

步骤03

系统打开提示对话框，提示激活iMessage功能可能会发生短信收费，点击“好”按钮。

步骤04

系统成功开启“iMessage信息”功能。之后，中老年人与同样使用苹果手机且开启了该功能的人互发短信时，系统自动识别并消耗数据流量发送短信。

拓展学习 | FaceTime功能的运用

使用苹果手机的中老年人，在手机桌面上都能看到一个名叫“FaceTime”的软件图标，它与QQ、微信的视频和语音通话一样，需要连接网络后才能使用，但是QQ和微信的视频与语音通话需要登录账号，而FaceTime是苹果系统自带的，就和打电话一样，只要有网络就可以使用，不需要登录软件。需要注意的是，中老年人如果要使用FaceTime功能，则在添加联系人时最好在连接WiFi的状态下使用iCloud或id邮箱作为联系方式，这样就不会产生通信费用。进入FaceTime程序后，选择联系人即可拨通视频电话。

1.5.3 苹果手机的其他特殊操作

由于苹果手机配备的是其自身的iOS系统，所以有些操作就不同于安卓手机。除了晃一晃的撤销功能和iMessage信息功能外，还有一些使用窍门儿可以了解，具体内容如下。

[跟我学] 使用苹果手机的窍门

● 长按【Home】键8秒终止卡死的程序 中老年人在使用苹果手机的过程中，可能会遇到进入某个应用程序后点击任何按钮或选择任何选项都没有反应，按【Home】键也不起任何作用的情况，此时中老年人只需长按【Home】键8秒，即可终止卡死的程序，退回到手机主菜单界面。

● 固件刷机中【Home】键的作用 关机状态下，同时按住【Home】键和电源，等出现苹果图标后放开电源键，但依旧按住【Home】键不放，几秒后可以进入DFU模式，此时连上iTunes进行重刷。注意，对苹果手机的使用操作还不太熟悉的中老年人要慎用该刷机操作。

● 打字时输入两个空格可输入句号 使用苹果手机的中老年人在编辑文字时，如果在编辑框中输入两个空格（即间隔输入），则程序会自动将其识别并输入为句号。

学习目标

想要在资源更为丰富的音乐库中搜索想听的歌曲怎么办？想要通过视频播放器在手机上看电视怎么办？手机里面没有用的软件太多怎么办？这就需要中老年人学会下载、安装和卸载软件。本章将具体介绍如何管理手机软件。

要点内容

- 不知道选哪种？搜索分类看评价
- 怕手机中毒？下载360手机卫士
- 手机内存不够？清理垃圾文件
- 为软件上锁，保护资金和隐私
- 开启红包助手，抢红包比年轻人还快
- APP不是越多越好，卸载没用的软件
- 如何防止手机诈骗

……

2.1 手机系统自带的“应用商店”

之前那个《战地枪王》的抗战电视剧都播完了，我都没看到结局，感觉有点遗憾。

没关系爷爷，您可以上网看啊，只要在您的手机上安装一个视频播放器APP，然后连上网，您想看哪一集就看哪一集。

一般新买的智能手机都有“应用商店”这一安装软件，通过它可以下载安装各类应用软件，也叫作APP，操作简单且方便。

2.1.1 直接搜索、下载并安装软件

中老年人通过手机预装的“应用商店”软件可快速下载并安装其他有用的软件，但需要注意的是，在下载、安装软件时，最好连接无线WiFi网络，这样不仅下载速度更快，而且不用担心流量用超的问题。

[跟我做] 在搜索框中输入软件名称进行下载安装

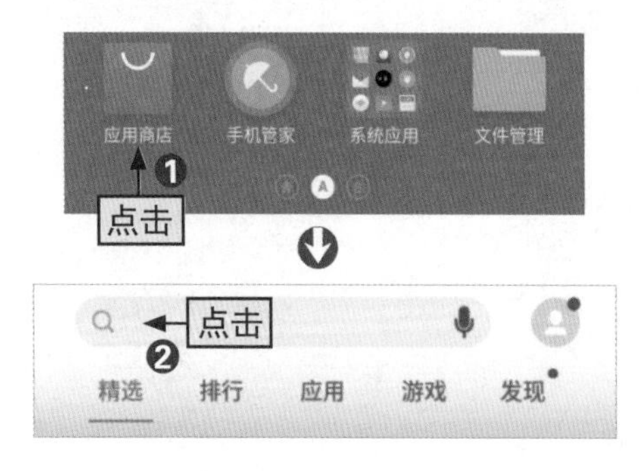

步骤01

❶在主菜单中找到“应用商店”图标，点击该图标进入该应用程序，❷点击搜索框将文本插入点定位到框中。

步骤02

❶在搜索框中输入需要下载安装的软件名称，如“爱奇艺”，❷选择合适选项。

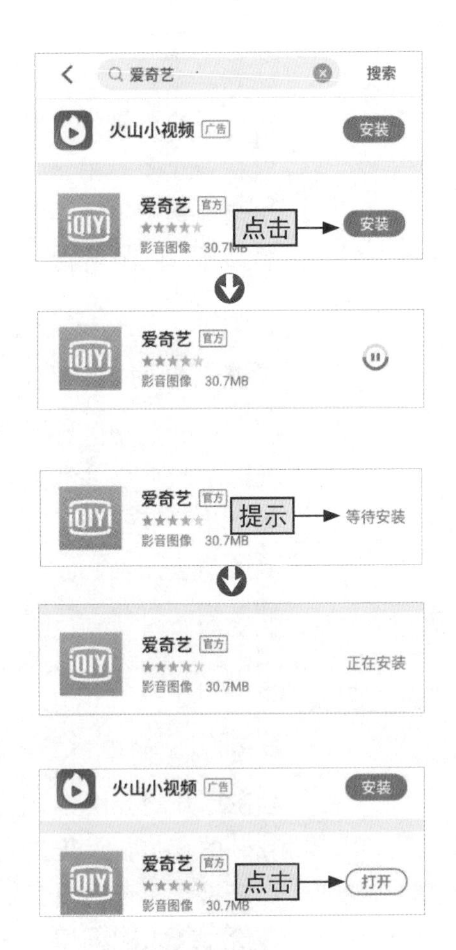

步骤03

在新打开的界面中点击“爱奇艺”选项右侧的“安装”按钮，系统会自行开始下载软件的安装包。

步骤04

安装包下载完成后，系统将自动提示等待安装，接着系统会自行开始安装软件。

步骤05

安装完成后，点击“打开”按钮即可快速启动该软件。

2.1.2 不知道选哪种？搜索分类看评价

手机“应用商店”会将各种手机软件进行分类，如果中老年人不知道要给自己的手机安装一些什么软件，可以通过“应用商店”的分类功能查找并下载安装合适的软件。具体操作如下所示。

[跟我做] 进入“分类”界面查找软件

步骤01

进入“应用商店”软件，点击“分类”图标。

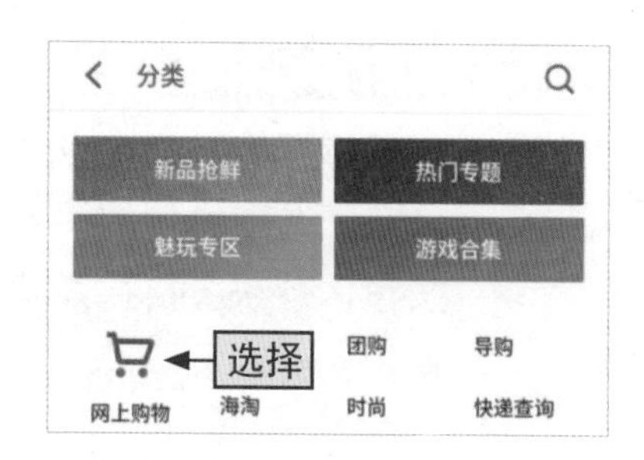

步骤02

在打开的“分类”界面中可以看到众多应用分类，在其中选择感兴趣的类型，如这里选择“网上购物”选项。

步骤03

在“网上购物”界面中选择具体的软件。注意，如果是手机中已经安装了的软件，其右侧显示的可能是“更新”或“打开”按钮，不是“安装”按钮。

步骤04

❶在打开的界面中即可查看软件的详情，点击“更多”超链接，可查看更多信息和评价。❷确认要下载安装该软件直接点击“安装”按钮。

2.1.3 想赶潮流？利用排行榜安装热门应用

中老年人如果想像年轻人一样赶潮流，玩一些比较火的软件，可以进入应用商店查看排行榜，查看很多热门应用。

[跟我做] 利用排行榜查找热门应用

步骤01

进入应用商店，切换到“排行”选项卡，可看到很多排行榜，如风云榜、游戏榜、飙升榜和新品榜。每一个排行榜下会列举出各个软件的排名。

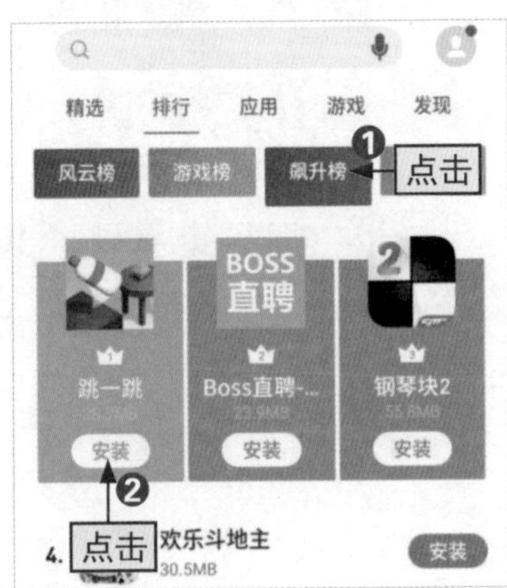

步骤02

❶点击“飙升榜”图标，在其下方会显示出下载安装次数正在上涨的软件，也就是最近比较热门的应用。❷在其中找到感兴趣的，直接点击对应的“安装”按钮即可下载并安装。

2.1.4 怕手机中毒？下载360手机卫士

随着网络日益发达，网络安全问题也成为社会热点。中老年人使用智能手机的过程中，为了保护好个人隐私和财产安全，最好在手机里面安装一款安全类软件。下面就以360手机卫士为例，讲解具体操作步骤。

[跟我做] 通过细分类查找并安装360手机卫士

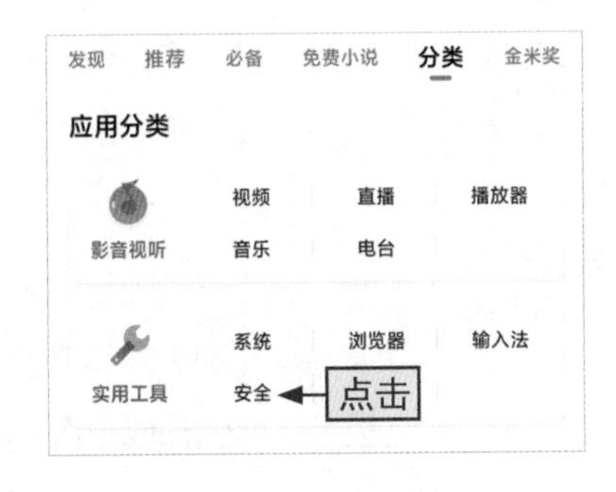

步骤01

进入应用商店的“分类”界面，浏览各分类软件，找到“实用工具”类栏，点击“安全”超链接。

步骤02

在“实用工具”界面中找到“360手机卫士”，点击其右侧的“安装”按钮，等待系统自动下载并安装。该界面中还罗列了其他一些安全类软件，中老年人可根据自身需求和喜好进行选择。

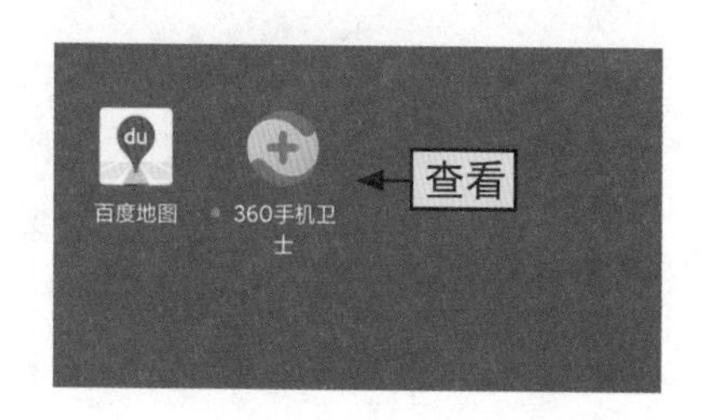

步骤03

安装成功后，返回主菜单，即可查看到“360手机卫士”图标显示在主菜单中。

2.2 每个手机都有的“手机管家”

小精灵，我最近总是接到一些推销人员打来的电话，每次跟他们说我不需要，他们还是一个劲儿地劝我买这买那，好烦啊！

爷爷，您可以用手机自带的“手机管家”对这些推销电话设置骚扰拦截，这样您就不会再接到他们的电话了。

几乎每一部智能手机都自带有“手机管家”这一应用程序，利用它可以清理手机中的垃圾文件、控制数据流量、进行骚扰拦截及查杀手机病毒等。

2.2.1 手机内存不够？清理垃圾文件

中老年人会发现，智能手机用一段时间以后会卡顿，即反应速度变慢。我们解决这一问题的常用方法就是清理手机中的“垃圾”。下面以利用手机管家

清理手机中的垃圾文件为例，讲解具体的操作过程。

[跟我做] 用“手机管家”清理手机中的垃圾

步骤01

点击主菜单中的“手机管家”图标。

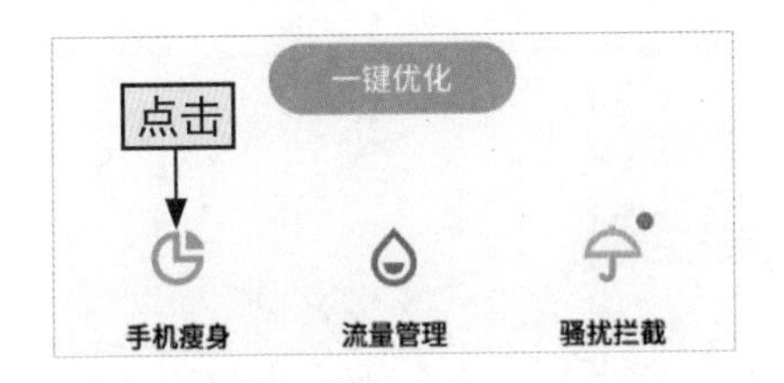

步骤02

在打开的界面中点击“手机瘦身”按钮。

步骤03

程序自动开始扫描手机中的垃圾文件，当扫描结束后，点击相应选项右侧的展开按钮，这里点击“垃圾与缓存”选项右侧的展开按钮。

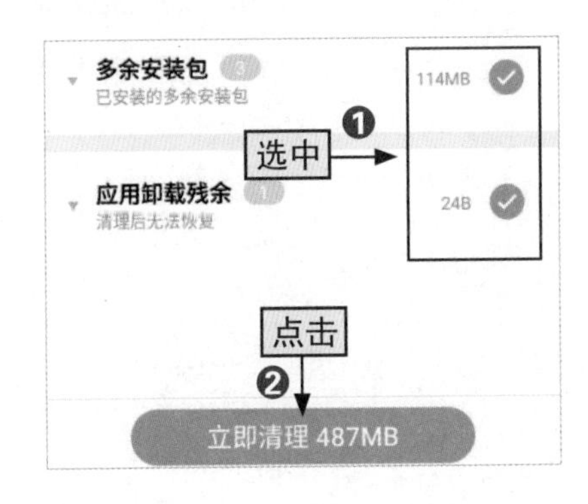

步骤04

❶选中需要清理的垃圾选项后的单选按钮（可多选），❷点击“立即清理”按钮。

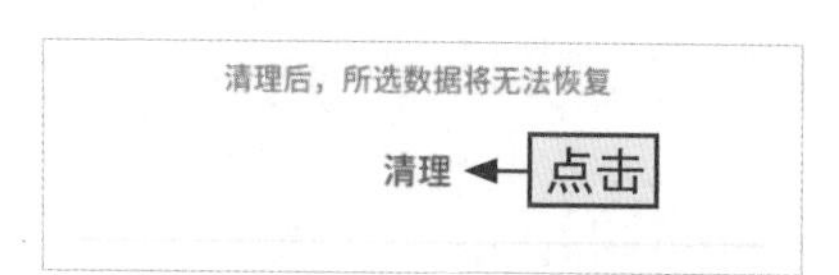

步骤05

程序会打开一个提示对话框，如果确认清理，则点击“清理”按钮。

拓展学习 | 文件清理注意事项

中老年人在进行手机文件清理时需要注意，应当清理不需要的文件，要避免把需要保留的文件清除掉。

2.2.2 担心流量用超？设置流量控制

现在很多小孩儿都喜欢拿着家长的手机需要上网玩儿，如果手机没有连接WiFi，一不小心就可能把流量用完，甚至超出订购的流量总额，这就需要花费额外的话费。那么怎么避免这样的情况发生呢？中老年人可以通过“流量管理”功能实现流量监控，具体操作如下。

[跟我做] 进行流量管理与控制

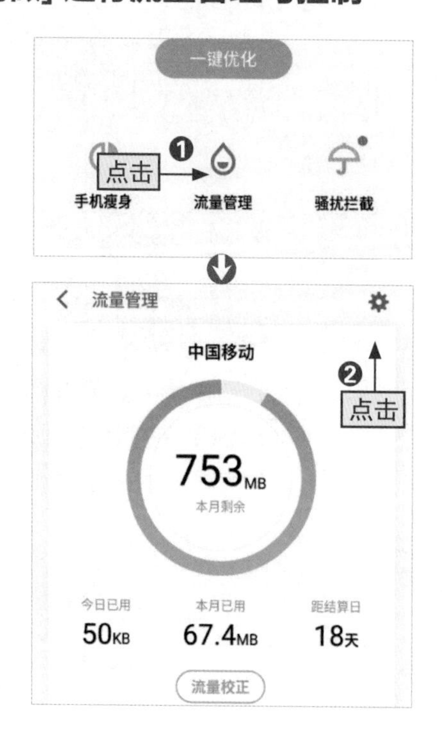

步骤01

❶进入“手机管家”界面，点击“流量管理”按钮，❷进入流量管理页面，在该界面中会显示剩余流量总数、当日已用流量数、当月已用流量数和距离结算日的天数等信息。点击界面右上角的“设置”按钮。

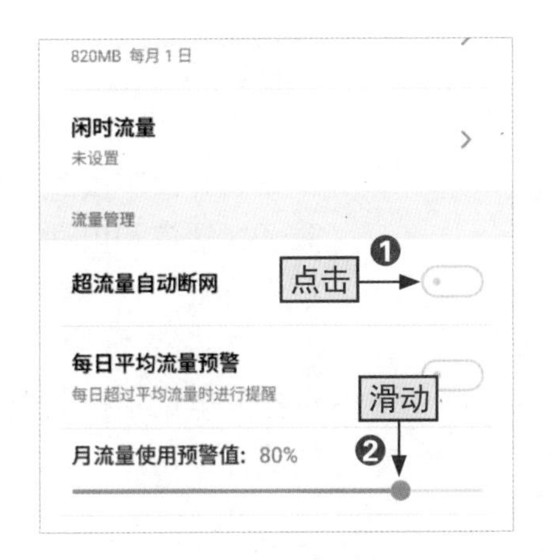

步骤02

❶在“流量设置”界面点击“超流量自动断网”按钮，启用该功能（一般来说，程序会自动开启该功能），❷滑动“月流量使用预警值”进度条，设定月流量使用的预警值。

拓展学习丨关于流量控制的说明

在步骤02中可以看到“每日平均流量预警”选项，在进行流量控制时，中老年人也可点击该选项的按钮启用该功能，但每天流量的使用情况不同，开启该功能可能会导致每天都接收流量使用提醒，会很麻烦，所以一般不启用该功能。另外，这一界面中还有一个“自动校正流量”选项，点击其右侧的按钮可启用该功能，程序会自动识别当前剩余流量总额，如图2-1所示。

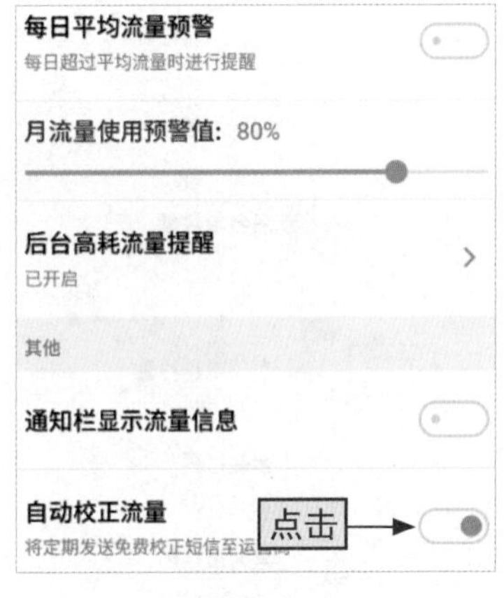

图2-1

2.2.3 总是接到推销电话？开启“骚扰拦截”

很多商家会从一些特殊的渠道获得手机用户的手机号码，然后打电话推销自己公司的产品，有些公司的电话推销甚是异常频繁，引人反感。中老年人可以通过设置骚扰拦截来屏蔽这些推销电话，开启该功能的具体步骤如下。

[跟我做] 设置“骚扰拦截”屏蔽推销电话

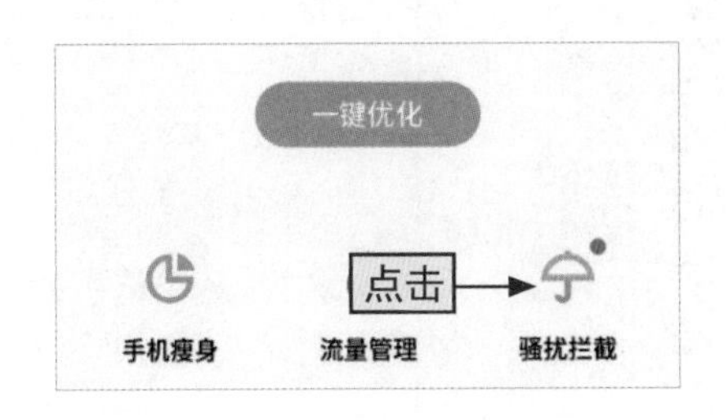

步骤01

进入“手机管家”界面，点击“骚扰拦截”按钮。

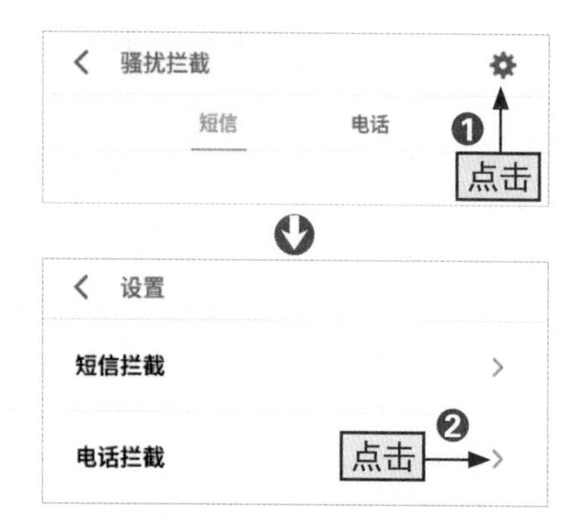

步骤02

❶进入“骚扰拦截”界面（在该界面中会显示已经拦截了的短信和电话），点击右上角的“设置”按钮，❷在打开的“设置”界面中点击“电话拦截”选项右侧的展开按钮。

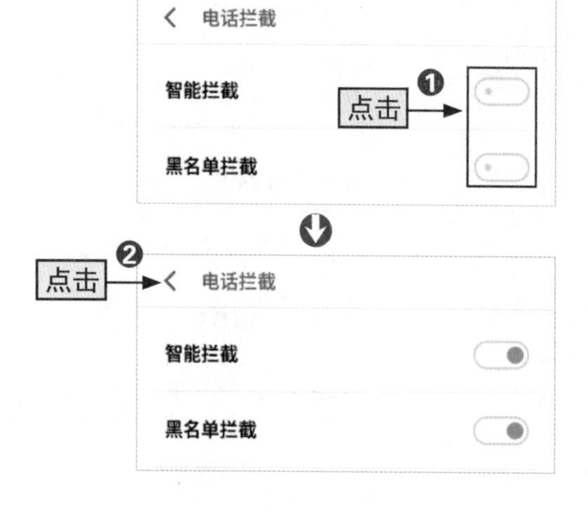

步骤03

❶在“电话拦截”界面中点击“智能拦截”和“黑名单拦截”按钮，启用这两项功能不仅可以拦截黑名单手机号码，还能使程序自动拦截已被标注为“骚扰电话”或“推销电话”的号码。❷点击“电话拦截”左侧的“返回”按钮。

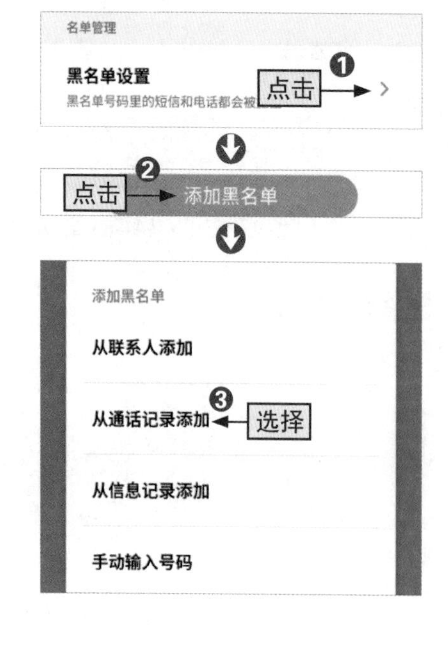

步骤04

❶返回“设置”界面，点击“黑名单设置”选项右侧的展开按钮，❷在打开的界面中点击下方的“添加黑名单”按钮，❸在弹出的列表中选择合适的选项，比如这里选择“从通话记录添加”选项。

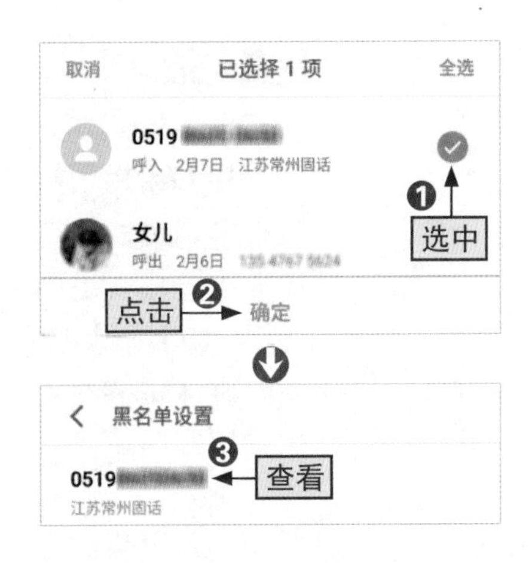

步骤05

❶在打开的界面中选中要添加为黑名单电话号码的右侧单选按钮，❷点击“确定”按钮，❸返回“黑名单设置”界面即可查看到相应号码已经被列为黑名单。利用相同的操作可以设置“短信拦截”。

2.2.4 怕外出游玩电量不够？开启低电量模式

虽然现在很多人外出都会带上充电宝，防止手机因电量不足而关机。但如果忘了带充电宝，且手机电量不足时，要怎么做才能延迟手机关机的时间呢？这就需要中老年人学会使用低电量模式，具体启用操作如下。

[跟我做] 启用低电量模式延长手机可使用的时间

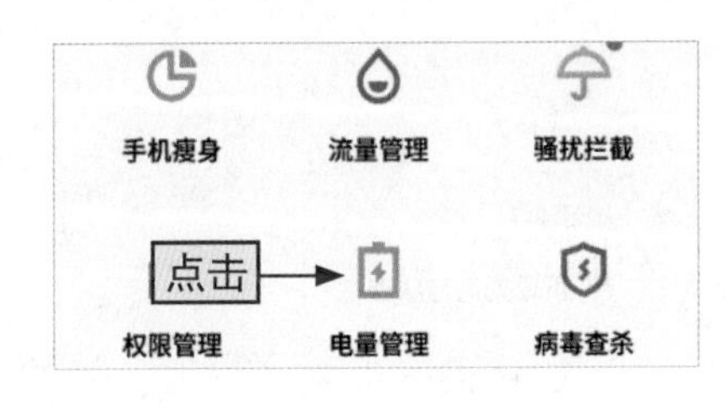

步骤01

在“手机管家”界面中点击“电量管理”按钮。

步骤02

在“电量管理”界面中点击“低电量模式”选项右侧的展开按钮。

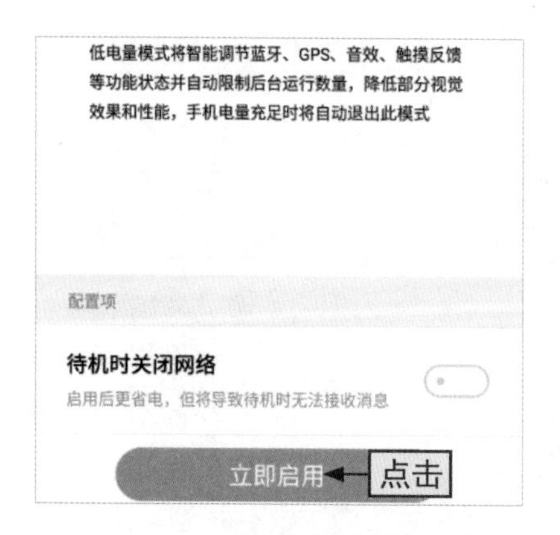

步骤03

在“低电量模式”界面中点击“立即启用”按钮即可完成低电量模式的启用操作。如果中老年人出门在外不需要通过网络与朋友进行社交，则还可开启“待机时关闭网络”功能，会更省电。

拓展学习丨如何打开显示电量百分比

有的智能手机的状态栏手机电量显示方式为图形，这样的显示方式不方便中老年人查看手机电量，方便及时为手机充电，则可以设置电量显示百分比。具体操作如下：❶在“设置”界面中点击“显示”选项右侧的展开按钮，❷在打开的界面中点击“屏幕刘海与状态栏”选项右侧的展开按钮，❸在打开的界面中点击“状态栏电量样式”选项右侧的展开按钮，❹在打开的对话框中选择“数字方式（电池内部）”选项，即可设置电量一百分别以百分比方式显示，如图2-2所示。

图2-2

2.2.5 查杀手机病毒保护个人信息

中老年人在上网过程中，如果不小心打开了一些带有病毒的网页，或者下载安装了不安全的软件，都会给手机带来安全隐患。此时，可以利用手机管家查杀手机病毒，具体操作步骤如下。

[跟我做] 扫描手机并进行杀毒

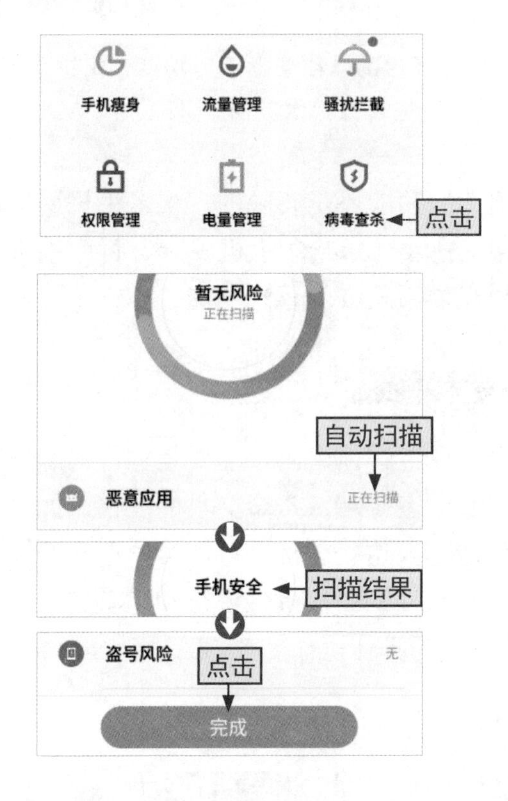

步骤01

进入“手机管家”界面，点击“病毒查杀”按钮。

步骤02

程序会自动扫描手机中的各种软件和程序，如果没有病毒，则提示“手机安全”，点击“完成”按钮即可完成手机病毒查杀。如果检测出问题，则针对相应的问题进行杀毒即可。

默认情况下，在“手机管家”界面点击“病毒查杀”按钮，程序进行的是快速扫描，如果中老年人担心快速扫描不能完全将手机中的病毒识别出来，则可以更改扫描方式，具体操作如下：❶点击快速扫描完成界面右上角的“设置”按钮，❷在打开的界面中选择“全面扫描”选项即可更改扫描方式，下一次点击“病毒查杀”按钮时就会进行全面扫描，如图2-3所示。

图2-3

2.3 中老年人学习使用360手机卫士

小精灵，为什么你的手机会发出“红包来啦！”的声音啊？这样肯定能抢到红包吧，都有这么明显的提示。

您说这个啊，这是我用360手机卫士开启的“红包助手”功能，无论是哪个软件，只要有人发红包，都会提醒我赶快去抢，很方便。

智能手机系统自带的“手机管家”的功能还是有限的，很多手机用户都会另行下载安装类似的手机安全管理类软件，比如360手机卫士、百度手机卫士等，通过这些软件，中老年人就可以拓展手机安全管理功能。

2.3.1 为软件上锁，保护资金和隐私

很多中老年人不喜欢给自己的手机设置解锁密码，主要是觉得很麻烦。但是，手机中一旦安装了支付宝、微信和淘宝等涉及资金交易的软件，如果不设置解锁密码，那么随便什么人都有可能进入这些软件，可能会给自己造成金钱损失。因此，中老年人需要单独对个别软件上锁，确保资金和隐私安全。下面就以360手机卫士为例，讲解为软件上锁的具体操作。

[跟我做] 给重要的软件加锁保护

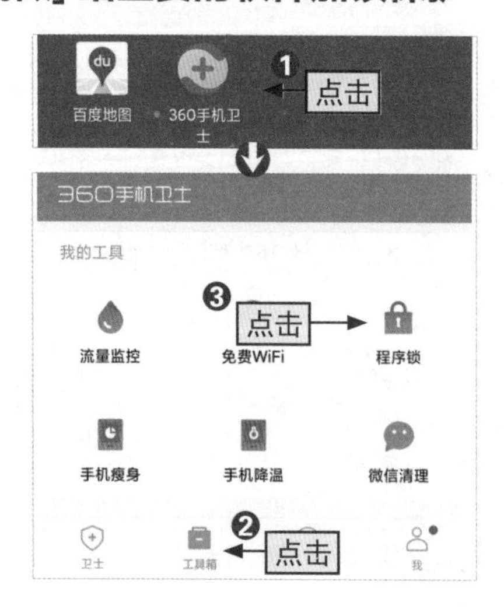

步骤01

❶在手机主菜单中点击“360手机卫士”图标，❷进入“360手机卫士”界面点击底部“工具箱”按钮，❸点击“程序锁”按钮。

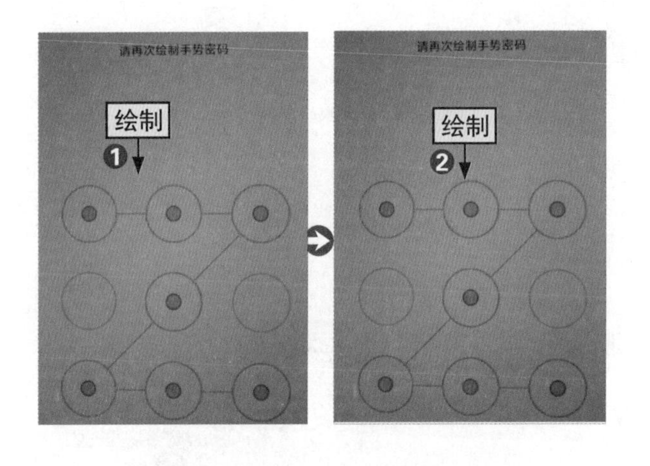

步骤02

❶在“密码设置”界面中绘制密码图案，❷再次绘制密码图案确认密码。注意，两次绘制的图案必须完全相同，否则密码设置操作无法完成，并且各节点不能重复绘制。

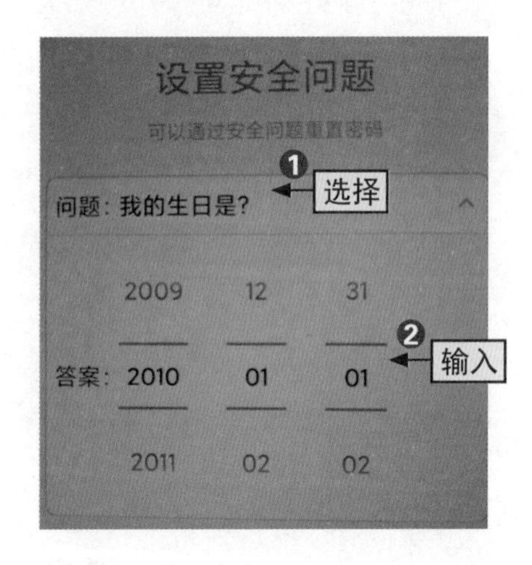

步骤03

❶在“密保问题设置”界面选择密保问题，❷在下方文本框中输入密保问题的答案，点击“确定”按钮。该步骤设置的问题和答案是以防中老年人忘记密码时重置密码使用的。

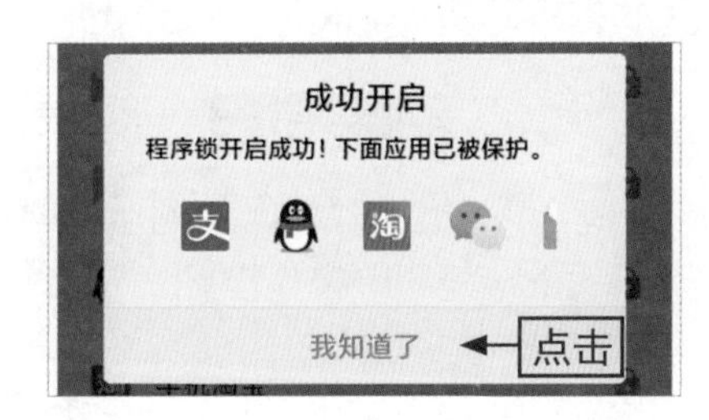

步骤04

程序提示软件锁定成功，点击“我知道了”按钮。

步骤05

在打开的界面中点击应用程序右侧按钮即可为程序添加程序锁或解除程序锁。（未锁定的为灰色状态）

2.3.2 开启红包助手，抢红包比年轻人还快

开启“红包助手”功能可以帮助中老年人及时获取红包信息，提高抢到红包的概率。具体设置操作如下所示。

[跟我做] 利用红包助手抢红包快人一步

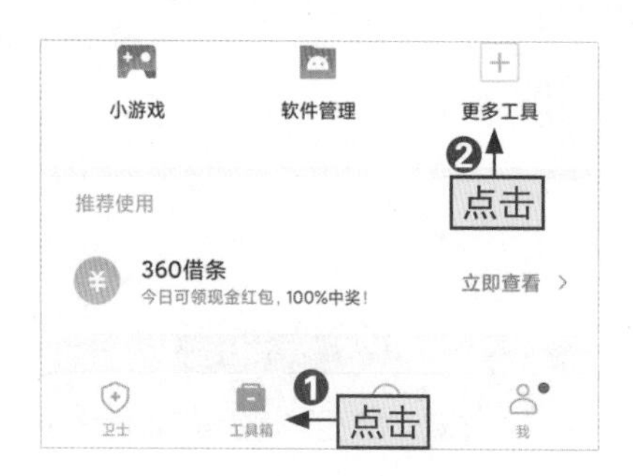

步骤01

点击“360手机卫士”图标，进入“360手机卫士”界面，❶点击底部“工具箱”按钮，❷点击“更多工具”按钮。

步骤02

在打开的界面中点击“红包助手”按钮。

步骤03

在打开的界面中直接点击“开启”按钮。

步骤04

❶在打开的界面中点击"360手机卫士"选项右侧的开关按钮，❷点击"返回"按钮。

步骤05

返回"红包助手"界面即可查看到成功开启了红包助手功能对应的应用，一旦微信、QQ等程序中有人发出了红包，程序就会自动提醒中老年人抢红包。

2.3.3 不想打游戏被中断？开启"游戏免打扰"

中老年人玩游戏已经不是什么新鲜事，很多游戏在进行过程中可能会被突如其来的电话打断，甚至有些游戏会因此退出程序。为了防止这类情况发生，中老年人可在打游戏之前开启"游戏免打扰"功能，具体设置操作如下。

[跟我做] 设置"游戏免打扰"安心玩游戏

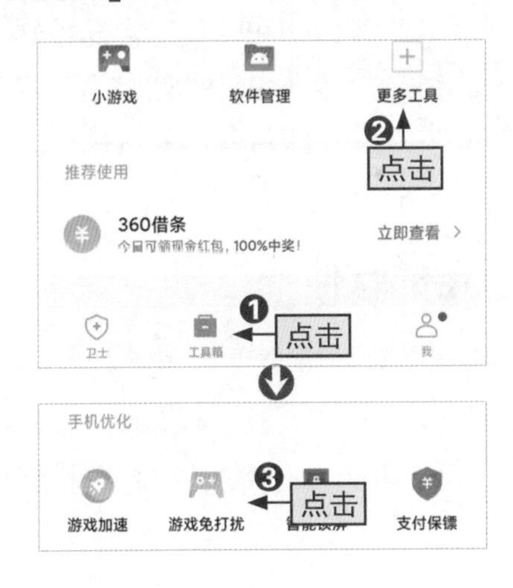

步骤01

点击"360手机卫士"图标，进入"360手机卫士"界面，❶点击底部"工具箱"按钮，❷点击"更多工具"按钮，❸在打开界面中点击"游戏免打扰"按钮。

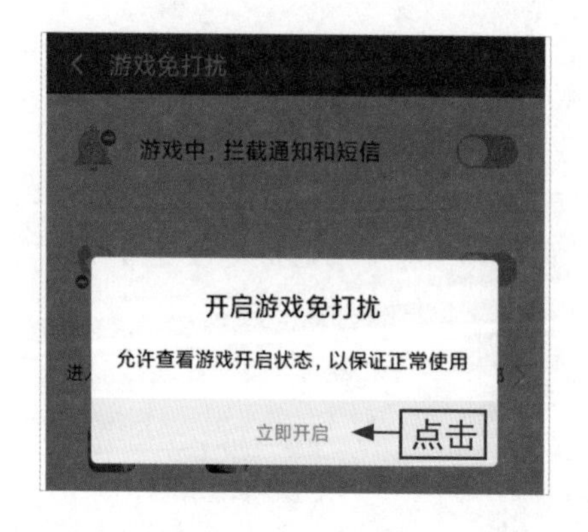

步骤02

在打开的“开启游戏免打扰”对话框中点击“立即开启”按钮。

步骤03

❶在打开的界面中选择“360手机卫士”选项，❷在打开的界面中点击“允许查看使用情况”按钮。

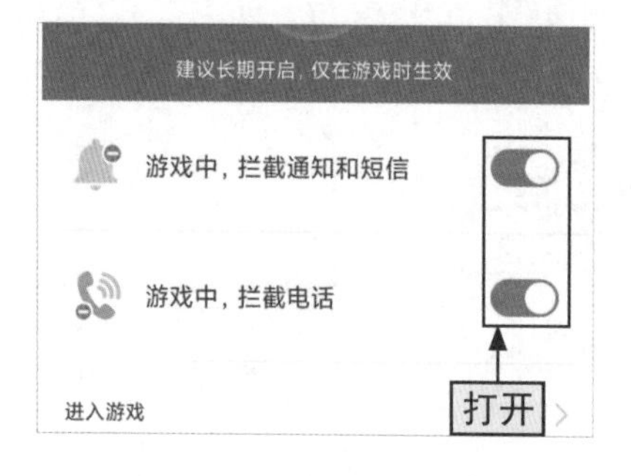

步骤04

返回到“游戏免打扰”界面，分别点击“游戏中，拦截通知和短信”启动按钮和“游戏中，拦截电话”启动按钮即可开启免打扰。

2.3.4 APP不是越多越好，卸载没用的软件

就像牲口拖拉物件，物件越多，牲口行走的速度越慢。手机也一样，如果中老年人在自己的手机里安装了太多的应用软件，手机的运行速度就会变慢，所以我们需要定期清理无用的软件。下面以360手机卫士为例，讲解卸载软件的具体操作。

[跟我做] 清理手机中的无用软件，为其减负

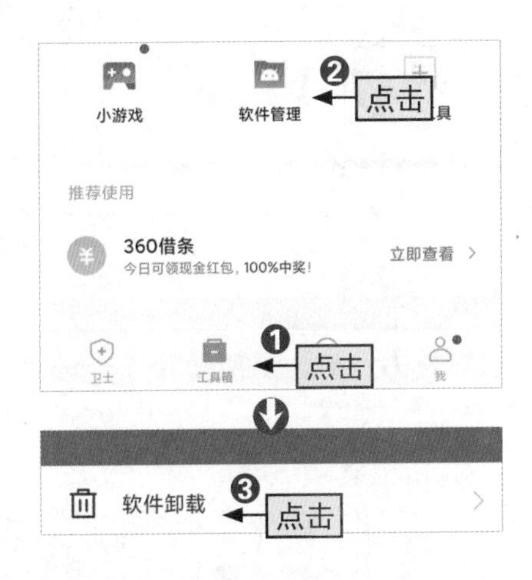

步骤01

点击“360手机卫士”图标，进入“360手机卫士”界面，❶点击底部“工具箱”按钮，❷点击“软件管家”按钮，❸在打开的界面中点击“软件卸载”按钮。

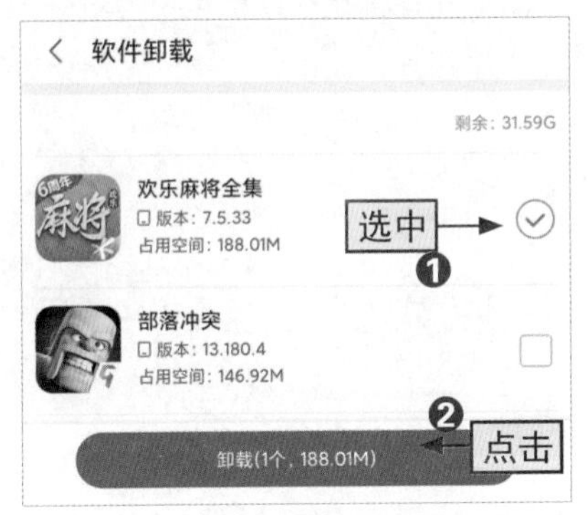

步骤02

❶在“软件卸载”界面选中需要卸载的软件名称右侧的复选框，这里选中“欢乐麻将全集”复选框，❷点击“卸载”按钮。

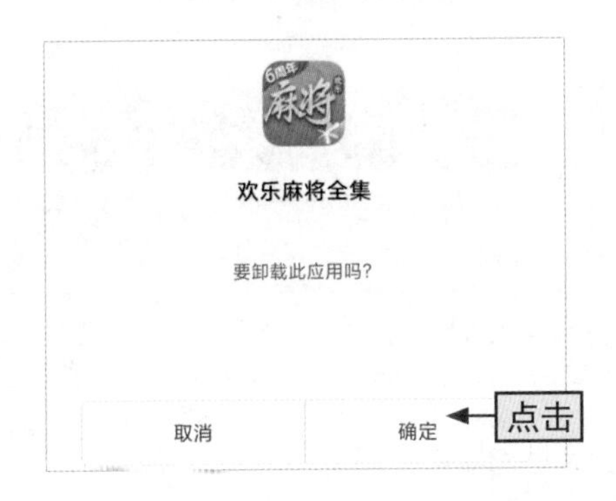

步骤03

在打开的确认清理应用对话框中点击“确定”按钮确认卸载。

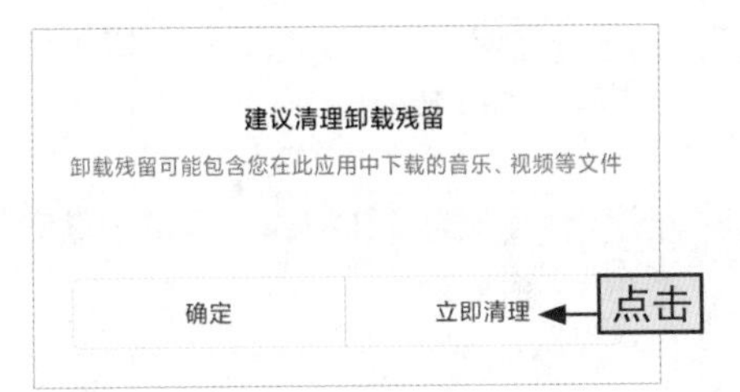

步骤04

在打开的是否同时清理残余文件的对话框中点击“立即清理”按钮清理软件对应的残余文件。

2.4 提高警惕，防止手机诈骗

爷爷，您平时是不是也会经常收到一些陌生短信，让您点击一些链接网址办理业务？

对啊！可是我听说很多这类型的短信都是骗人的，不能随便点击进入网页。可是有的时候我还是分不清信息的真伪。

手机和网络在丰富我们的生活的同时，也给用户带来了很多威胁。尤其是中老年人，对手机诈骗知之甚少。为了防止手机诈骗这类事情的发生，中老年人需要了解手机诈骗的类型和防止手机诈骗的方法。

2.4.1 手机诈骗的基本类型

手机诈骗，顾名思义就是通过手机以各种方式诈取手机用户的钱财。常见的手机诈骗类型如表2-1所示。

[跟我学] 常见的手机诈骗类型

表2-1

类型	具体手段
设置中奖陷阱	诈骗者以中奖为诱饵，让手机用户先汇邮费、手续费或个人所得税到一个银行账号，收到钱后诈骗分子就会消失
窃取银行卡信息	诈骗者假冒银行或银联的名义向持卡人发送手机短信，称持卡人的银行卡在某处消费，或卡的信息资料泄露，骗取持卡人的信任并使其拨打手机短信指定的电话进行银行卡核查，结果由于持卡人不经意间泄露了自己的银行卡号、账号或密码等信息，导致银行卡中的资金被诈骗者窃取
贩货诈骗	诈骗者发送手机短信散布自己低价出售走私汽车或代办各类证件等虚假信息，诱骗手机用户向指定的账户汇款，从而实施诈骗活动
发布“六合彩”虚假信息	“六合彩”是政府明确禁止的赌博行为，但诈骗者往往通过手机短信向用户群发虚假的非法“六合彩”特码信息来骗取钱财

续上表

类型	具体手段
骗取高额话费	这类诈骗短信的方式较多，有的称该手机用户的朋友为其点播了歌曲，请其拨打某电话收听，如果手机用户回电话听歌，就会被收取高额话费；有的打着“短信速配”或“网上恋人”的旗号，引诱手机用户回复短信，导致手机号码被一些非法短信网站锁定，从而支付高额话费；有的通过窃取手机SIM卡信息骗取话费，如果手机用户按照短信的指示操作了，SIM卡号会被窃取，诈骗者就会利用该卡随意拨打电话
虚假公司打电话通知面试	目前市场中有很多虚假公司，不仅在网上发布虚假的招聘信息，还“认真”地给求职者拨打面试通知电话，等面试者到达指定地点后被骗取钱财甚至实施绑架

2.4.2 如何防止手机诈骗

为了保护个人隐私和财产安全，中老年人要学会防止手机诈骗。不仅要学习防范措施，还要了解常见的诈骗手段和实施过程。

手机诈骗的防范措施有很多，中老年人要特别注意防范，具体有如下所示的一些常见防范措施。

[跟我学] 手机诈骗的常见防范措施

● 增强防范意识 关注并收看媒体通过不同的节目形式对大众进行积极、有效地宣传和引导，提高自我提防和识别手机短信诈骗的能力。另外，对于通过短信传播的防范手机短信诈骗行为的信息也要引起重视，增强防骗意识。

● 克服贪图便宜的心理 天下没有免费的午餐，也不会从天上掉馅儿饼。很多中老年人就是无法克服贪图便宜的心理，所以容易上当受骗。克服了贪图便宜的心理就不容易被迷惑和诱骗，可有效降低被骗的概率。

● 安装手机安全软件 在手机里面安装一款手机安全软件，不仅可以保护手机的安全，而且对于一些常见的诈骗电话或短信，可以标记出来，提醒中老年人在接听电话之前提高警惕或将此类电话添加到黑名单。

2.4.3 了解常见的手机诈骗案例

通过了解常见的手机诈骗手段，中老年人可以更清楚地学习诈骗分子的诈骗手段，更有利于防止被骗。

[跟我学] 了解手机诈骗的一些实例

● 短信诈骗汇款

倪姨接到一条短信，对方自称是倪姨在外地的女儿，短信内容是："妈妈我在外地出差，手机被抢了，身上没钱，坐不了车。你赶紧给我汇款到××卡里，我是借人家手机发的，电话就不用打过来了，回去再跟你细说。"倪姨警惕性不高，按照短信照办，结果上当了。

老张经常收到"请汇款到卡号××，收款人×××"这样的短信。每次收到时，老张总是一笑了之，避免了上当受骗。

相信不少中老年人的手机里也经常收到此类诈骗汇款的短信。整体上看，这种方式手段并不高明，有的是群发，就像"姜太公钓鱼"，可能会有"愿者上钩"，碰到一个是一个。因为直接涉及金额，比较容易引起人们的警惕，所以成功率并不高。

【应对措施】

1．不要相信陌生人的不明短信，即使是有巧合的汇款需求也需要谨慎，一定要打电话确认。

2．掌握好自己的手机信息，避免将手机号码或资料泄露给不熟悉的人。

● 电话诈骗

60多岁的谢伯不久前接到一个电话，对方声称是××检察院的，说谢伯的两张信用卡被盗刷，一张被盗刷了15万元，另一张被盗刷了4万元。现在检察院要查实，需要冻结谢伯的账户。请他按【1】键转接到相关部门，由相关服务人员进行处理。

而曾经丢失过身份证的谢伯和老伴儿确实有两张挂在儿子名下的信用卡附属卡，但事实上在外地的儿子早已将附属卡销卡。不知情的谢伯按了【1】键，接线的"客服"说现在为了避免他的进一步损失，在冻结账户之前，要谢伯把自己所有的存款转到指定账户，而且因为是秘密调查，要求谢伯不能告诉家人。就

这句话让谢伯发觉不对劲儿，随即意识到这是一起诈骗案，没有理会，避免了损失。谢伯的儿子获悉后，怀疑可能是他们的信用卡资料被泄露出去了。

【应对措施】

1. 信用卡是有额度限制的，超额是不能继续刷卡的。一般情况下，个人很少有14万元的信用卡额度，被盗刷14万元的可能性很小，这是最大的疑点。

2. 正常情况下，如果自己没做坏事，个人财产很难随便被冻结。

3. 对于来历不明的电话，尤其是自称检察院、公安局或法院等部门的电话，要谨慎小心，防止坏人借机诈骗。

● 信用卡消费短信诈骗

张大叔收到一条短信："您的银行卡消费了××元，为了您的用卡安全，请您拨打电话×××联系。"将信将疑的张大叔将电话打了过去，接线员让他报卡号，甚至问了他的信用卡密码，说要帮他查询消费记录。细心的张大叔没有轻信，随后自己检查了银行卡的余额，发现并没有减少。原来该诈骗分子试图骗取张大叔的卡号和密码。

【应对措施】

1. 正规的银行都有自己的客服电话和短信发送密码，而且正式对外公布，收到的短信如果不是这些号码发来的，就有假冒的嫌疑。如果中老年人发现有疑问，可以拨打银行的正规客服电话询问。

2. 任何人包括银行的工作人员，都不会询问涉及用户银行卡密码这一层面的问题。

● 复制SIM卡诈骗充值卡

广州的张某偶然间收到了在深圳工作的表弟戚某的短信："我现在在车上，手机没话费了，用的别人手机，你帮我充值，然后把充值卡密码发给我，就发到这个手机号码上。"不知情的张某信以为真，把充值卡密码发了过去，最终发现短信并不是戚某本人发的，结果张某白白被骗走了两张百元充值卡。而令人奇怪的是，戚某对此并不知情，且手机和SIM卡一直没丢，直到第二天有人报案，才发现自己的卡已失效。他赶紧到营业厅补卡，发现卡早已被列入黑名单。

随后戚某报了警，派出所方面称，戚某已经不是第一个报此类案件的人了。初步调查结果表明，戚某的SIM卡是被人复制了卡上的信息，然后将其密码故意输错，导致卡被列入黑名单不能使用。犯罪分子就是利用复制的SIM卡进行作案。由于戚某的联系人电话都存在SIM卡上，犯罪分子盗取了SIM卡信息后，就向所有联系人都发出了索要充值卡密码的短信，不少警惕性不高的人就会“中招”。

此手段带有一定的高科技成分，而且跟其他诈骗现金、要求汇款不同，诈骗充值卡具有一定的迷惑性。

【应对措施】

1．由于涉及金额，所以在不知情的情况下，对于收到的短信，尤其是涉及财物的短信要格外谨慎，即使是当事人发来的，也一定要打电话向当事人确认。

2．保管好自己的手机，避免被他人盗用相关信息。戚某一直将联系人电话存在SIM卡上，存在一定的风险。因此，保管好手机和信息是最为关键的。

3．一般在本省内，正常使用的手机号欠费了也可以自己充值或他人帮忙充值，不需要使用充值卡密码。如果拨打了充值电话，系统提示不能直接充值，很可能手机号已被列入黑名单，而当手机被列入黑名单后，无论他人还是本人都是不能充值的，中老年人要注意识别。

● 网上购物诈骗

32岁的浙江市民周小姐下班后在家中用手机浏览××购物网站时，找到一家装饰不错的网店，店里贴满了各种漂亮时尚的女装图片。周小姐选择了外套、毛衣、短裙等一系列商品后，与店家进行联系。通过店家发来的二维码进行手机付款。

完成支付后，到第二天晚上周小姐都没收到店家发货的信息，于是周小姐立刻拨打店家电话，无人接听，过了一会儿，再次拨打，发现竟已被对方拉黑，上网也查不到店铺。此次消费，周小姐共计损失人民币3200元。

【应对措施】

1. 中老年人如果进行网络购物，应选择在正规的平台进行消费，避免从一些不明网络平台购物。

2. 中老年人在网购的过程中要注意，应当尽量选择交易平台规定的途径进行交易，避免点击商家发送的不明链接或是与商家私下达成交易，避免受到欺骗。

● 银行卡诈骗

梁某是一个喜欢网购的人，有一天当梁某刚完成网购付款时，接到一个陌生电话，手机并没有显示出对方号码。梁某接了电话，对方表示自己是支付宝中心话务员，且知道梁某的姓名。梁某见对方叫出了自己的真实姓名，便放松了戒备。对方问她是不是刚通过网络用手机快捷支付进行了交易。梁某告诉他后，对方表明刚才支付宝交易中心系统突然发生故障，梁某的支付行为没有成功，以致系统暂时冻结她的银行卡。

梁某吓坏了，这张银行卡是她平时用得最多的卡，生活费支出全是从这张卡里取出来的。为了“解冻”银行卡，梁某按对方要求到××银行网上银行去解冻，并被告知必须先开通e支付功能，但三次尝试都以失败告终。

梁某急得焦头烂额之际答应了对方的“主动帮助”，将银行卡号报给了对方。几分钟后，对方告诉梁某，这张卡没有解冻功能，如果要开通解冻功能的话，账户里至少得有1000～2000元。梁某虽心存疑虑，但考虑到他说的开通服务是免费的，就赶忙从另外一张卡里取出1000元存到被“冻结”的××银行卡里面。

存完不久，梁某接到一条短信，内容是银行卡被支取200元的动态验证码。对方要求梁某将验证码提供给他，解释说要把卡上的钱先转到支付宝的一个安全账户上，等银行卡解冻之后再转给她。梁某将验证码告诉了对方，随后，又因同样的原因将支取1000元的动态验证码告诉了对方。随后对方便消失得无影无踪，电话也无法拨通。

【应对措施】

1. 中老年人需要注意，动态验证码是银行推出的，用于保护网银用户的账户安全的一度种技术措施。用户不能够将动态验证码随意告诉他人。

2．中老年人需要注意，通常情况下，银行工作人员是不会向用户询问动态验证码的，如果中老年人遇到这种情况要提高警惕。

●二维码支付诈骗

李先生平时喜欢网购，发现网上一款电器价格要比市面上和其他店的便宜近千元。李先生当即进店询问，店主声称可以拿到低价商品，李先生经不住诱惑，接受了店主让他通过扫描二维码进行支付的要求。

李先生通过手机扫描了店主发来的二维码后，进入一个支付界面，输入银行账号和密码后点击支付，但发现支付失败。店主告诉他可能是系统出现故障，让他重新扫描。李先生先后扫描了多次，均以失败告终，无奈只能取消交易。但随后发现自己银行卡被扣17000余元。

【应对措施】

1．中老年人在网上购物时要选择正规的交易流程，不要私自扫描店主发送的二维码，避免上当受骗。

2．在扫码前一定要确认该二维码是否出自知名正规的载体，不要见“码”就刷；应当在手机上安装防病毒安全软件；使用手机二维码在线购物、支付要看清网站域名，不要轻易点击反复自动弹出的小窗口页面；保护好自己的身份信息，不要轻易向他人透露。

拍好照，修好图，中老年人也可以

学习目标

越来越多的中老年人逐渐懂得享受生活，以前只会打电话，连发短信都不会。现在，很多中老年人能自己拍照，自己修图，对拍照软件的使用可谓得心应手。但还是有部分中老年人还处于不会用而想用的境况之下，本章就来学习如何拍照、修图。

要点内容

- 不想麻烦别人？启用自拍功能
- 想自己照全家福？开启“声控快门”
- 修图太麻烦？智能优化图片
- 不想照片中有杂物？用好“贴纸”来隐藏
- 想记录照相时的心情？给照片加点文字
- 照片很暗怎么办？调节曝光补偿来修正
- 跟孙子/女一起拍萌萌哒的照片

……

3.1 系统拍照功能与相册的使用

小精灵，我家新添了一位成员，想重新照一张全家福，可是自拍拍不出效果，又不能让其中一个人拿着手机或照相机拍照，该怎么办呢？

爷爷，直接用照相机拍照一般会有倒计时拍摄的功能，可以拍出全家福。但如果你要使用手机拍照，可启用“声控快门”功能来达到倒计时拍摄的目的。

智能手机自带的拍照功能越来越强大，已经成为年轻人甚至中老年人外出游玩的便捷“相机”。与之相关的就是手机自带的相册工具，拍摄的照片和短视频都会存储在相册中。

3.1.1 不想麻烦别人——启用自拍功能

以前的功能手机没有前摄像头，所以不能进行自拍。但现在的智能手机大多都配置前摄像头，中老年人可通过自拍功能为自己拍照。下面就来看看启用手机拍照工具的自拍功能的具体操作。

[跟我做] 启用手机照相机的自拍模式

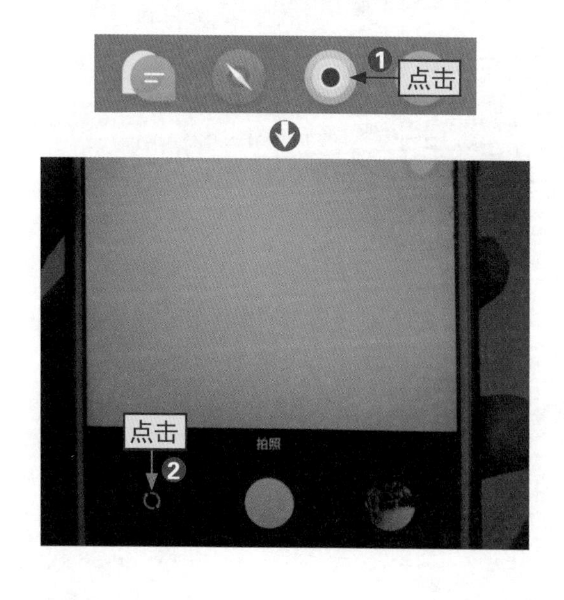

步骤01

❶点击手机桌面上的“照相机”图标，启动照相机工具，❷点击手机界面左下角的“转换”按钮。

步骤02

程序会启用手机照相机的前摄像头，将拍照模式切换到自拍状态。

3.1.2 想记录孙子/女的成长——拍摄视频

拍照是将事物某一时刻的静止状态记录下来，而要想更生动地记录原始状态，则需要利用录像功能。具体操作如下所示。

[跟我做] 启用录像功能拍摄视频

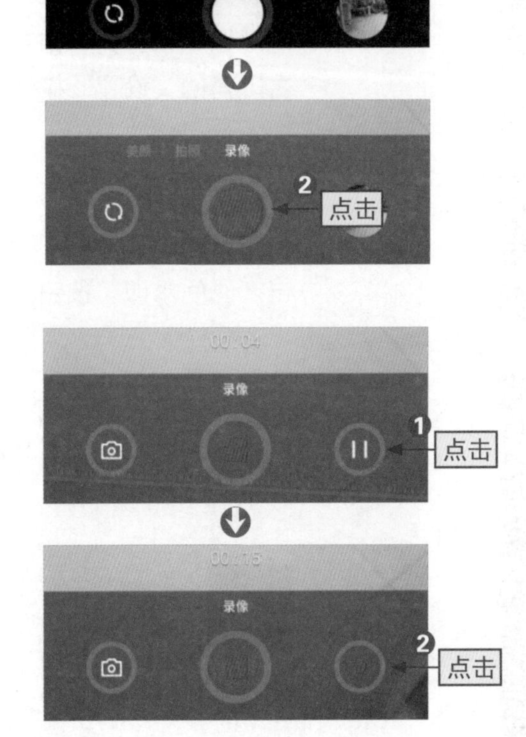

步骤01

❶启动照相机工具，点击“录像”按钮，程序会自动进入录像状态，❷点击红色按钮即可开始录像。

步骤02

❶录像过程中可以随时暂停，只需点击“暂停”按钮，❷继续录像则点击“开始”按钮。

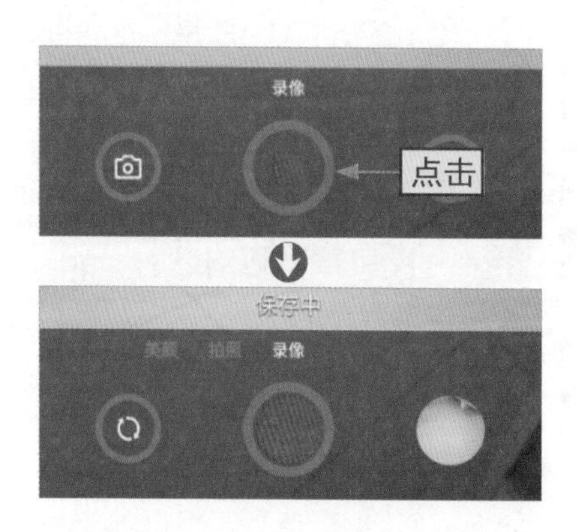

步骤03

录像完毕后，点击“停止”按钮，程序会自动保存录制的视频。

3.1.3 添加时间水印记录照片的拍摄时间

一般来说，使用智能手机拍摄的照片会以当天的日期和时间为照片命名。中老年人如果想让照片直接显示拍摄当天的时间，可以添加水印，使照片更有纪念意义，具体操作步骤如下。

[跟我做] 给拍摄的照片添加时间水印

步骤01

启动照相机工具，点击界面右上角的“设置”按钮。

步骤02

在打开的“设置”界面中点击“时间水印”按钮。

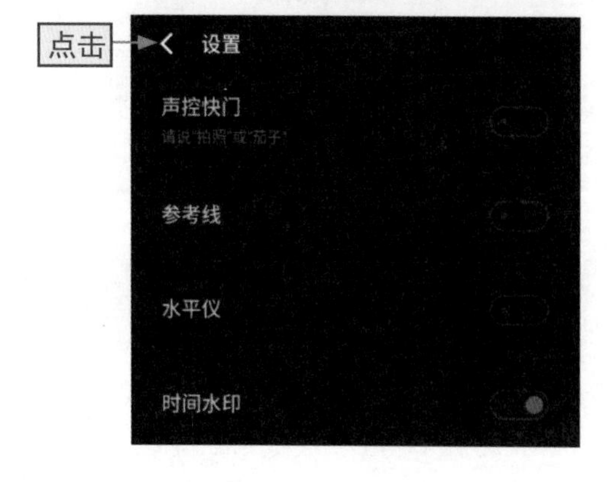

步骤03

点击“返回”按钮，完成所有设置步骤。

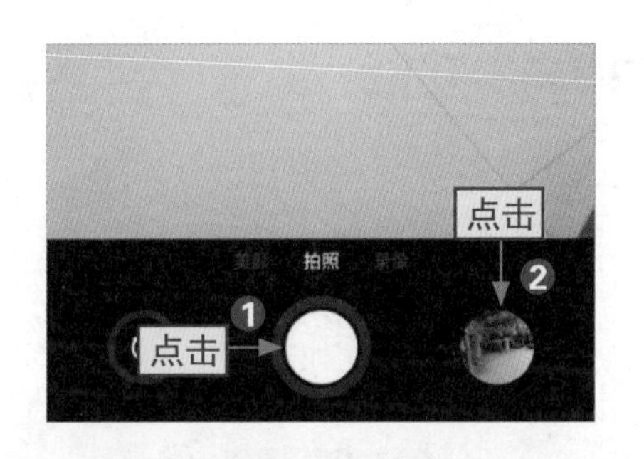

步骤04

❶点击“拍照”按钮，程序将自动保存当前照片，❷点击右侧的按钮可快速打开手机相册，并立即查看刚拍摄的照片。

步骤05

在照片右下角即可查看到程序自动添加了拍摄时间水印标记。

3.1.4 想自己照全家福——开启“声控快门”

中老年人非常看重家庭和睦，因此都比较喜欢照全家福。然而智能手机默认的拍照模式是触摸式拍摄，有照相机的家庭还能通过倒计时拍摄照出全家福，但没有照相机的家庭怎么办呢？很简单，下面就介绍开启手机照相机“声控快门”功能的操作步骤，帮助中老年人达到倒计时拍摄的目的。

[跟我做] 通过说话控制拍照快门的作用时间

步骤01

启动照相机工具，进入“设置”界面，点击“声控快门”按钮。

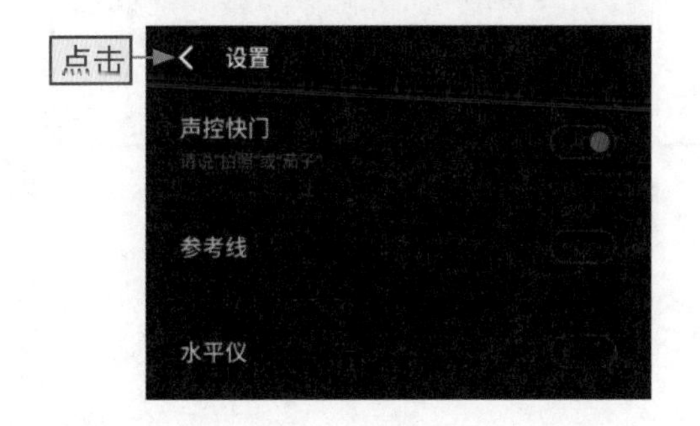

步骤02

点击“返回”按钮完成所有操作。之后，中老年人只要和家人在手机前坐好，然后说“拍照”或“茄子”，程序会自动执行拍照操作。

3.1.5 晚上拍不出照片——用“闪光”功能

晚上照相光线比较暗，拍摄的照片效果不理想。要想解决这一问题，中老年人可以开启“闪光”功能，具体操作步骤如下。

[跟我做] 晚上拍照用“闪光”功能

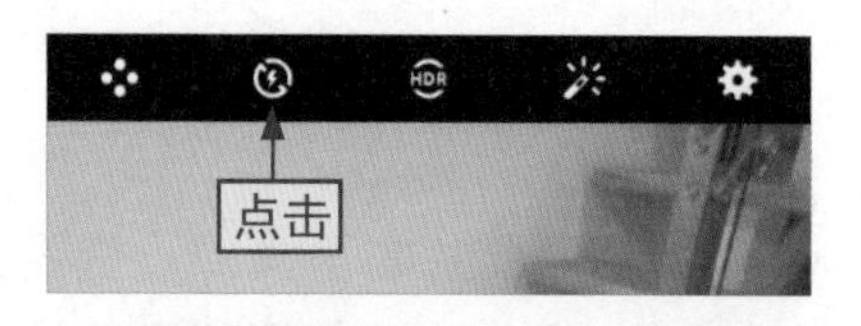

步骤01

启动照相机工具，点击界面上方的像闪电的图标按钮。

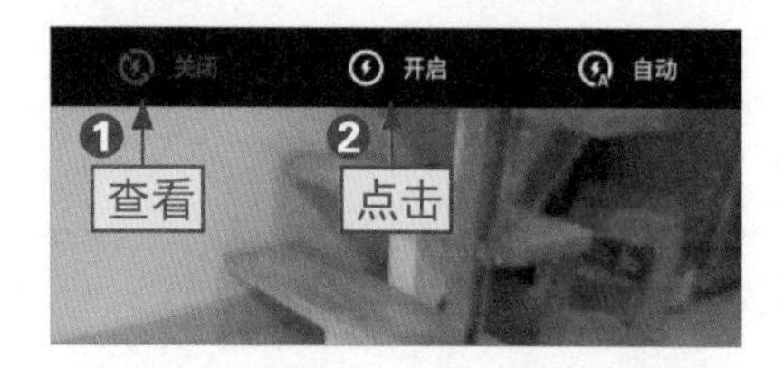

步骤02

❶可查看到相机的“闪光”功能处于关闭状态，❷点击“开启”按钮。

步骤03

返回即可查看到像闪电一样的图标被点亮。在此状态下拍摄照片，会带有闪光效果，在夜晚拍照也能看清楚照片内容。

技巧强化 | 如何关闭照相机的“闪光”功能

中老年人在利用“闪光”功能拍摄照片时可能会发现，大白天使用该功能拍照反而不清晰，要怎样关闭该功能呢？具体操作步骤如下：❶点击被点亮的像闪电的图标，❷点击“关闭”按钮即可，如图3-1所示。除此之外，中老年人还可点击“自动”按钮，这样就可以省去开启和关闭“闪光”功能的麻烦。

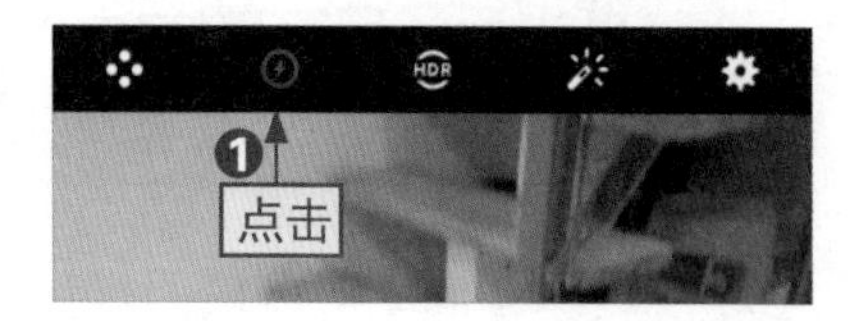

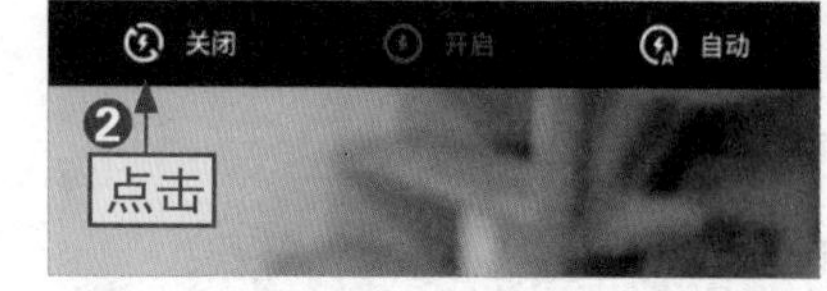

图3-1

3.2 要想照片显示好，美图软件来帮忙

小精灵，我老伴儿每次都嫌弃我给她拍的照片太丑了，不好看，你教我用用美图软件吧。

好的，爷爷。看来奶奶也是一个很注重自己形象的人！市场上有很多美图软件，我就以美图秀秀为例，教您怎么用吧。

俗话说，“爱美之心，人皆有之”。美化照片不再是年轻人的专属需求，现在很多中老年人也喜欢用美图软件修饰自己的照片，让照片更好看。

3.2.1 美图秀秀好用又潮流

美图秀秀是一款美图软件，使用的人比较多。它的功能很强大，中老年人只需掌握一些简单的操作就能美化照片。该软件是一款免费的图片处理软件。主要包括五大功能，具体介绍如表3-1所示。

[跟我学] 美图秀秀的五大功能

表3-1

功能	简述
相机	主要可以用来拍摄照片和视频，在拍摄时可以设置萌拍、游玩记、风格妆以及滤镜美颜
图片美化	图片美化主要是对拍摄好的照片进行美化操作，主要包括智能滤镜、编辑、增强、滤镜、抠图以及马赛克等
人像美容	人像美容主要是对拍摄的人像照片进行美化，实现后期处理，主要包括美妆、一键美颜、磨皮、肤色美白以及面部重塑等
拼图	拼图主要是对已经拍摄的多张图片进行拼合，形成一张新的图片，拼图主要可以采用自由、海报、拼接以及模板4种方式
视频美化	视频美化功能可以为图片或视频添加转场、各种效果，最终形成一个视频。该功能比较强大能够帮助用户通过图片制作视频

3.2.2　修图太麻烦？智能优化照片

有些中老年人又想省事儿，又想把照片修饰得比原来的更好看，此时可使用美图秀秀的“智能优化”功能。在此之前，中老年人需要下载安装美图秀秀软件。使用“智能优化”功能的具体操作如下。

[跟我做]“智能优化”轻松修图

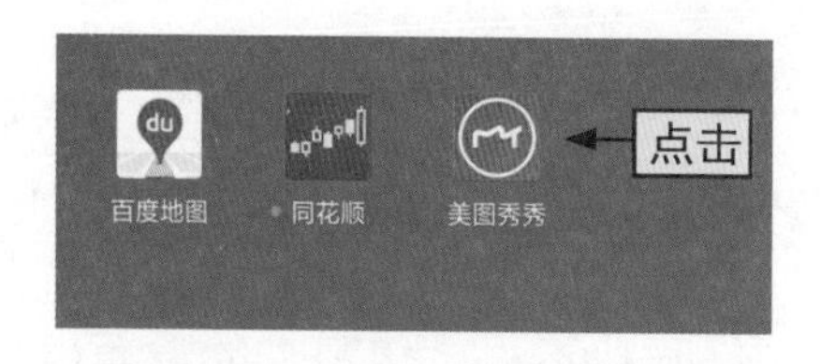

步骤01

点击手机桌面上的“美图秀秀”图标，进入程序。

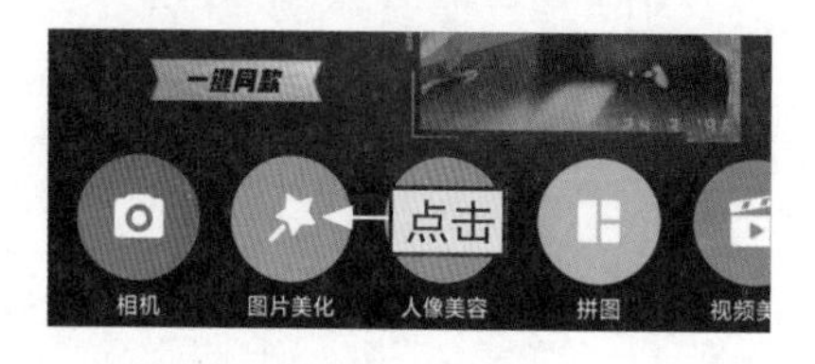

步骤02

点击“图片美化”图标，打开“最近项目”界面。

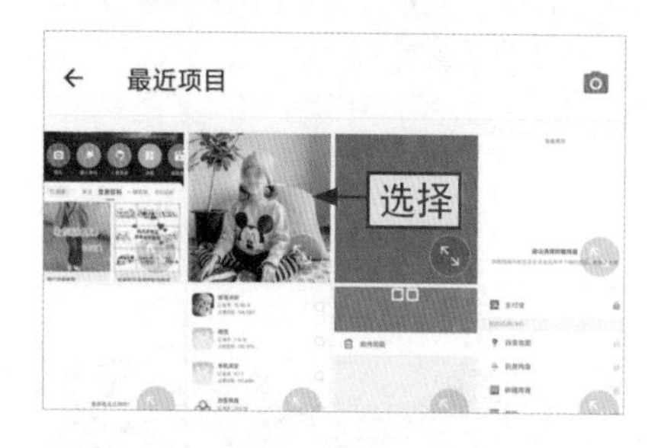

步骤03

选择需要进行美化的照片，程序会自动打开编辑界面。

步骤04

点击“智能优化”按钮，等待程序处理照片。

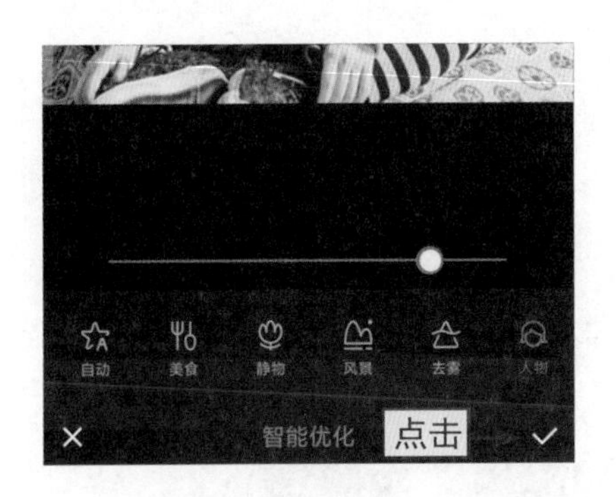

步骤05

在照片优化后的界面点击“√”按钮即可保存美化后的照片。

3.2.3 不想旅游照片里有其他人？“裁剪”掉

有些对照片效果要求比较高的中老年人，不想在旅游照片中留下陌生人的身影，此时可以借助“裁剪”功能将其裁减掉，具体操作步骤如下。

[跟我做] 将照片中不想要的部分裁减掉

步骤01

进入美图秀秀，在主界面中点击“图片美化”图标，在“最近项目”界面中选择需要进行裁剪的照片。

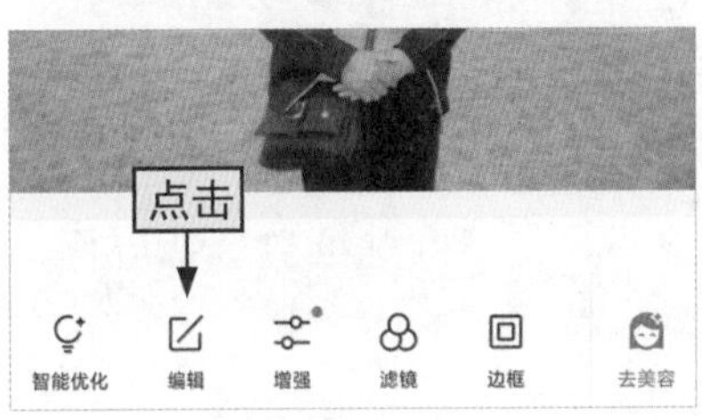

步骤02

在打开的编辑界面中点击“编辑”图标。

步骤03

拖动上、下、左、右的矩形标识进行裁剪，或拖动两个对角处的圆形标识进行裁剪，这里将其他人裁掉，需要拖动左、右侧标识。

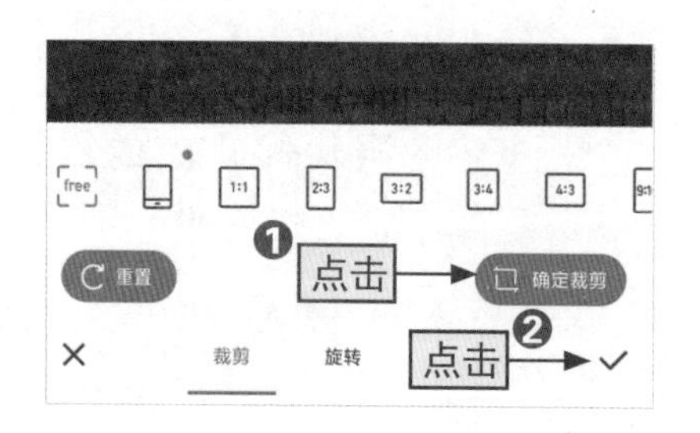

步骤04

❶点击“确认裁剪”按钮确认裁剪，❷点击“√”按钮进行保存。

3.2.4 不想照片中有杂物？用“贴纸”来隐藏

中老年人拍摄的生活照片，可能会把一些杂物拍摄到照片当中。如果觉得这些杂物影响了照片的美观度，则可灵活运用“贴纸”功能将其掩盖住，具体操作如下所示。

[跟我做] 用“贴纸”隐藏照片中不美观的部分

步骤01

进入美图秀秀，在其主界面中点击“图片美化”图标，在“最近项目”界面中选择需要添加贴纸的照片。

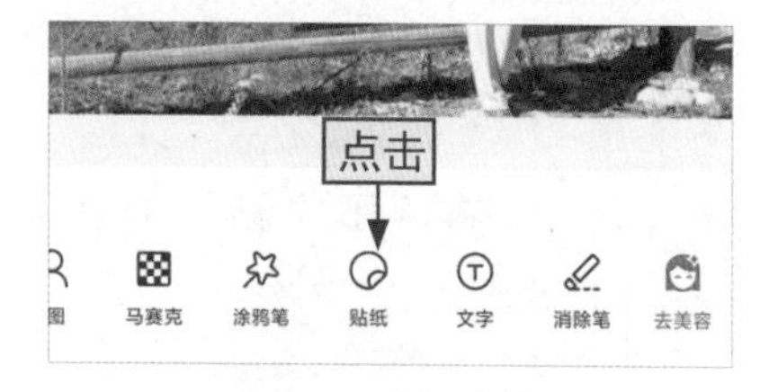

步骤02

在编辑界面向左滑动工具栏，点击“贴纸”图标，进入贴纸的选择界面。

步骤03

在默认的“推荐”选项卡下选择喜欢的贴纸选项。除此之外，中老年人还可以使用套装、装扮和文字等贴纸样式。

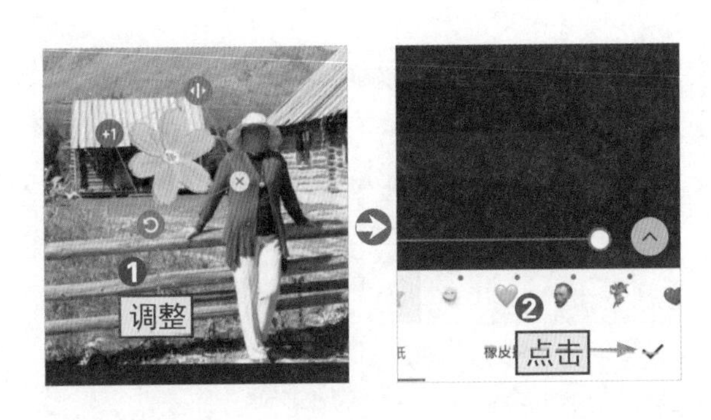

步骤04

❶返回即可查看照片中添加了贴纸，调整贴纸4个点可以调整大小和位置，❷点击“√”按钮即可保存添加了贴纸的照片。

3.2.5 想记录照相时的心情？给照片加点文字

为了能清楚地记录拍照时的心情，中老年人可以给照片添加文字，具体操作如下所示。

[跟我做] 给照片添加与图片相关的文字

步骤01

进入美图秀秀，在其主界面中点击“图片美化”图标，在“最近项目”界面中选择需要添加文字的照片。

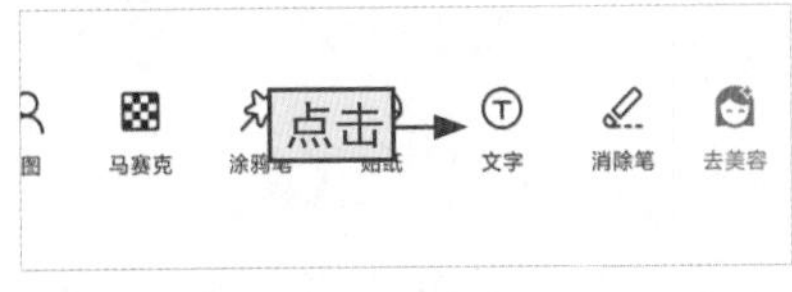

步骤02

在编辑界面向左滑动工具栏，点击“文字”图标，进入贴纸的选择界面。

步骤03

在界面下方选择喜欢的文字样式。

步骤04

❶随即会在界面上方的照片上出现相应的文字样式，此时可移动文字的位置，❷点击文本进入文本编辑。

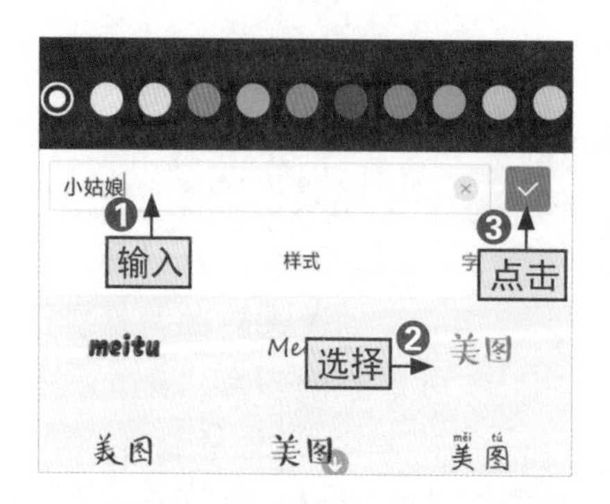

步骤05

❶在打开的界面中的文本框中输入文本，❷选择喜欢的字体样式，❸点击“√”按钮进行确定。

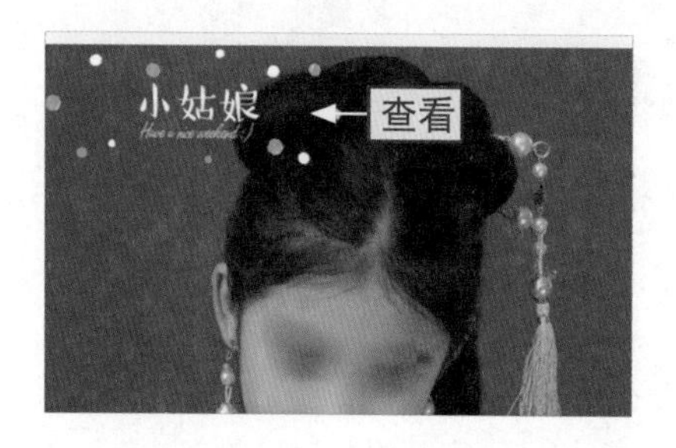

步骤06

返回即可查看到照片中添加了目标文字，最后点击“√”按钮保存添加了文字的照片。

3.2.6 照片很暗怎么办？调节曝光补偿来修正

中老年人应该有所体会，大白天光线太强时拍出的照片会比较暗，看不清拍摄内容，此时可以通过调节亮度和曝光度来让照片变清晰，具体操作步骤如下。

[跟我做] 调节照片的补光和亮度

步骤01

进入美图秀秀，在其主界面中点击“图片美化”图标，在“最近项目”界面中选择需要调节曝光补偿的照片。

步骤02

在打开的照片编辑界面中点击下方的“增强”按钮。

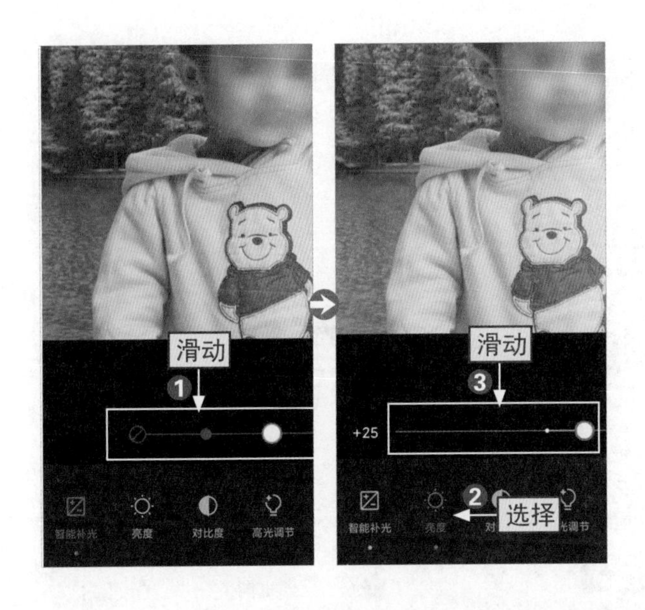

步骤03

❶在打开的界面中自动打开了“智能补光”选项卡，滑动进度条上的滑块，调节照片的补光程度，❷选择“亮度”选项卡，❸滑动上方的滑块调整图片亮度。

3.2.7 跟孙子/女一起拍萌萌哒的照片

时代在进步，中老年人要想与自己的孙子/女拉近距离，就要学习一些新鲜事物，比如和孙子/女拍摄萌萌哒的照片，具体操作如下。

[跟我做] 和小辈们拍摄萌照

步骤01

进入美图秀秀程序，在主界面中点击“相机”按钮。

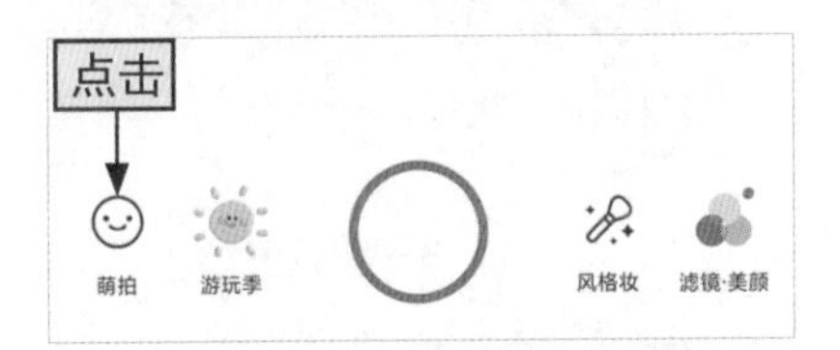

步骤02

在拍照界面点击左下角的“萌拍”按钮。

步骤03

在列表中选择喜欢的贴纸样式，连网状态下程序会自动下载并应用到照片中，返回拍照界面中点击拍摄按钮。

3.2.8 想将几张照片合为一张？进行“故事拼图”

中老年人外出旅游通常会拍摄许多照片，可以将多张照片进行组合，形成一张照片，具体操作步骤如下。

[跟我做] 将多张旅游照片合为一张

步骤01

进入美图秀秀程序，在主界面中点击“拼图”按钮。

步骤02

❶在“最近项目”界面中选择需要合成的照片，❷点击“开始拼图”按钮。

步骤03

在打开的界面中选择合适的素材，即可查看效果，最后点击“√”按钮即可完成拼图。

第4章 跟上潮流轻松学会微信

学习目标

如今，人们使用最多的社交软件就是微信，它们不仅可以帮助中老年人与亲朋好友建立良好的关系，还能丰富闲暇生活。因为微信使用操作并不难，所以受到广大中老年人的青睐，他们纷纷跟上年轻人的步伐玩起了微信。

要点内容

- 把头像换成喜欢的图片
- 给好友发送语音消息
- 进入朋友圈查看好友近况
- 给朋友发布的信息点赞、评论
- 微信发红包
- 记不住密码？设置“声音锁”方便登录
- 中老年人社交要谨慎，防被骗

……

4.1 中老年人也能随时随地聊微信

小精灵，我孙子在外省读大学，很久都不回家一次，我想跟他开视频，看看他，你教我怎么操作吧。

好，在外省上大学就是这样，现在跟家人最好的沟通方式应该就是视频通话了，既能听到声音，还能看见人。

微信是目前较为流行的社交软件，其功能强大，使用便捷，受到了大量用户的喜爱。因此，中老年人要想与孙子、孙女保持顺畅联系，有必要学习怎么使用微信。

4.1.1 把头像换成喜欢的图片

使用微信进行社交活动之前，中老年人需要先在手机中下载并安装微信APP，具体步骤参考本书第2章的内容。完成安装后，中老年人还需要注册一个属于自己的微信号，注册比较简单，打开微信后，在登录页面点击“新用户注册”超链接，再按照页面提示完成注册即可，下面来看看如何将自己的微信头像更改为孙子/女的照片的具体步骤。

[跟我做] 将孙子/女的照片设置为自己的微信头像

步骤01

在手机桌面上点击“微信”图标。

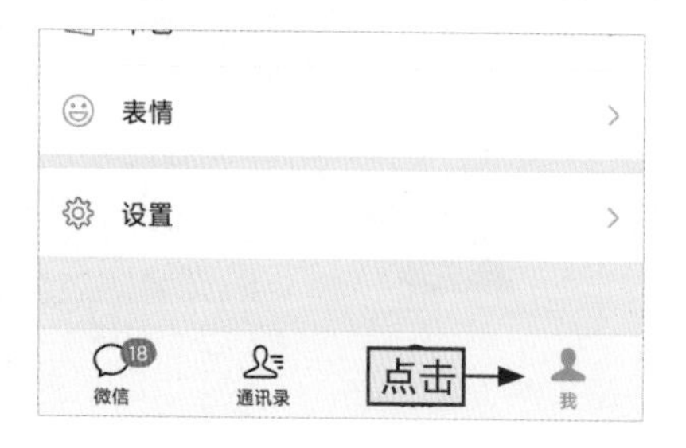

步骤02

登录微信后，在微信主界面底部点击“我”按钮。

步骤03

在打开的界面中点击上方的头像图标。

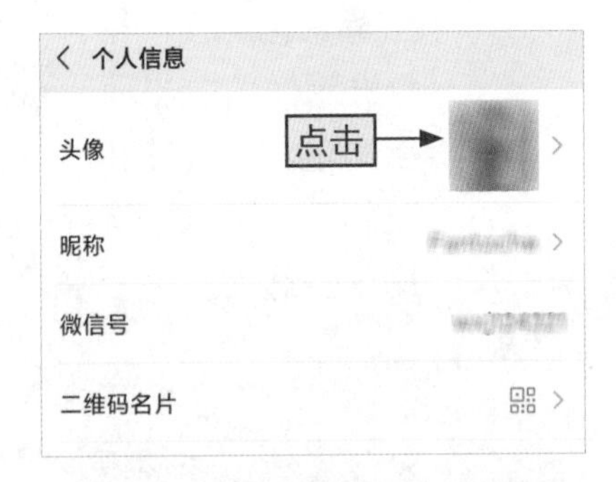

步骤04

在“个人信息”界面中点击微信头像。

步骤05

在打开的“所有图片”界面中选择需要的照片。

步骤06

❶在打开的界面中移动选择框的位置，调整图片的大小，❷点击界面右上角的“使用”按钮即可成功更换微信头像。

使用

4.1.2 添加好友建立联系

要想与他人进行微信聊天，中老年人需要先添加对方为好友，待对方同意后双方才能建立关系，然后才能互发消息。下面就来看看在手机上添加微信好友的具体操作。

[跟我做] 添加微信好友

步骤01

❶进入微信主界面，点击右上角的“+”按钮。❷在弹出的下拉列表中选择“添加朋友”选项。

步骤02

在“添加朋友”界面点击搜索框，将文本插入点定位到该框中。

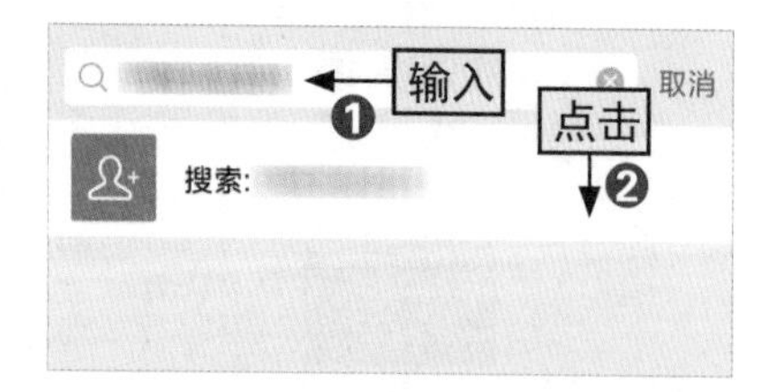

步骤03

❶在搜索框中输入具体的手机号码或微信号码。❷点击下方的搜索链接。

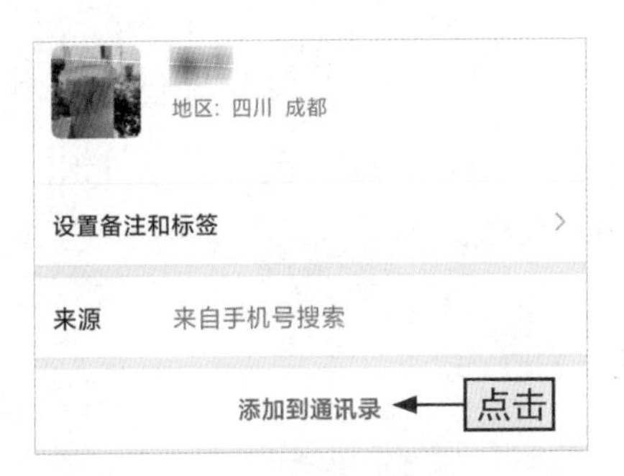

步骤04

在打开的界面中点击“添加到通讯录”超链接。

步骤05

等待对方同意加为好友后，即可在微信消息界面自动生成一个该好友的消息框，且能在“联系人”界面中查看到该好友。

技巧强化 | 设置朋友圈权限

中老年朋友在添加微信好友时，如果不希望对方访问自己的朋友圈，可以设置访问权限。具体操作如下：❶在添加好友的界面中选择“朋友权限”选项，❷在打开的界面中的“朋友圈和视频动态”栏中点击“不让他（她）看”选项右侧的按钮，即可完成设置，如图4-1所示。

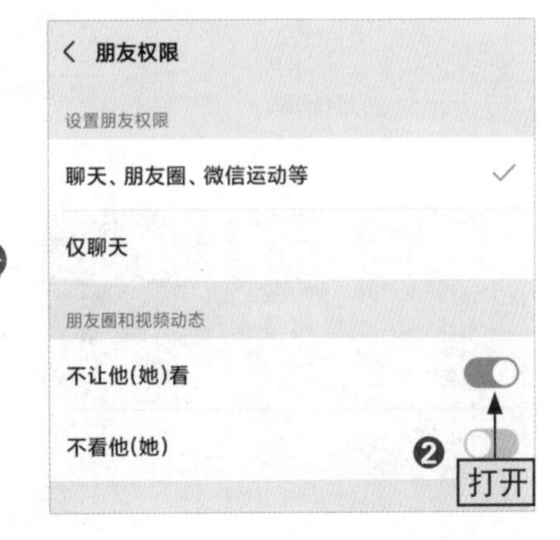

图4-1

4.1.3 给好友发送语音消息

很多中老年人因为年龄大了，不太会发送文字信息。微信为广大用户提供了语音消息功能，开口说话就能发送消息，具体的操作如下。

[跟我做] 发送语音消息让沟通更简单方便

步骤01

进入微信主界面，选择想要聊天的好友对话框。

步骤02

在打开的聊天界面中点击文本框左侧的语音按钮。

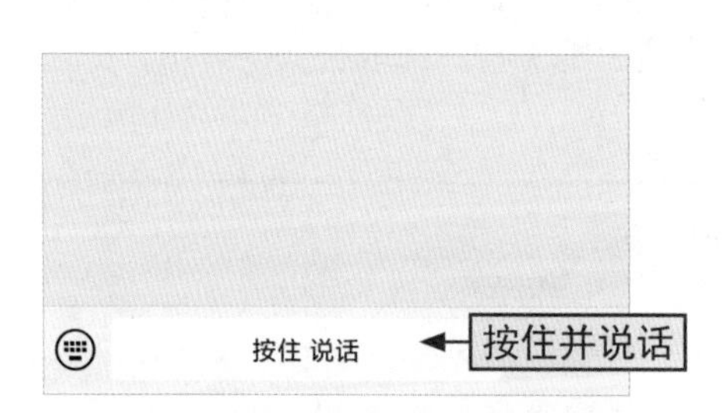

步骤03

在打开的对话框中按住“按住说话”按钮不放，同时说话即可。

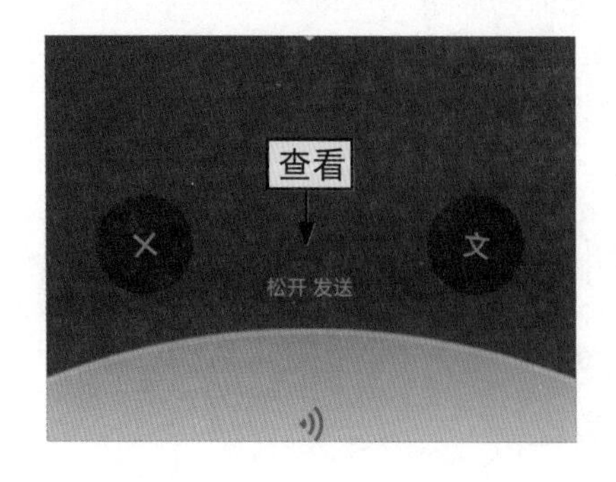

步骤04

说话完成后松开手指，即可发送语音信息。

4.1.4 连WiFi让语音/视频通话更流畅

利用微信进行语音或视频通话会耗费很多数据流量，因此中老年人最好是在连接无线WiFi网络的环境下进行语音或视频通话。

1.语音通话

语音通话与打电话的作用一样，不同的是语音通话耗费的是流量，而打电话是直接耗费电话费。下面以与好友进行语音通话为例，讲解具体的操作。

[跟我做] 发起语音通话享受无延时沟通

步骤01

❶选择微信好友，在聊天界面点击文本框右侧的“+”按钮，❷在打开的界面中点击“视频通话”按钮。

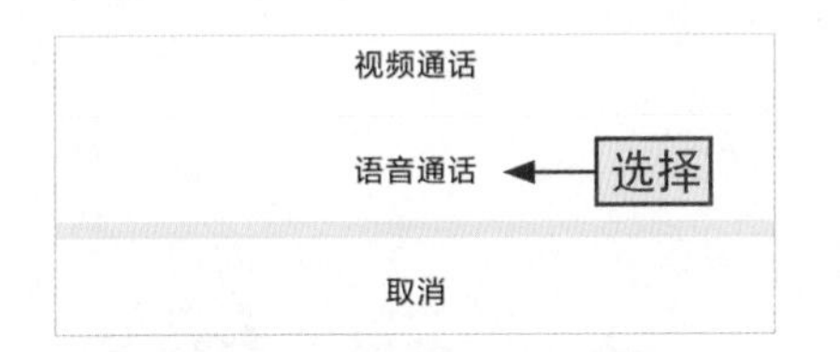

步骤02

在打开的菜单列表中选择“语音通话”选项。

步骤03

等待对方接听电话。

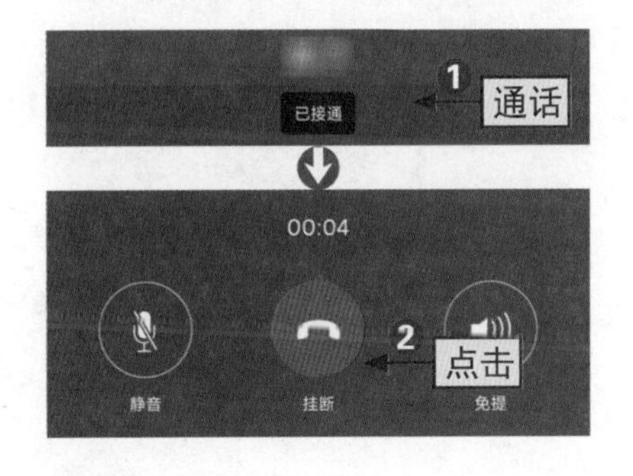

步骤04

❶当对方成功接听电话后，双方即可开始说话聊天。❷结束通话时，点击界面下方的“挂断”按钮即可。

2.视频通话

视频通话不仅能听到对方的声音，还能看见对方的通话形象，是比语音通话更实用的功能，具体操作与开启语音通话相似。

[跟我学] 向微信好友发起视频通话

打开聊天界面，点击“+”按钮，点击“视频通话”按钮，❶在打开的对话框中选择“视频通话”选项，❷等待对方接听，❸结束通话时点击“挂断”按钮，如图4-2所示。

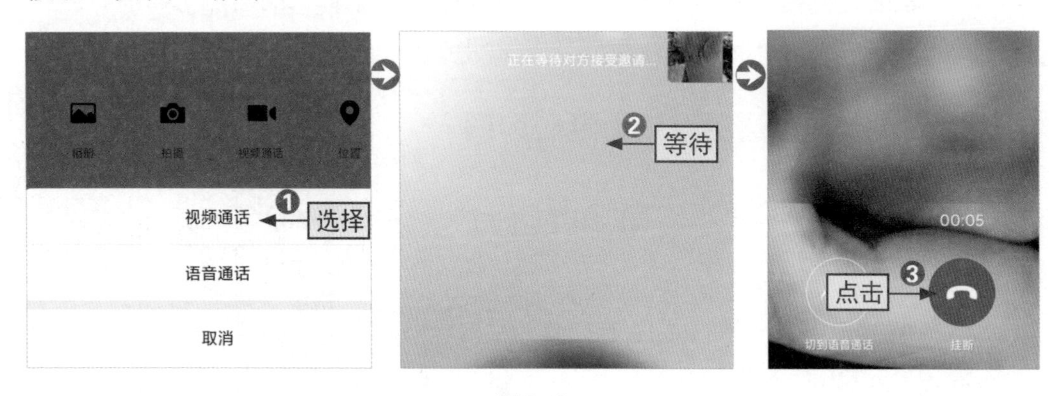

图4-2

4.1.5 创建兴趣群，当群主

当下，很多中老年人都很潮，喜欢成为“领导者”，组织一些具有相同爱好的中老年人参加活动，为了方便联系，就会创建微信群来互通信息。下面来看看创建兴趣群的具体操作步骤。

[跟我做] 创建兴趣群，组织其他中老年人参与活动

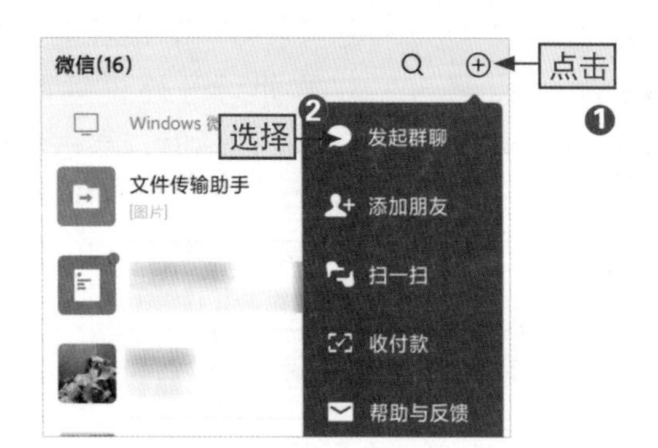

步骤01

❶进入微信主界面，点击右上角的“+”按钮，❷在弹出的下拉菜单中选择“发起群聊”命令。

步骤02

添加群成员后返回聊天界面即可查看到创建的群聊，点击群聊界面右上角的“...”按钮。

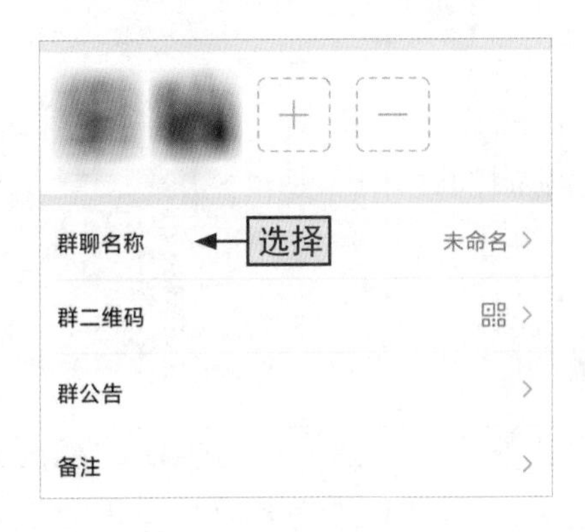

步骤03

在打开的“聊天信息”界面中选择“群聊名称”选项，设置群聊名称。

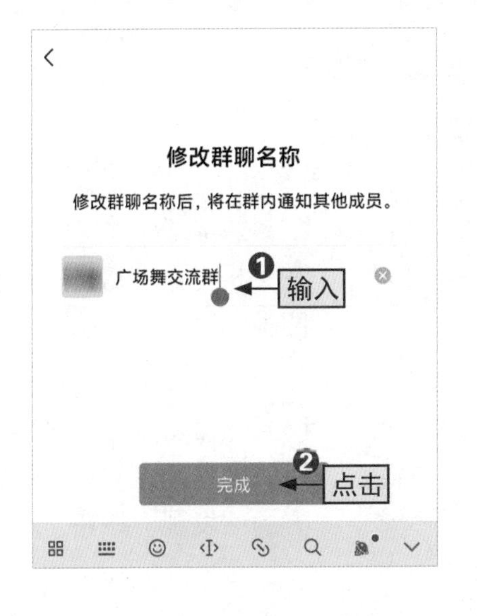

步骤04

❶在打开的“修改群聊名称”界面中输入群名，如“广场舞交流群”，❷点击“完成”按钮即可。

4.2 微信朋友圈沟通老友们的生活

我发现我身边的很多老年人都在玩儿微信，天天听到他们在说什么朋友圈怎么怎么的，好像挺好玩儿。

对啊，爷爷，您也可以学学怎么玩朋友圈，这样就可以跟您的老朋友们有话题聊了，我会详细地给您讲讲微信具体应该怎么用。

微信朋友圈功能是老年人比较喜欢的，老年人可以在朋友圈中分享自己的心情、照片以及活动等，下面具体介绍朋友圈的使用方法。

4.2.1 进入朋友圈查看好友近况

微信朋友圈是一个分享生活的平台，很多微友都会将日常生活的点滴分享出来，中老年人可借此了解朋友的生活近况。在使用微信之前，也需要先下载并安装软件，然后注册一个属于自己的微信账号。下面就直接讲解进入朋友圈查看好友动态的具体步骤。

[跟我做] 查看微信好友发布的朋友圈

步骤01

在手机桌面上点击“微信”图标。

步骤02

进入微信的主界面，点击下方的“发现”按钮。

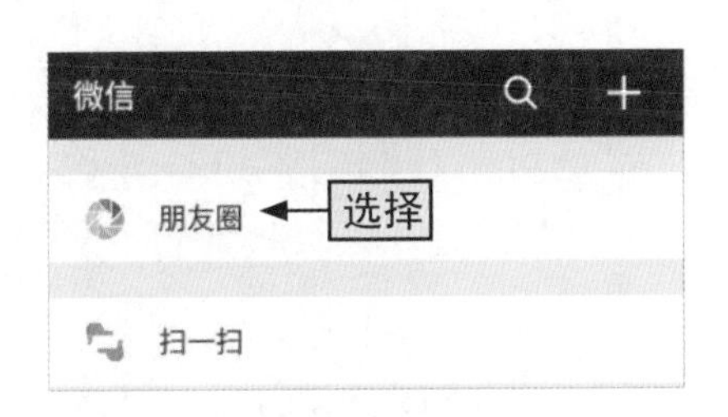

步骤03

在“发现”界面中选择“朋友圈”选项。

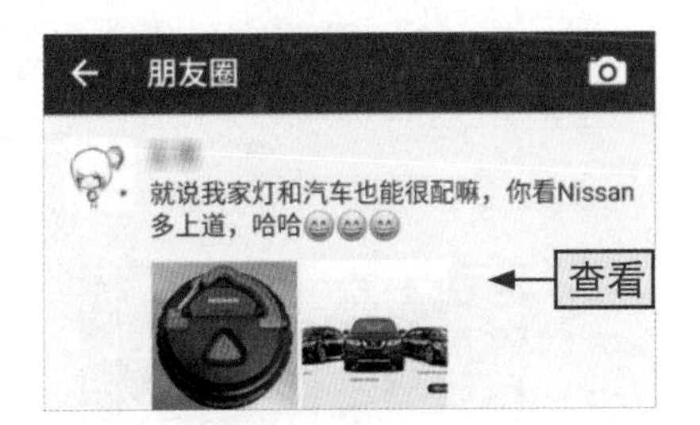

步骤04

在打开的“朋友圈”界面中即可查看到微友们发布的朋友圈动态信息。

4.2.2 给朋友发布的信息点赞、评论

中老年人在看到好友发布的朋友圈后，觉得很赞，或者想要说点什么，可以进行点赞或评论操作。

1.为朋友圈点赞

在看到好友发布的朋友圈内容时，如果觉得很精彩，可以为好友点赞，具体操作如下。

[跟我学] 给好友点赞

进入微信“朋友圈”界面，浏览朋友动态，❶在想要点赞的信息右下角点击“评论”按钮，❷点击“赞”按钮，❸返回可查看点赞效果，如图4-3所示。

图4-3

2.对朋友圈进行评论

对好友发布的朋友圈表达自己的看法，就是对朋友圈内容进行评论，具体操作很简单，如下所示。

[跟我学] 评论好友的朋友圈

进入微信“朋友圈”界面，浏览朋友动态，❶在想要评论的信息右下角点击“评论”按钮，❷点击“评论”按钮，❸输入评论的内容，❹点击“发送”按钮，❺返回可查看评论的效果，如图4-4所示。

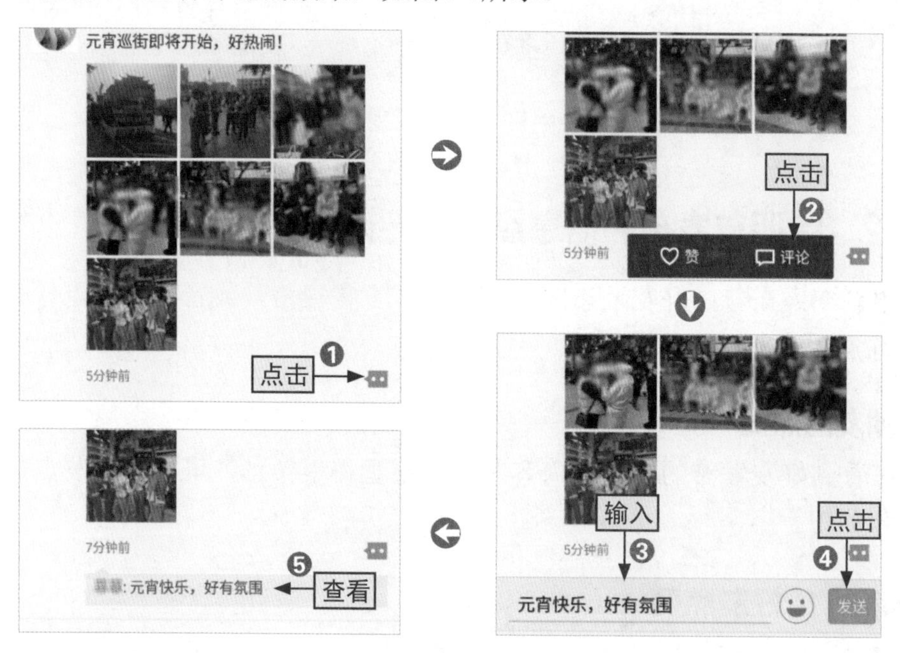

图4-4

4.2.3 如何发布自己的朋友圈

中老年人还可以在朋友圈中发表自己的动态消息，让好友们和自己一起分享快乐，具体操作如下。

[跟我做] 发布自己的朋友圈

步骤01

进入“朋友圈”界面，点击右上角的“照相机”按钮。

步骤02

在打开的对话框中选择“从相册选择”选项。注意，如果只是发布文字信息而不带有图片，则可长按照相机图标按钮，此时就不会出现该对话框，另外，如果是在旅游途中现拍现发，则此处应选择“拍摄”选项。

步骤03

❶在打开的“图片和视频”界面中选中要发布的照片或视频的复选框，❷选择完毕后，点击“完成”按钮。

步骤04

❶在打开的界面中输入文字消息，❷点击“发送”按钮即可完成朋友圈的发布。如果想直接发布照片而不配文字内容，则直接点击“发送”按钮。

拓展学习 | 同步朋友圈到QQ空间

如果中老年人在同时使用QQ和微信，则在微信中发布朋友圈的同时，还可以将发布的内容同时发布到QQ空间里去，这样就可省去在QQ空间另行发布动态的时间。操作很简单，在点击“发送”按钮之前，点击界面下方的“QQ空间”图标，然后再点击“发送”按钮即可，如图4-5所示。

图4-5

4.2.4 进入相册删除以前的朋友圈信息

使用微信的时间越长，朋友圈的信息条数会越来越多。对于一些时间过长的，不重要的信息，中老年人可以删除。下面就来看看删除朋友圈的具体做法。

[跟我做] 删除不想保留记录的朋友圈信息

步骤 01

进入微信，点击“我”按钮切换界面。

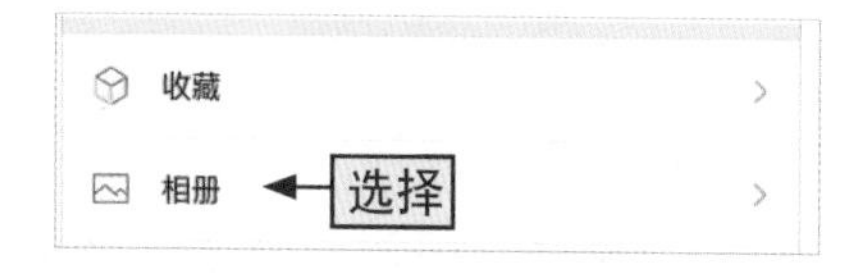

步骤 02

在“我”界面中选择“相册”选项。

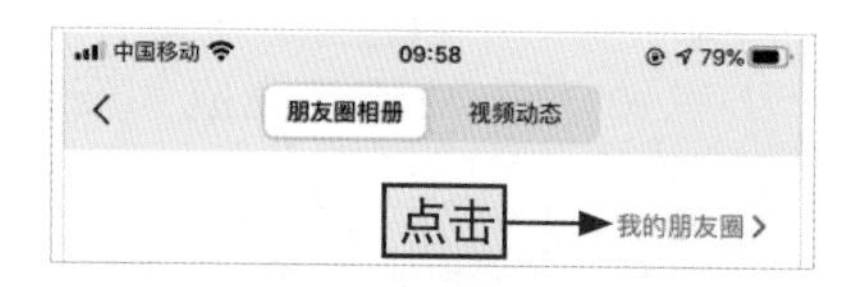

步骤 03

进入朋友圈相册页面，点击“我的朋友圈”超链接。

步骤 04

在打开的“我的相册”界面选择需要删除的朋友圈信息。

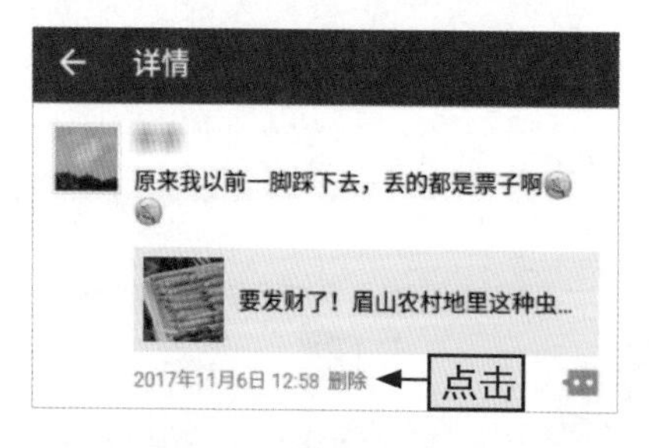

步骤 05

在打开的“详情”界面中，可查看到想要删除的朋友圈详细内容和评论，点击“删除”超链接。

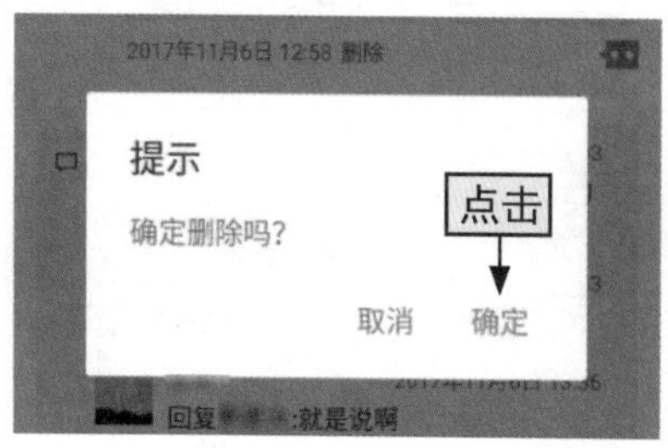

步骤 06

在打开的“提示”对话框中点击“确定”按钮确认删除该条朋友圈。

4.2.5 如何屏蔽他人朋友圈

中老年人在使用微信朋友圈时，如果不想看到某个好友的朋友圈动态，则可以将其屏蔽掉，具体操作如下所示。

[跟我做] 屏蔽某人的朋友圈消息

步骤01

进入微信，❶点击“通讯录”按钮，❷在联系人列表中选择要屏蔽的好友。

步骤02

在打开的界面中选择“朋友权限”选项。

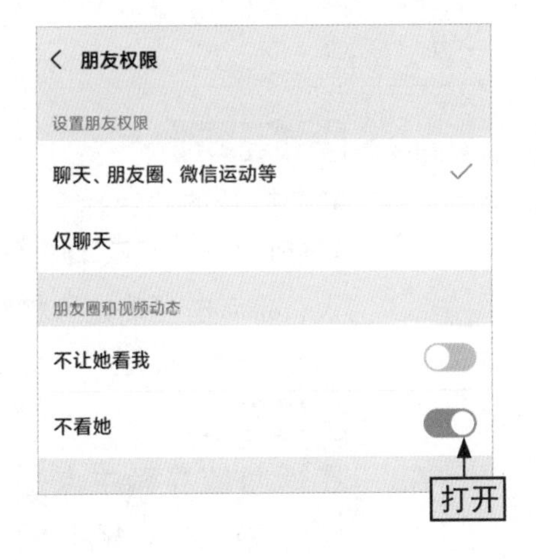

步骤03

在打开的“朋友权限”界面中的“朋友圈和视频动态”栏中点击“不看她”按钮，即可屏蔽该好友的朋友圈。

4.2.6 怎么设置让朋友圈的内容给指定人看

前面介绍了不查看某些好友的朋友圈，还可以设置不让一些好友查看自己的朋友圈，具体介绍如下。

[跟我做] 设置屏蔽某些人看到自己的朋友圈

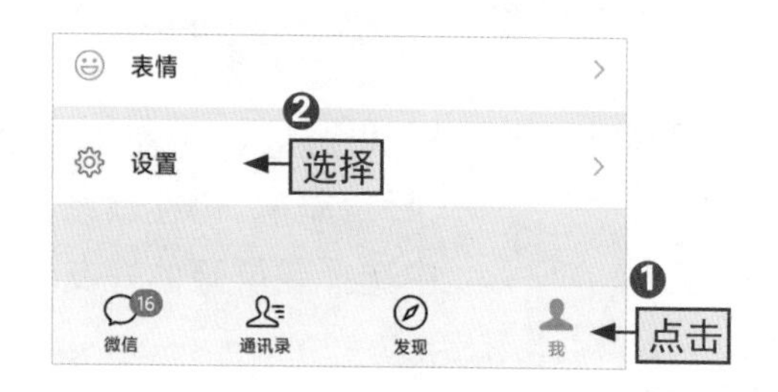

步骤01

进入微信，❶点击“我”按钮，❷在打开的界面中选择“设置”选项。

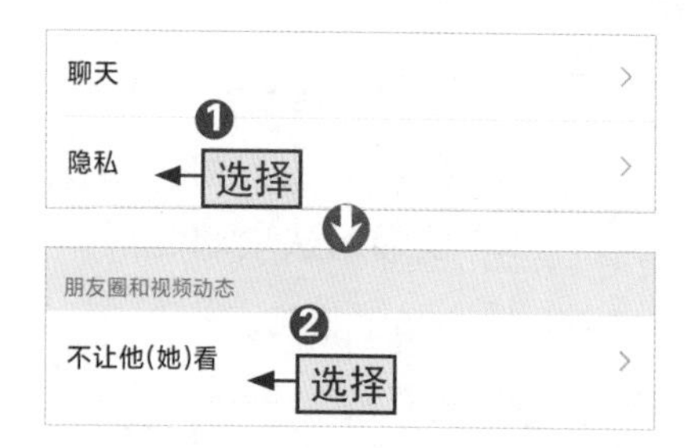

步骤02

❶在打开的界面中选择“隐私”选项，❷在打开的界面中的“朋友圈和视频动态”栏中选择“不让他（她）看”选项。

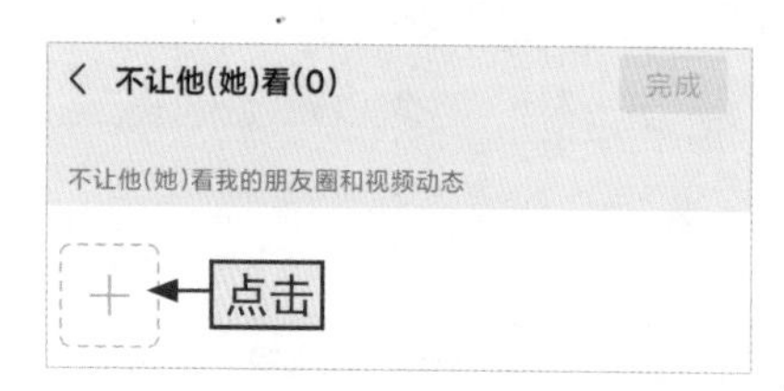

步骤03

在打开的界面中点击“+”按钮。

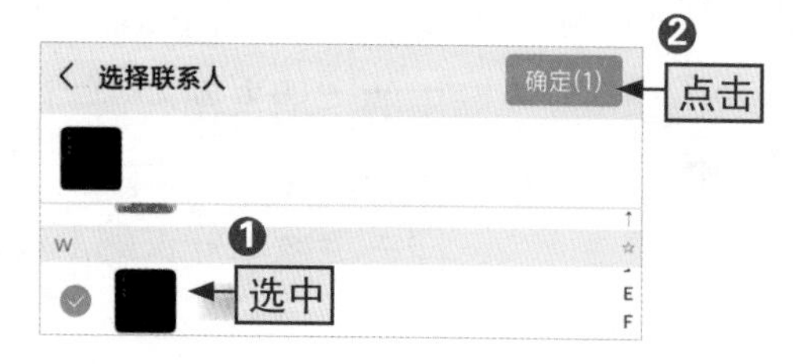

步骤04

❶在打开的“选择联系人”界面中选中需要屏蔽的联系人，❷点击“确定”按钮。

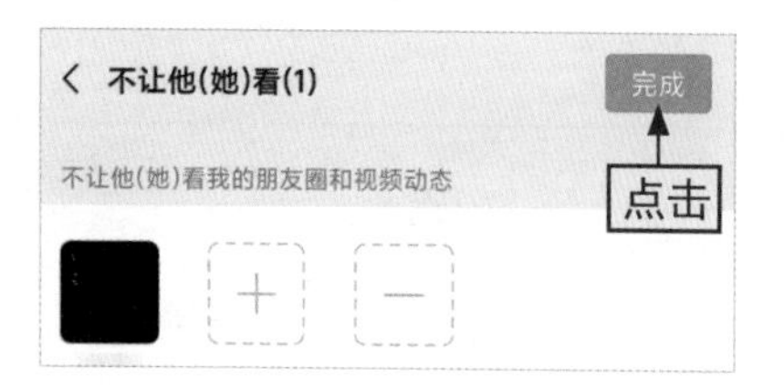

步骤05

在返回的界面中点击“完成”按钮进行保存即可。

4.3 其他微信功能要了解

我这手机最近好像出问题了，微信用不了，反应很慢，打开图片需要很长的时间，打字输入也费时。

爷爷，这是您的微信存储的信息过多，占用内存过大，手机反应不过来导致的，您需要清理一下微信存储空间。

微信除了有聊天功能和发布动态功能之外，还有一些其他的个性化功能。中老年人要想更好地使用微信，学习这些功能的使用方法是非常有必要的。下面分别进行介绍。

4.3.1 关注公众号及时获取新闻信息

目前，市场中很多公司、组织、机构和个人等都创建了自己的公众号，便于企业或个人的产品与理念的宣传，而中老年人如果关注有用的公众号，可及时获取有用的信息，能给日常生活带来极大的便利。下面以在微信中关注“北京日报”的公众号为例，讲解具体的操作步骤。

[跟我做] 搜索并关注“北京日报”的公众号

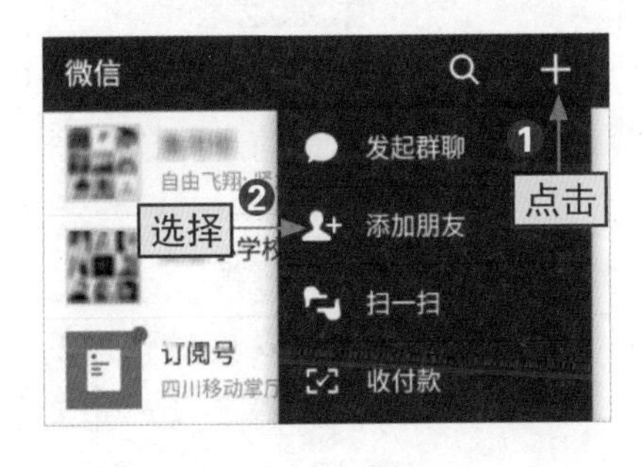

步骤01

❶进入“微信”界面，点击右上角的“+”按钮，❷在弹出的下拉列表中选择“添加朋友”选项。

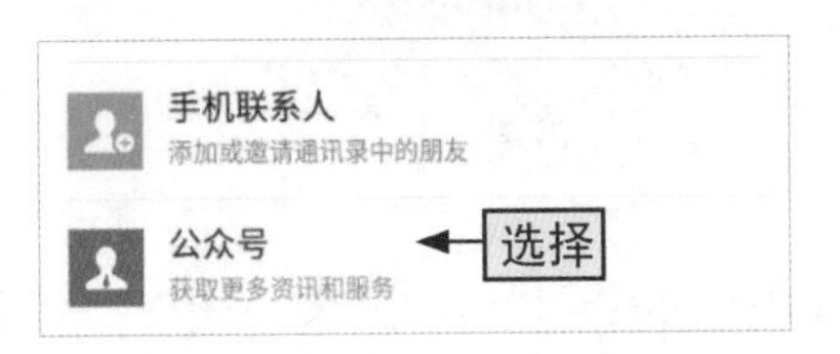

步骤02

在“添加朋友”界面中选择“公众号”选项。

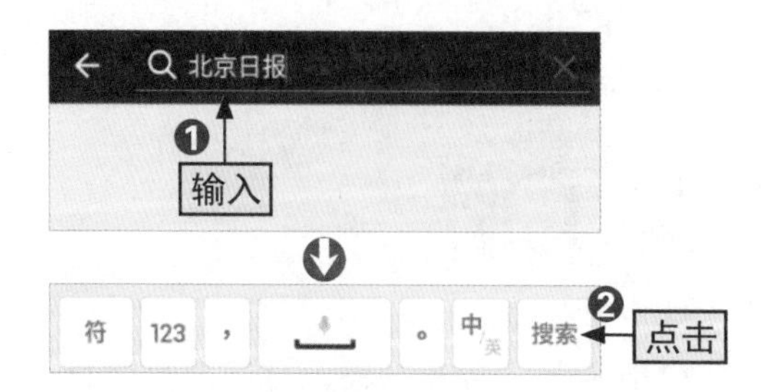

步骤03

❶在搜索框中输入想要关注的微信公众号名称，如这里输入“北京日报”，❷点击“搜索”按钮。

步骤04

在搜索结果列表中选择适合的选项，这里选择“北京日报”选项。

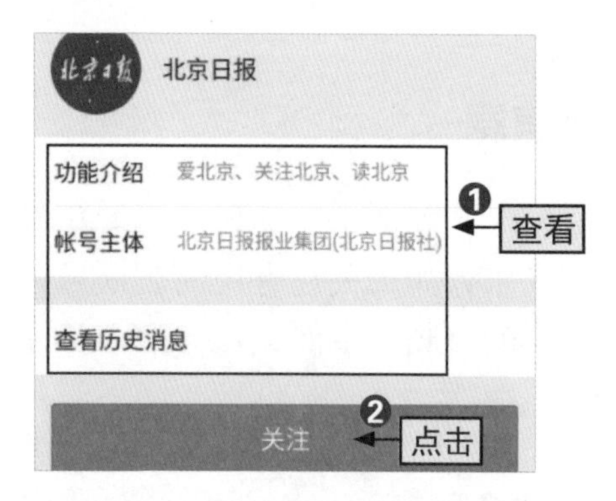

步骤05

❶在“详细资料”界面可查看到公众号的功能介绍和账号主体等信息，❷点击“关注”按钮。

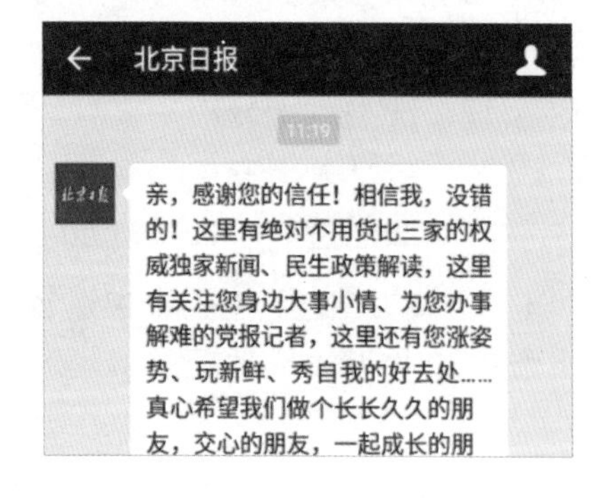

步骤06

程序将自动打开“北京日报”的信息推送界面。在这里，中老年人可及时查看“北京日报”推送的消息，进而获取及时有效的新闻信息，闲暇时也可自己查看新闻。

4.3.2 微信发红包

现如今，微信发红包已成为一种会玩微信的标志。中老年人也可学习如何

在微信里给他人发红包。下面以给某一个微信好友发红包为例，讲解具体的操作步骤。

[跟我做] 给某个微信好友发红包

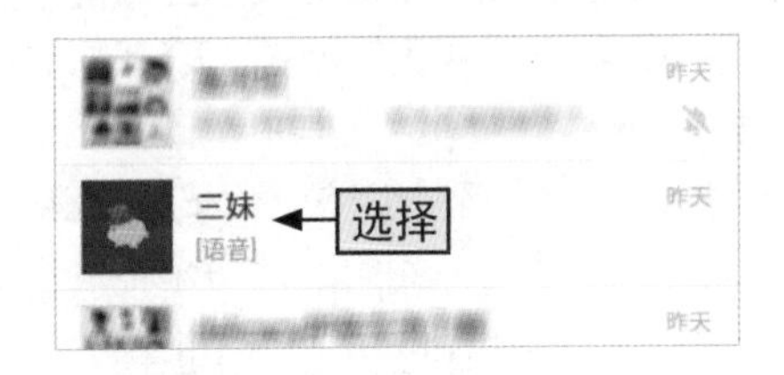

步骤01

点击“微信”图标，在微信主界面中选择聊天对象。

步骤02

❶打开聊天对话界面，点击右下角的“+”按钮，❷在弹出的列表中点击“红包”按钮。

步骤03

❶在打开的“发红包”界面中的“单个金额”文本框中输入红包金额，❷点击“塞钱进红包”按钮。如果中老年人要针对此次发红包的事情向对方说明，则可在“留言”文本框中输入相应的文字信息。

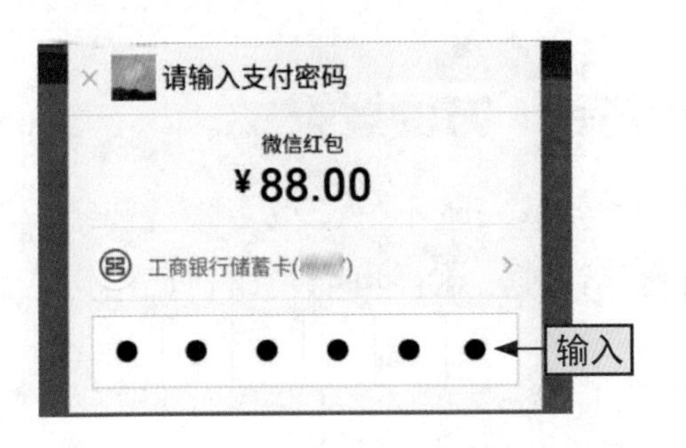

步骤04

在打开的“请输入支付密码”对话框中输入支付密码即可成功向微信好友发红包。

技巧强化 | 在微信群中发多个红包

有时，中老年人在微信群中会遇到发红包的情况，此时会有一个关于红包个数的问题，所以发红包时在操作上会有一些不同，具体操作步骤如下：❶在微信主界面中选择微信群，❷在界面中点击右下角的“+”按钮，❸点击“红包”按钮，❹在打开的“发红包”界面中的“总金额”框中设置总金额，在“红包个数”框中设置发出的红包个数，❺点击“塞钱进红包”按钮，如图4-6所示。随后输入支付密码即可成功发送群红包。注意，这种情况下发出的红包为金额随机的红包，如果想让每个抢红包的人抢到相同金额的红包，则只需点击“改为普通红包”超链接即可。但无论是哪种发红包方式，每次发红包的总金额都不能超过200元。

图4-6

4.3.3 记不住密码？设置“声音锁”方便登录

随着年龄的增长，中老年人的记忆力会越来越不好，很多账号和密码总是记不住。为了方便登录微信，可以设置声音锁，这样可以帮助自己用声音直接登录微信，不需要死记登录密码。

[跟我做] 为微信设置“声音锁”快捷登录

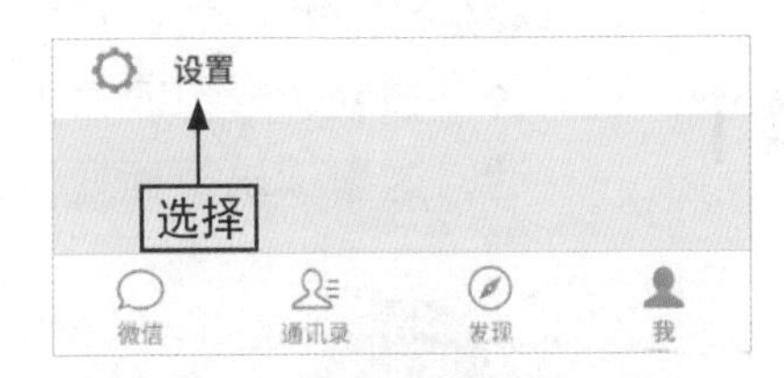

步骤01

进入微信的“我”界面，选择“设置”选项。

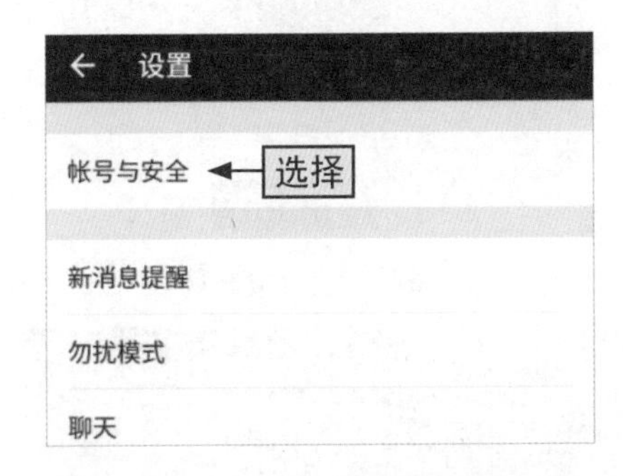

步骤02

在“设置”界面，选择“账号与安全”选项。

帐号与安全

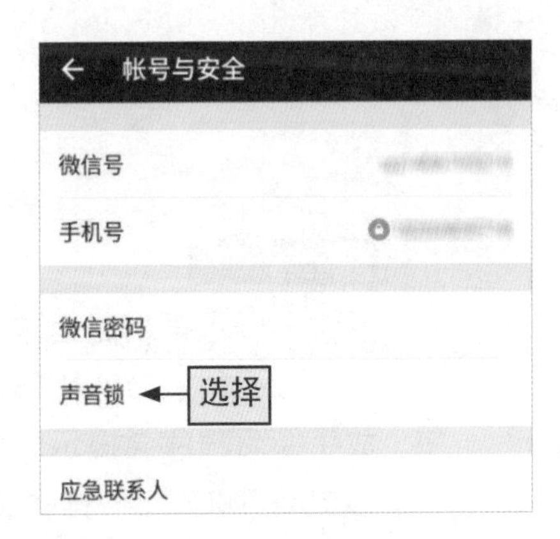

步骤03

在“账号与安全”界面中选择“声音锁”选项。

声音锁

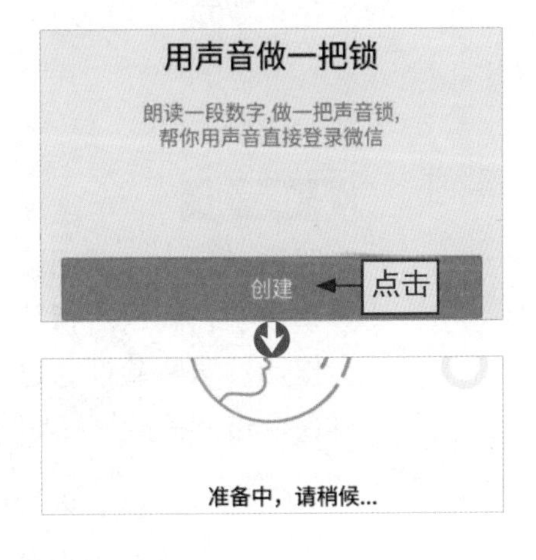

步骤04

进入“声音锁”界面，点击“创建”按钮，等待程序做好录制声音的准备。

创建

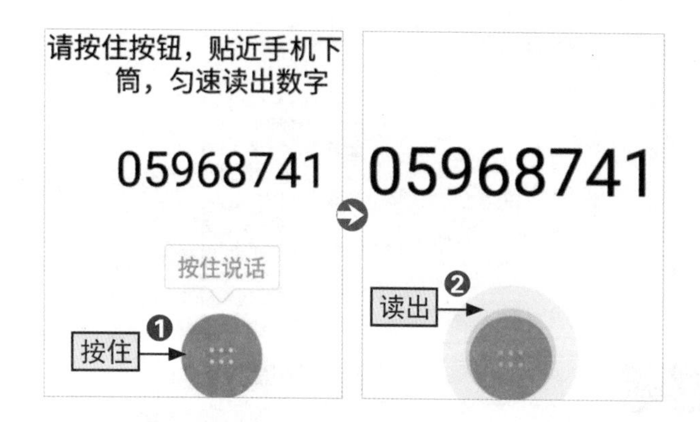

步骤05

❶在打开的界面中按住“录音”按钮，❷匀速读出一段话，这里读出页面显示的数字。

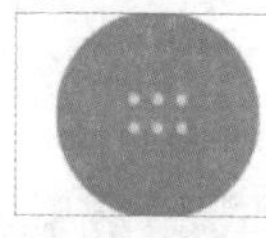

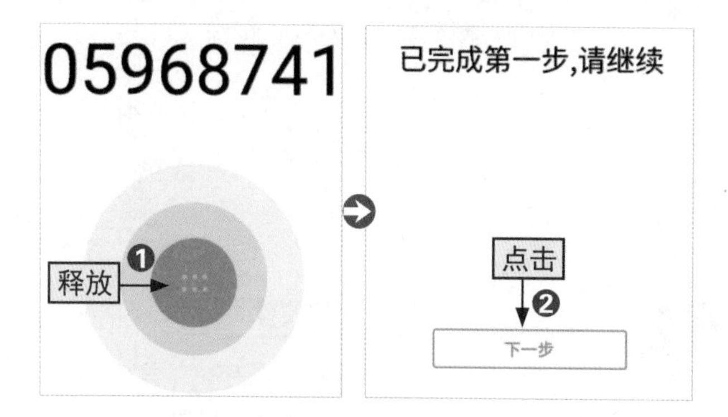

步骤06

❶按要求将数字读出后释放手指，❷点击“下一步”按钮。

步骤07

系统会要求再次阅读该串数字，按相同的做法执行，释放手指后程序会提示“声音锁制作完成”字样，点击“尝试解锁”按钮。

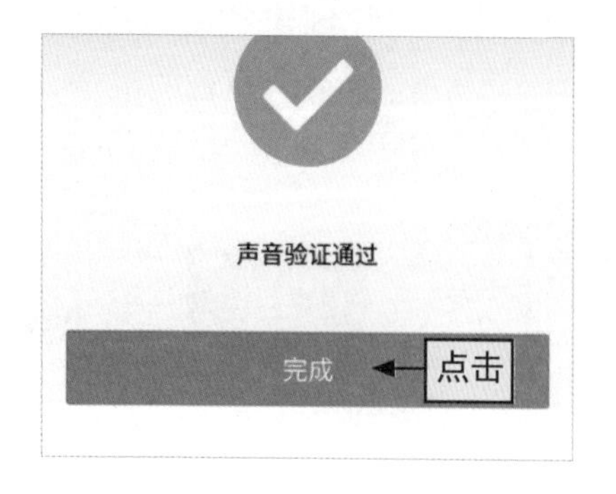

步骤08

此时中老年人还要阅读一次该串数字，释放手指后程序会提示“声音验证通过”字样，点击“完成”按钮。

步骤09

程序提示“声音锁已经开启”，并默认开启了声音登录微信功能。

步骤10

中老年人退出微信后，再次登录微信时就会看到“用声音锁登录”按钮，点击该按钮，读出设置声音锁时的数字或文字即可快速登录。

拓展学习 | 关闭声音锁与重设声音锁

关闭声音锁是指关闭当前微信的“声音锁”功能，声音锁对应的数字没有改变，只是登录时不能用“声音锁”功能登录；而重设声音锁后，声音锁对应的数字就会发生改变，在使用“声音锁”功能登录微信时，阅读的数字就会和以前的不一样。

4.3.4 添加“应急联系人”快速找回密码

如果中老年人忘记了微信登录密码，又没有开启“声音锁”功能，但添加了应急联系人，可通过应急联系人快速找回密码。下面来看看添加应急联系人的具体操作步骤。

[跟我做] 给微信账号添加“应急联系人”

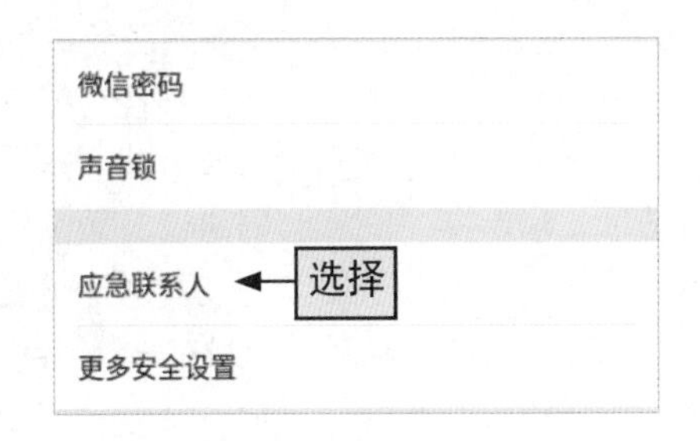

步骤01

进入微信的“账号与安全”界面，选择“应急联系人”选项。

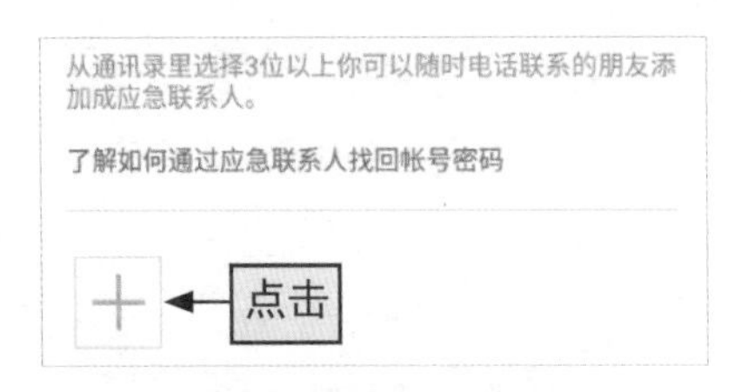

步骤02

在“应急联系人”界面中点击“+”按钮。

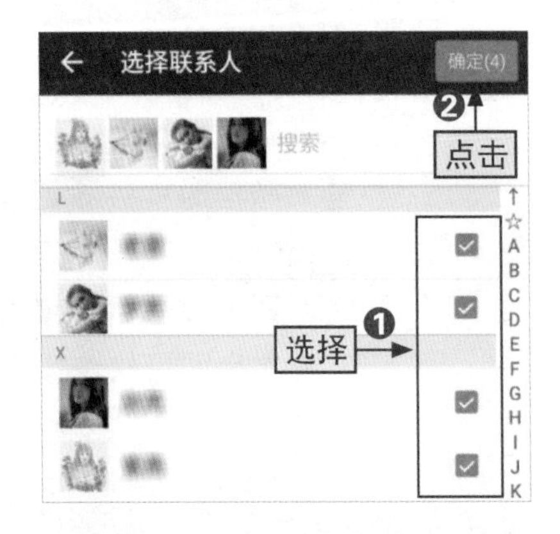

步骤03

❶在打开的“选择联系人”界面选择3位以上联系人，❷选择完毕后点击右上角的“确定”按钮。

步骤04

❶返回“应急联系人”界面即可查看到添加的联系人，❷点击“完成”按钮完成设置。在该界面中可增加或删减应急联系人。

技巧强化 | 如何让应急联系人协助找回密码

当中老年人添加了“应急联系人”后，如果遇到忘记密码的情况，可联系应急联系人协助并找回微信登录密码，具体操作是：❶点击登录界面底部的“更多”按钮，❷在打开的对话框中选择“微信安全中心”选项，❸在微信安全中心界面中选择“找回账号密码”选项，❹选择“申诉找回微信账号密码”选项，❺保持“同意服务协议”复选框的选中状态，点击“开始申诉”按钮，按照相关步骤依次执行，最终向好友发送身份验证请求，❻好友收到验证消息后，选择“辅助验证”选项，帮助找回密码，如图4-7所示。

图4-7

4.3.5 怀疑账号被盗时可冻结账号

手机上网也会存在网络安全问题，如果微信账号不慎被盗，会给自己和朋友带来威胁。为了阻止事情恶化，中老年人可以在怀疑账号被盗时就冻结账号，具体设置步骤如下。

[跟我做] 紧急冻结存在安全隐患的微信账号

步骤01

进入微信的“账号与安全”界面，选择“微信安全中心”选项，进入“微信安全中心”界面（也可从登录界面进入该界面）。

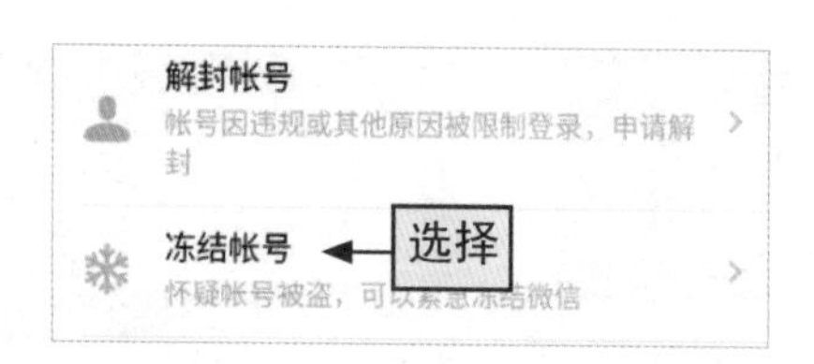

步骤02

在“微信安全中心”界面中选择“冻结账号”选项。

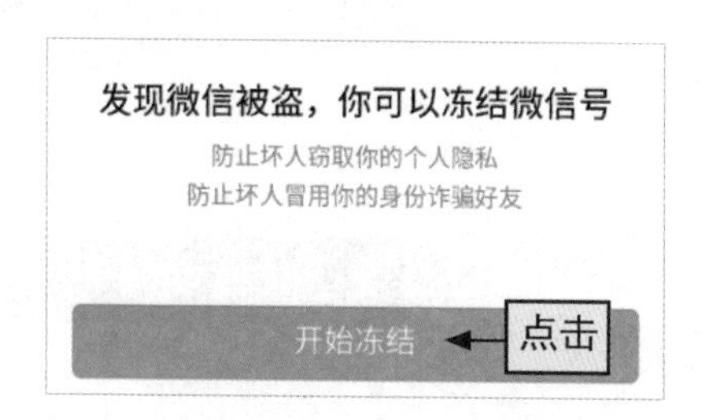

步骤03

在“冻结账号”界面中点击“开始冻结”按钮，按要求完成整个冻结过程即可成功冻结当前的微信账号。

4.3.6 手机有点卡？管理微信存储空间

每一个应用软件在使用过程中都会占用手机的部分内存，一般来说，使用时间越长，占用的内存越大。要想让手机运行顺畅，中老年人可以对应用软件进行存储空间的清理，下面以清理微信的存储空间为例，讲解具体操作。

[跟我做] 删除微信存储空间中的垃圾

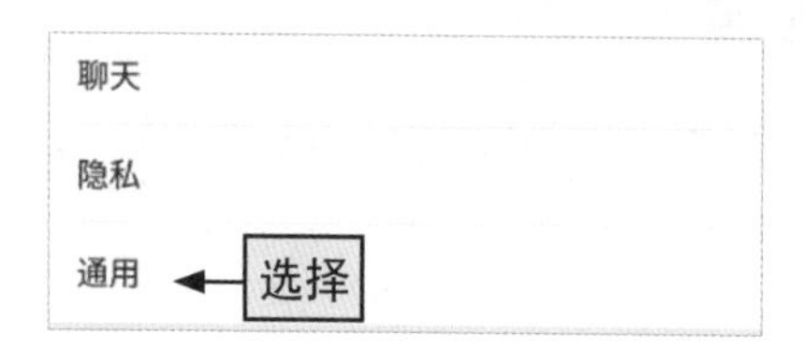

步骤01

进入微信的“设置”界面，选择“通用”选项。

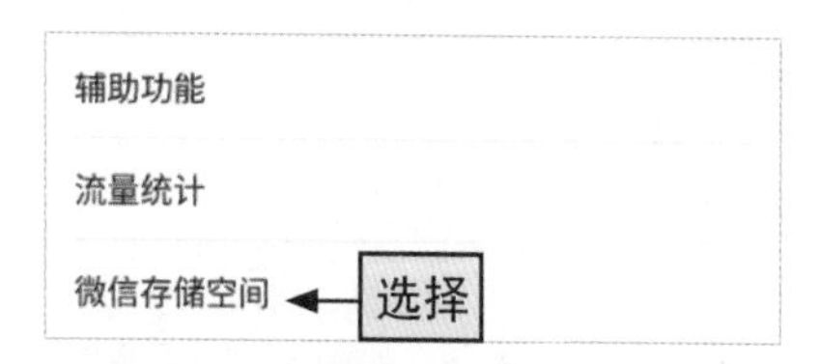

步骤02

在“通用”界面中选择“微信存储空间”选项。

步骤03

在“微信存储空间”界面中点击“管理微信存储空间”按钮。

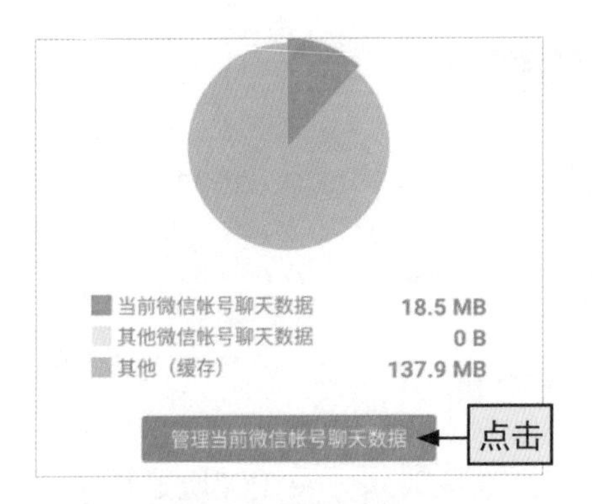

步骤04

点击“管理当前微信账号聊天数据”按钮。

管理当前微信帐号聊天数据

步骤05

❶在新的界面中选中要删除的数据记录右侧的复选框，❷点击“删除”按钮。如果确定删除全部聊天记录，可直接选中“全选”复选框，再点击“删除”按钮。

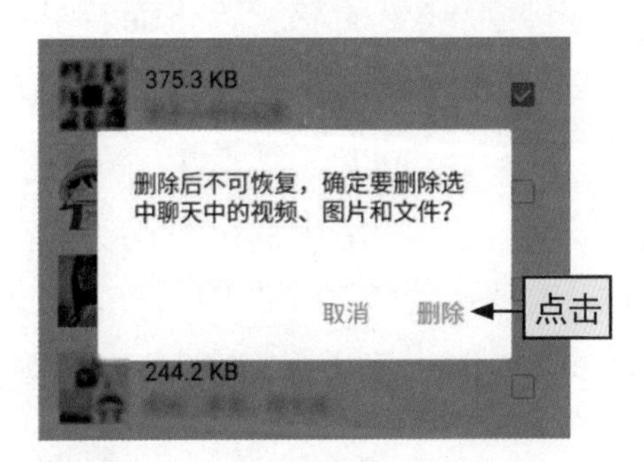

步骤06

在打开的提示对话框中点击“删除”按钮，确定删除选中的聊天中的视频、图片和文件等数据。

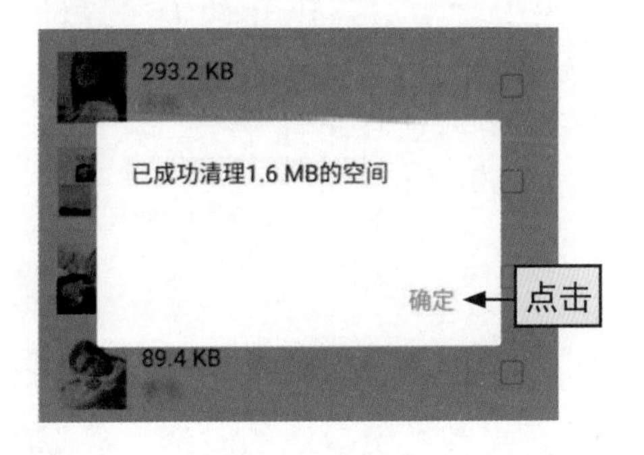

步骤07

程序会打开提示对话框，提示已经成功清理××kB、××MB或××GB的空间，点击“确定”按钮即可完成微信存储空间的清理。

4.3.7 中老年人社交要谨慎，防被骗

微信发红包似乎成了一种“流行”，但也因此滋生出很多安全问题。中老年人的网络安全意识不强，很容易被不法分子欺骗，造成财产损失，所以在进行社交活动时一定要谨慎使用社交软件。

[跟我学] 社交软件使用过程中的注意事项

● 警惕“好友”借钱 社交软件中可能会遇到某一个“好友”以某种理由向自己借钱，此时，中老年人一定要打电话给好友确认借钱的事，防止好友因账号被盗，而被骗子利用账号借钱。

● 不要轻易打开陌生人发来的红包 在使用社交软件的过程中，常常会加入一些群聊，里面有很多自己不认识的人，其中可能会有品行不端的人，这些人会抓住人贪小便宜的心理，向他们发红包。中老年人如果遇到陌生人给自己发红包，不要轻易打开，因为很可能是“假红包，真链接”，点开就泄露了自己的隐私。

● 不要随便添加陌生人的微信号 中老年人可能会遇到这样的情况：兴趣群里有人的想法和自己非常相似，对方还主动将自己的微信号发过来，想要双方成为“朋友”，这时可能就会产生“相见恨晚”的感觉，进而盲目地添加对方的微信号。但这也很容易泄露自己隐私和账号信息，所以一定要谨慎添加好友。

● 不要给陌生网友发自己的照片 中老年人在与陌生的网友聊天时，如果对方“请求”看自己的照片，一定要委婉拒绝，同时，不要因为对方发来了他们自己所谓的自拍照就相信对方，进而将自己的照片也发给对方，毕竟对方是不是照片中的人我们无法确定。

● 不要随意点击链接抢红包 目前市场中有很多应用软件为了推销自己的产品，对用户分享链接给好友的行为实施奖励，很多人因此接收到链接信息，中老年人一定要收敛好奇心，不要因为一点点好处就丢掉了警惕心。

4.3.8 微商买东西防止受骗

这两年眼见微商火了，朋友圈好友中开始有人玩微商的时候，被骗的人也

越来越多了。中老年人因为年龄较大，辨别能力较差，所以更容易受到欺骗，下面来看一些常见的微商骗局。

[跟我学] 微商的常见骗局

● 以美女身份为诱因 这类的微商骗子，在网上找一个美女模特演员的照片充当自己的照片，把微信的名字改成和这个模特一样的名字。这样的做法是为了掩饰自己的真实身份，等你知道被骗的时候，为时已晚。

● 晒各种交易照片 经常在朋友圈晒各种旅游的照片、购物的照片、吃美食的照片，偶尔还会晒大量的现金和名车，显示自己是白富美的身份，晒各种活动出席照片，还有各种收款截图。其实那些都是盗用别人的照片或PS的，收款截图也是骗子自导自演的骗局，现在还有微信收款图软件，很多做微商的都在利用这个收款图软件。

● 产品宣传，自吹自擂 微信上的护肤品牌，大部分都是我们平时在实体店，正规渠道看不到的品牌，而且还非常贵。但这类商品是否符合国家标准，就不得而知了。

● 名额有限 等你真正地被吸引，主动联系骗子表明要加入的时候，骗子会告诉你名额有限，只剩几个名额了，需要先交一部分保证金，保证金一交你就受骗了。

了解了常见的微商骗局后，中老年人还应当知道如何防止被骗，下面具体少5点识别方法。

[跟我学] 识别微商骗局的5种方法

● 不随便购买三无品牌 中老年人为什么会被微商所骗：一是因为贪便宜；二是因为看到大家都在购买，现在很多微商都借着微商的热潮兜售三无产品，这样的产品毫无质量保证。中老年人可以通过上网搜索该产品，了解具体的情况。

● 尽量能选择货到付款的微商 很多从微商那里购买产品都是因为先付款了，最后要么是商家没发货，要么是发了一堆劣质产品。付钱后主动权就完全掌握在了商家手里，尤其是通过微信朋友圈购买产品更要谨慎付款。

● 通过正规的微商微店平台购买产 微信朋友圈销售的产品，一方面个人很难鉴别产品真假，另一方面如果一旦出现问题也很难维权。如果个人要通过微商购买产品可以去一些专业的微商微店平台，如说：有赞，微店网等。这类平台会认证商家资质，做一些基本的审核，比如要提交身份证件或者营业执照等。

● 不要轻易相信订单截图和聊天 很多微商都是演技派，通过晒与顾客的微信对话截图、晒支付宝收款截图，制造自己生意很火爆假象，实际上都是自导自演、自娱自乐，截图内容并不真实。

● 看其做微商多长时间了 通过看朋友圈就知道了，如果微商是骗子，会被别人投诉的，投诉了之后，她做微商的微信会被封号，一旦封号，她一切就会前功尽废的。当然微信号也是很容易更换的，但只要她骗过人就会容易消失，所以尽量选做微商时间长的。

第5章 手机购物与支付不是年轻人的专属

学习目标

目前，网上有很多购物平台，如淘宝、京东和苏宁易购等，人们购物不一定非要出门，一部智能手机就能搞定。在手机上选择好商品，中老年人可直接使用手机完成货款支付，选购、支付一气呵成，方便又快捷。

要点内容

- 选择商品太麻烦？直接搜索目标商品
- 怎么收货呢？添加收货地址
- 买这么多能不能便宜？领取店铺优惠券
- 买一次付一次好麻烦？使用“购物车”
- 用“京东到家”买生鲜更省时、省力
- 如何完成购物绑定银行卡
- 中老年人在用支付宝付款时注意选择方式

……

5.1 使用淘宝APP，购物省时省力

天气冷了，我想给在外地上学的孙子买一件羽绒服，但是太远了又过不去，可怎么办啊？

爷爷，不要着急，现在有网上购物，很方便的，您只要在付款时把收货地址填写为您孙子就读学校的地址就行了，他可以及时收到您买给他的衣服。

中老年人可能大多数都不喜欢逛街，买衣服裤子都是直奔某家店，买完就回家。现在好了，借助网上购物平台，中老年人们可以不出门就能购置日常生活中所需的各种物件，比如在淘宝网上购物。

5.1.1 选择商品太麻烦？直接搜索目标商品

以前，人们在网上购物必须要通过网页购物平台才能完成，自从有了各种APP，购物更方便、快捷了。中老年人在手机中下载安装相应的购物APP，并且注册一个账号，然后就可以进行网上购物了。这里以淘宝APP为例，先来看看如何搜索商品。

[跟我做] 搜索想要挑选的商品

步骤01

在手机桌面上点击“手机淘宝”图标。

步骤02

在打开的界面中即可查看到种类丰富的商品。点击界面上方的搜索框，开始搜索商品。

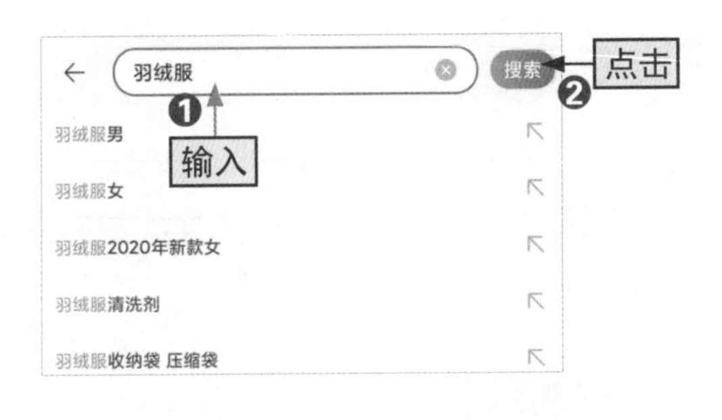

步骤03

❶在搜索框中输入目标商品的名称，如这里输入“羽绒服”，❷点击“搜索”按钮。

步骤04

程序会自动列出符合搜索条件的商品，浏览后选择感兴趣的商品选项。

步骤05

❶在商品详情界面中可查看商品的详细情况，如尺寸、颜色、用料、价格和其他买家的评论等，❷如果确认要购买，可直接点击“立即购买”按钮。

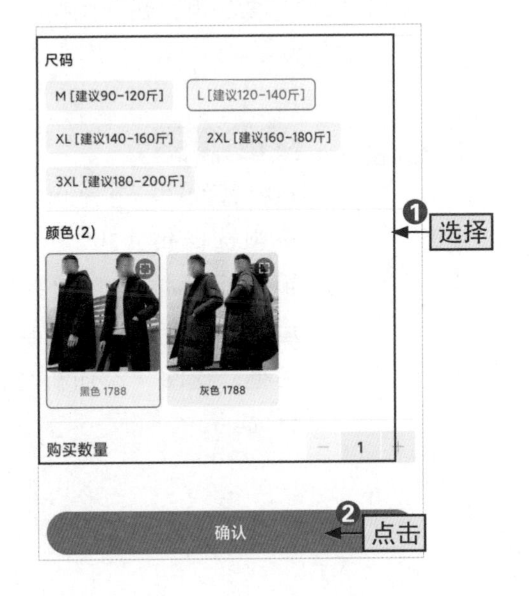

步骤06

❶在打开的界面中选择要购买的商品尺码、颜色及数量，❷点击“确认”按钮，接着按步骤完成收货地址的添加和订单提交等操作（相关内容将在本节后续知识中详细讲解），即可完成网上购物的整个过程。

5.1.2 怎么收货呢？添加收货地址

中老年人要注意，进行网上购物的另一重要环节是添加收货地址，只有添加了准确的收货地址，才能及时收到购买的商品。下面就来看看添加收货地址的具体操作步骤。

[跟我做] 添加收货地址方便收取购买的东西

步骤01

在选择了商品的尺码、颜色和数量，并点击“确认”按钮后，程序会弹出要求设置收货地址的对话框（设置成功后再次购物时程序将不会再打开该对话框），点击“确定”按钮添加收货地址。

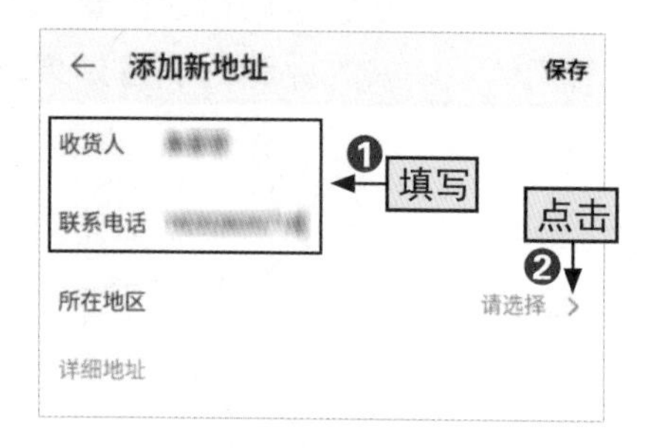

步骤02

❶在打开的“添加新地址”界面中，填写收货人和联系电话，❷点击“所在地区”选项右侧的展开按钮。

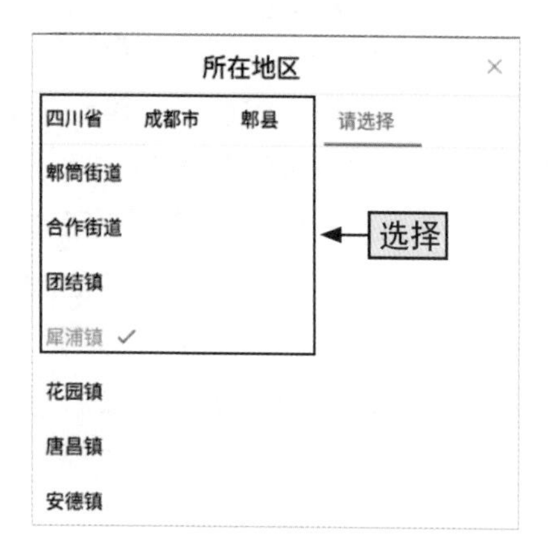

步骤03

在打开的“所在地区”对话框中选择省、市、区/县和镇等相关位置，选择完毕后，程序会自动关闭当前对话框，返回“添加新地址”界面。

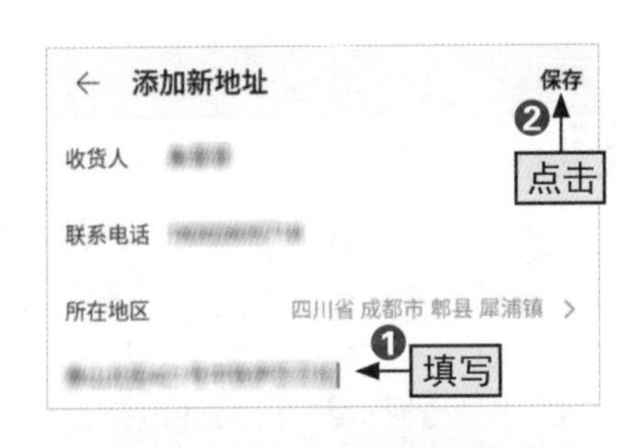

步骤04

❶在“详细地址”栏中填写收货的详细地址，❷点击“保存”按钮即可成功添加收货地址。

步骤05

程序返回“确认订单”界面，此时可查看到刚刚添加的收货人、电话号码和收货地址等信息。

5.1.3 想省钱？领金币抵扣货款

很多淘宝商家为了吸引顾客，都会提供“淘金币抵扣”的优惠措施，中老年人给孙子/女买东西时可以使用该优惠节省货款，具体操作如下。

[跟我做] 领取淘金币当钱用

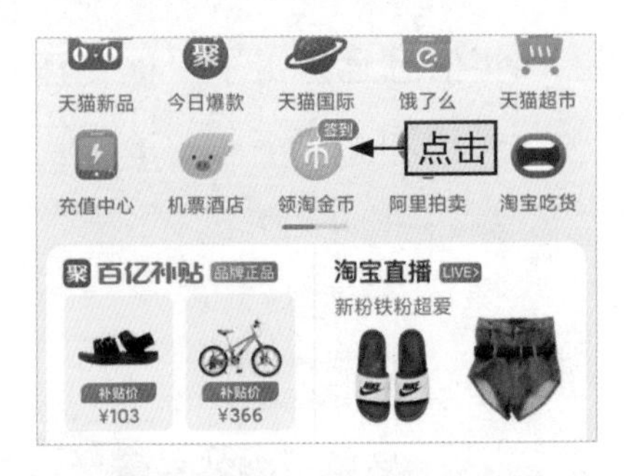

步骤01

进入淘宝APP首页，点击界面中的“领淘金币”图标。

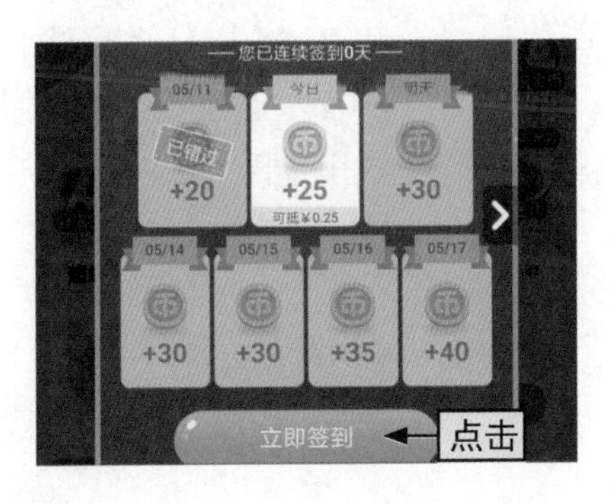

步骤02

点击“立即签到”按钮即可成功领取淘金币。

技巧强化丨在哪儿用淘金币抵扣货款

中老年人在“确认订单”界面即可使用账户中的淘金币抵扣货款，具体操作是：❶在该界面中选中“可用××淘金币抵用××元”复选框（在没有提供淘金币抵扣优惠的商家处买东西时，该界面中不会出现该复选框），❷点击“提交订单”按钮即可进入付款程序，如图5-1所示。如果中老年人的淘宝账户余额不足，还可通过在该界面中选中“朋友代付（不支持运费险）”复选框来找朋友为自己垫付货款。

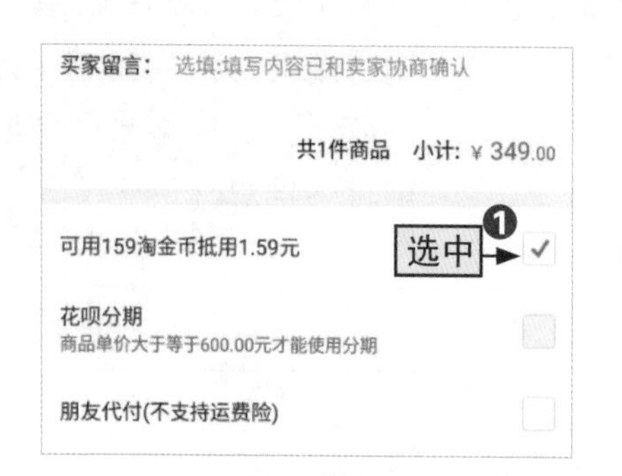

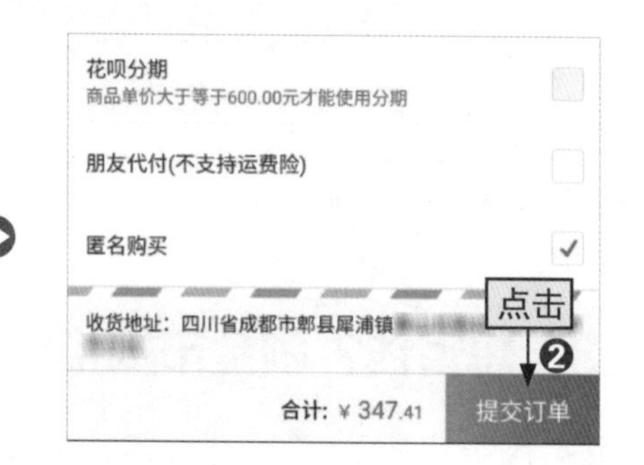

图5-1

5.1.4 怎么给钱？去结算并付款

当中老年人在填写完收货地址、确认了购买信息且点击了“提交订单”按钮后，就会进入付款程序。付款操作很简单，具体如下所示。

[跟我做] 输入支付密码结算付款

步骤01

点击“提交订单”按钮后，程序会进入“确认付款”界面，❶选择付款方式，如这里选择“账户余额”付款方式，❷点击“立即付款”按钮。

立即付款

步骤02

❶在打开的界面中输入支付密码，❷点击“付款”按钮即可完成结算付款操作。

注意，中老年人要想成功付款，必须先绑定银行卡。一般绑定银行卡的操作在支付宝APP中进行，相关知识将在本章5.3做具体讲解。另外，中老年人在进行手机购物时，可能涉及与店铺客服进行沟通、讨价的问题，此时需要等待店铺方修改价格后再点击“提交订单”按钮并进行后续付款操作。

5.1.5 不想走路？“天猫超市”购买生活用品

中老年人可能觉得逛实体超市很费劲，还要自己费力将商品带回家，那么可以逛网上超市，如阿里巴巴旗下的“天猫”超市，在这里可以买到任何超市都能买到的生活所需品，下面来看进入“天猫超市”的具体步骤。

[跟我做] 逛“天猫超市”买生活必需品

步骤01

进入淘宝首页，点击“天猫超市”图标按钮。

步骤02

在打开的界面中可查看到种类丰富的生活所需品，选择需要购买的商品类别，这里选择“粮油厨房”选项。

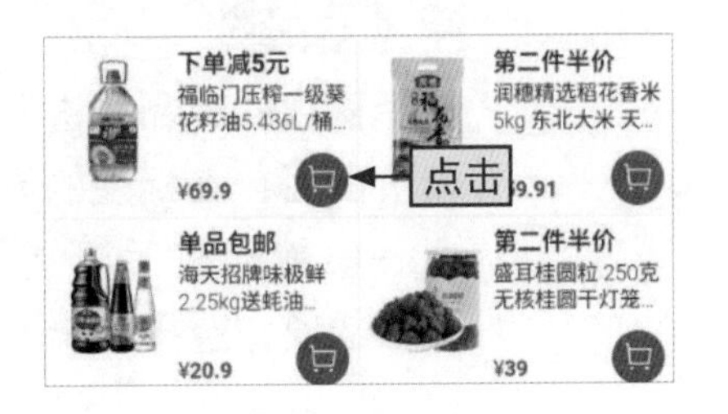

步骤03

在打开的“粮油厨房”界面中挑选商品，点击对应的“购物车”图标按钮。

步骤04

继续挑选商品，挑选完毕后点击界面右上角的“购物车”按钮。

步骤05

❶在“天猫超市购物车”界面中可查看自己购买的商品，把多余的删掉，若有忘记购买的，还可返回页面继续挑选。❷确认购买后点击“结算”按钮，最后输入支付密码即可完成购买。

5.1.6 买这么多能不能便宜？领取店铺优惠券

大部分淘宝商家，不仅推出淘金币抵扣优惠，还有“满×减×”和店铺优惠券等促销手段。也就是说，在同一家淘宝店购买的商品达到优惠金额时，即可享受优惠。下面来看看领取店铺优惠券的步骤。

[跟我做] 领取店铺优惠券更省钱

步骤01

选择喜欢的商品并进入其详情页面后，在标注的价格下方一般就会有“店铺 优惠券”选项，选择该选项。

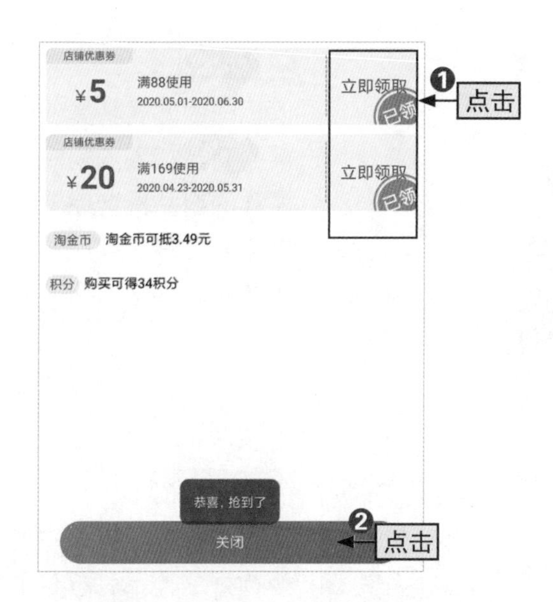

步骤02

❶在打开的“当前优惠”对话框中点击“立即领取”按钮，程序会提示领取成功并使用，❷点击“关闭”按钮关闭当前对话框，完成领取优惠券的所有操作。随后在该店铺购买商品并达到优惠条件后，在下单时会自动加载该优惠券。

5.1.7 买一次付一次好麻烦？使用“购物车”

中老年人在“天猫超市”中购买商品时，会使用“购物车”功能，最后所有商品一起结算。其实，一般购物也能使用“购物车”，最后一起付款，具体操作如下。

[跟我做] 选购的商品全部放入购物车一起结算

步骤01

挑选喜欢的商品进入其详情页面，点击“选择尺码，颜色”选项右侧的展开按钮。

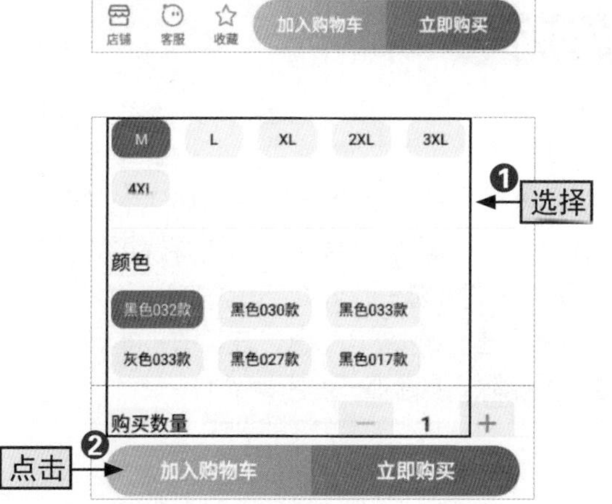

步骤02

❶选择合适的尺码、颜色和要购买的数量，❷点击“加入购物车”按钮。

加入购物车

步骤03

以相同的方式将其他需要购买的商品加入购物车，所有喜欢的商品挑选完毕后点击界面右上角的“购物车”图标按钮。

步骤04

在“购物车”界面中确认已经选好的商品，❶若全部购买，则直接选中“全选”单选按钮（程序会选择购物车中的所有商品），❷点击“结算”按钮完成付款。如果发现有的商品不想购买，则单独取消选中商品左侧的按钮。

技巧强化 | 如何管理购物车中的商品

中老年人在淘宝上购买商品时，若发现还有商品没有买，直接退出“购物车”界面继续挑选即可；若发现加入购物车里的商品经过思考觉得不需要买的，这就需要对购物车进行管理，方法有两种：一是直接在“结算”界面取消选中不想购买的商品左侧的单选按钮，如图5-2所示，或者不使用“全选”功能，直接单独选择需要购买的商品，而不需要购买的商品则不选；二是❶点击“购物车”界面右上角的“管理”按钮，❷选中要删除的商品左侧的单选按钮，❸点击“删除”按钮，在打开的提示对话框中点击“确定”按钮即可将商品从购物车中删除，如图5-3所示。

图5-2

图5-3

5.2 中老年人上京东买家电家居

听说购买家电家居还是在京东或者苏宁易购等网上商城上买比较好，好像物流也有保障，是这样吗？

爷爷，这说法没有错，毕竟京东和苏宁易购有自己的物流团队，对买家购买的商品运输工作更有责任心，尤其是家电家居等价值较高的商品。

目前，很多网上商城都能购置家电家居商品，但很多买家还是更愿意在京东或苏宁易购等网上商城中购买。由于这两家公司有自己的物流线，所以在为买家运输家电家居时会更加有责任心。下面就以京东商城为例，讲解它的一些常见作用。

5.2.1 进入“分类”快速找到商品

中老年人首先要下载安装京东APP，然后注册一个京东账号，这样才能顺利完成购买任务。与淘宝购物相似，在京东APP中查找目标商品的具体操作如下所示。

[跟我做] 按类别查找目标商品

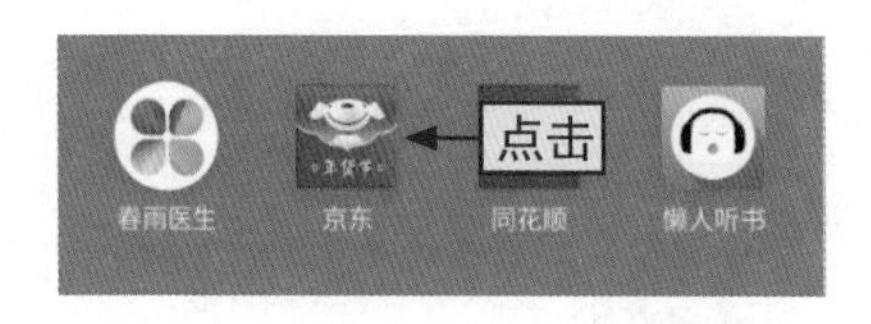

步骤01

点击手机桌面上的“京东”图标。

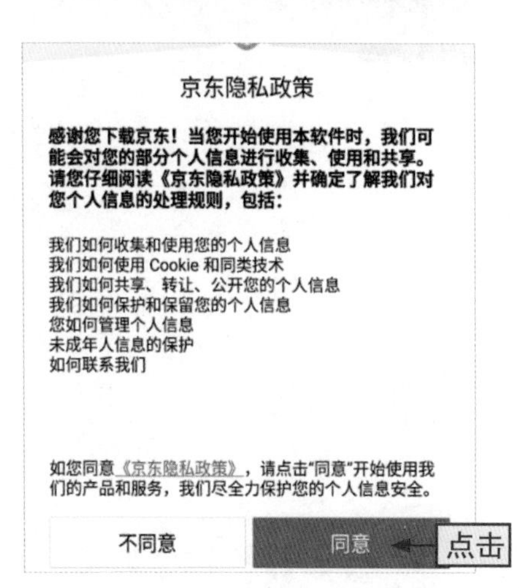

步骤02

在打开的“京东隐私政策”界面，点击“同意”按钮顺利进入京东商城的首页。很多时候在首次进入某软件时，都需要同意协议或允许权限，此时只需点击“同意”或“允许”按钮即可。后面涉及相关操作时将不再详述。

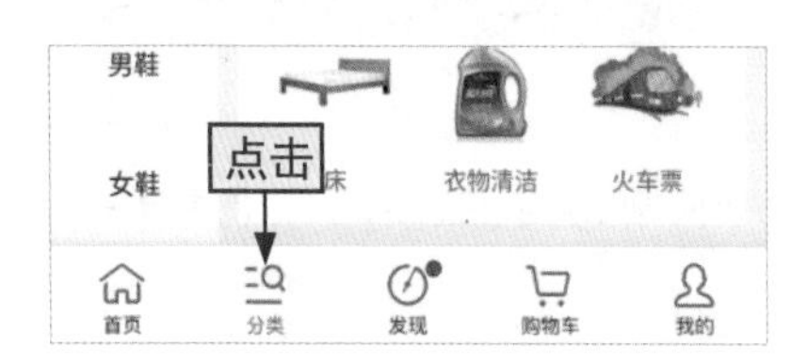

步骤03

点击界面下方的“分类”按钮进入分类界面。

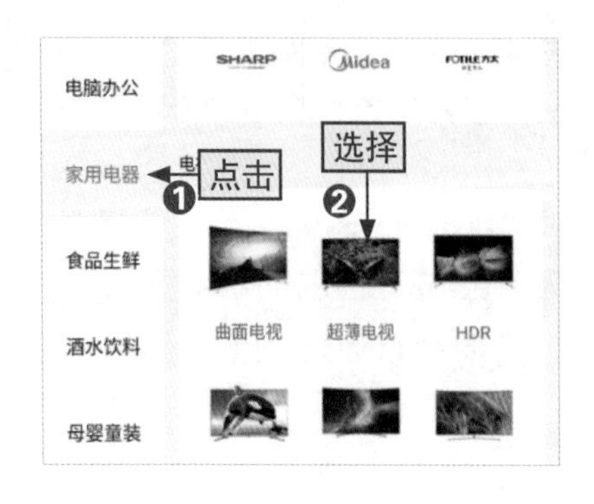

步骤04

❶在分类界面左侧点击相应商品种类的选项卡，如这里点击“家用电器”选项卡，在界面右侧将会显示出该类商品的部分类型，❷选择喜欢的商品类型。

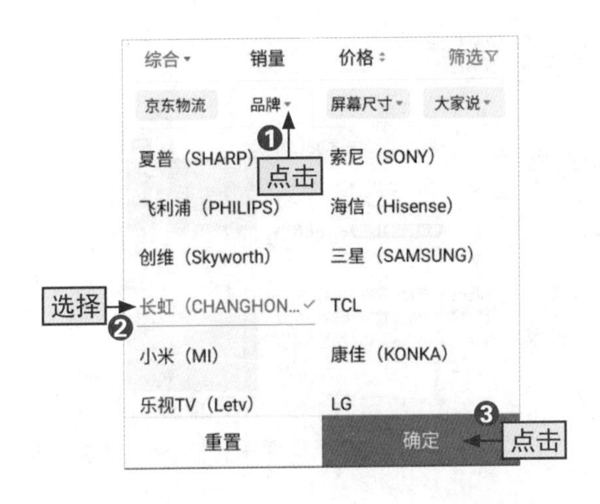

步骤05

❶在打开的新界面中点击“品牌”展开按钮，❷在弹出的菜单中选择想要购买的电视品牌，❸点击“确定”按钮。

步骤06

以同样的方法筛选电视的屏幕尺寸，返回搜索结果页面选择合适的商品。

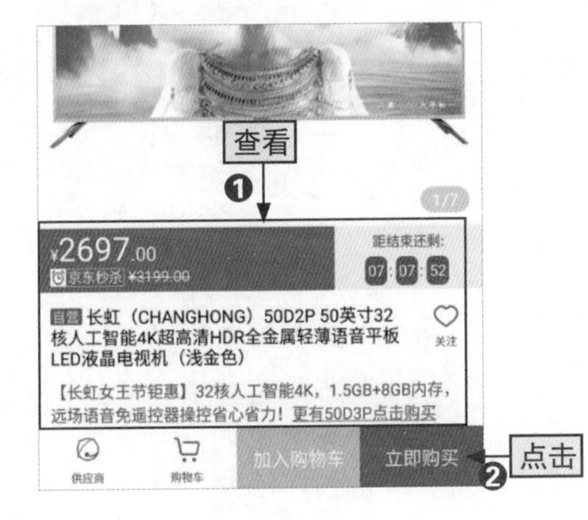

步骤07

❶在打开的“商品”界面中查看该商品的详情，❷点击“立即购买”按钮，完成支付操作后即购买成功。注意，在京东商城上购买东西也必须添加收货地址，方法与在淘宝上购买商品添加收货地址相似。

5.2.2 用“京东到家”买生鲜更省时、省力

为了家人和自己能够吃上新鲜的水果和蔬菜，很多中老年人都会每天一大早去菜市场买菜和水果等，长此以往就会让人感觉很麻烦。现在，京东为广大消费者提供了“京东到家”服务，中老年人在京东到家上购买蔬菜、水果或其他商品可在短时间内收货，非常方便。下面就介绍利用该功能买生鲜的具体步骤。

[跟我做] 用“京东到家”功能购买生鲜制品

步骤01

进入京东商城首页，点击“京东到家”图标按钮。

步骤02

在打开的“京东到家”界面中点击“新鲜果蔬”图标按钮。

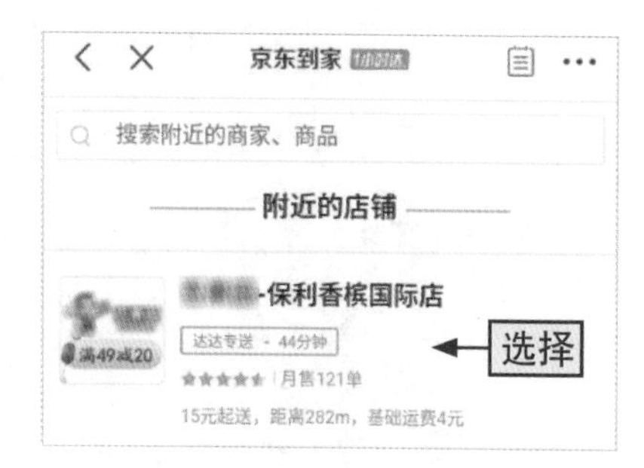

步骤03

在上网状态下，程序会自动定位，搜索结果均是定位在附近的商铺，选择感兴趣的商店选项。

步骤04

❶在打开的界面中会罗列出所选店铺中的商品，点击想要购买的商品处的“+”按钮，将商品添加到购物车中，直到要买的商品全部选购完毕，❷点击界面右侧的⋯按钮，接着选择“购物车”选项即可进入“购物车”界面完成支付操作，进而成功购买商品，商品将在短时间内送到家门口。

中老年人要注意，要想购买的新鲜果蔬送到家门口，在填写收货地址时需要将详细地址填写到具体的门牌号，否则只会送到楼下，甚至小区门口。

5.2.3 给孙儿孙女买点玩具

小朋友的童年里少不了的就是玩具，中老年人大多数都苦于不知道买什么样的玩具给自己的孙儿孙女合适，其实，利用京东APP就能轻松解决这样的问题，下面以在京东商城网购玩具为例，针对性讲解搜索商品的操作步骤。

[跟我做] 按年龄段的不同选购玩具

步骤01

❶进入京东“分类”界面，点击右侧的“玩具乐器”选项卡，在右侧会显示很多玩具分类，如适用年龄、益智玩具、遥控电动和积木拼插等。❷在“适用年龄”版块中选择合适的年龄段选项，这里选择“1～3岁”选项。

玩具乐器

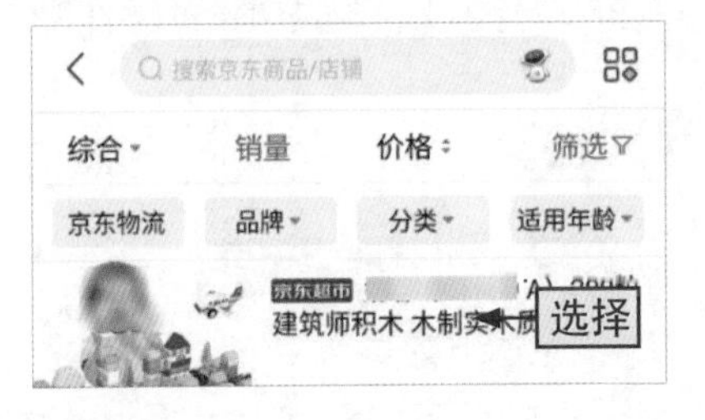

步骤02

在打开的界面中会列举出所选年龄段适合的玩具，选择想要购买的玩具，完成付款即可成功购买。

5.2.4 和家人一起出去旅游，买点装备

旅游的一些装备就如同家电家居一样，要注重安全性和实用性，中老年人

可以在京东商城上购买旅游装备，具体操作和选购玩具的类似，下面来看看不同的旅游主题需要购置的基本装备分别是什么。

[跟我学] 不同的旅游目的购置不同的户外装备

● 欣赏人文和风景 需要购置的基本装备包括背包、照相机、户外照明、便携桌椅床、徒步鞋和洗漱用品等。

● 登山 需要购置的基本装备包括登山鞋、帐篷/垫子、户外照明、背包、洗漱用品、望远镜、手杖以及登山手套和帽子等。

● 滑雪 需要购置的基本装备包括棉服、雪地靴、滑雪服、雪镜（有的旅游景区的滑雪场会提供雪镜）和照相机等。

● 野炊 需要购置的基本装备会因为野炊内容的不同而不同，比如，野炊烧烤需要购置户外风衣、溯溪鞋、帐篷/垫子、遮阳伞及户外便携式烧烤炉等；野炊钓鱼需要购置鱼竿鱼线、溯溪鞋、便携桌椅床、遮阳伞和其他垂钓用品。

● 去有海的地方玩 需要购置的基本装备包括照相机、沙滩凉拖、泳镜和泳帽、游泳防水包和泳衣等，不会游泳的人还需要准备游泳圈。

● 攀岩 需要购置的基本装备包括攀岩鞋和运动裤等，根据个人需求添置其他装备。

5.2.5 想吃特产？不出去玩也能买到

很多中老年人出门旅游，都喜欢带一些当地的特产回家，但这会让回家的旅途不轻松。随着电商网购的发展，中老年人不用再大包小包地往家里“搬运”各地特产了。下面以在京东商城上买特产为例，讲解具体的操作过程。

[跟我做] 到京东商城的“特产馆”购买特产

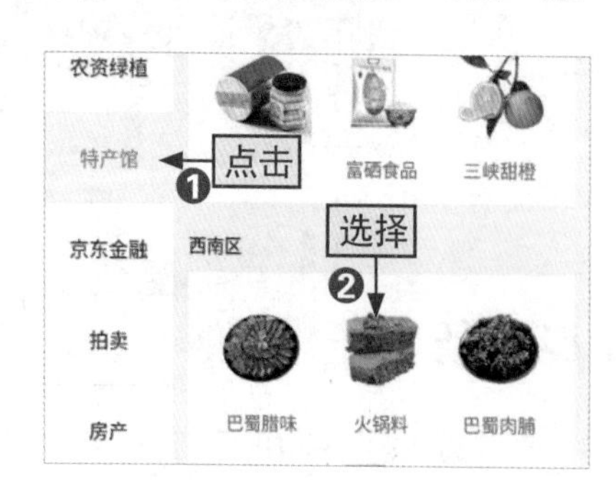

步骤01

❶进入京东“分类”界面，点击左侧的“特产馆”选项卡，❷在右侧选择想要购买的特产，这里选择西南区的“火锅料”选项。

步骤02

在打开的搜索结果页面中选择合适的商品，完成付款操作即可购买成功。

5.3 线下消费，各种支付方式任挑任选

我周末去超市买东西，结账时看见前面一个小伙子把手机给收银员看，收银员拿着一个手把一样的东西，“嘀”一声就付好钱了，还真是方便啊！

爷爷，这就是手机支付给我们的生活带来的便利。目前人们最常用的支付方式有支付宝和微信这两种，下面我就来详细地给您讲讲。

中老年人要注意，要想使用手机支付功能，必须要绑定银行卡，否则手机支付操作将不能顺利完成。目前，大部分涉及购物的应用软件APP都需要用户绑定银行卡，这样方便购物，至于支付方式是选支付宝还是微信，或者直接用银行卡，就需要根据用户的自身情况而定。

5.3.1 如何完成购物绑定银行卡

在使用应用软件绑定银行卡时，大致操作都相似，下面以支付宝为例，讲解绑定银行卡的具体操作过程。

[跟我做] 给支付宝绑定银行卡

步骤01

下载并安装支付宝APP，点击手机桌面上的“支付宝”图标按钮。

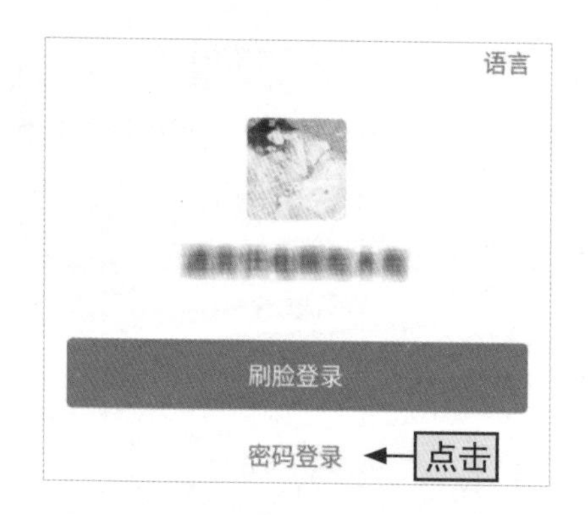

步骤02

点击“密码登录”按钮，初次登录后，如果开启了“刷脸登录”功能，则以后登录支付宝账号时可直接通过刷脸方式登录。

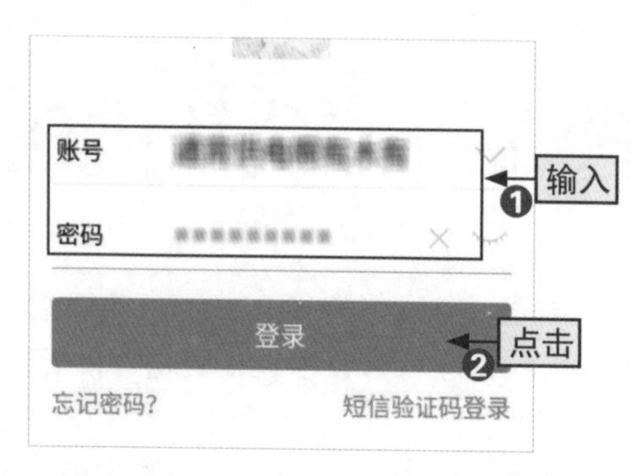

步骤03

❶在账号文本框中输入账号名称，在密码文本框中输入登录密码，❷点击“登录”按钮。

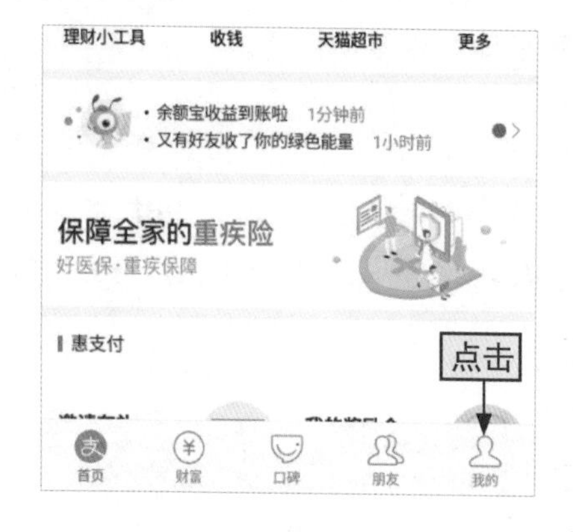

步骤04

进入支付宝首页，点击界面右下角的“我的”按钮。

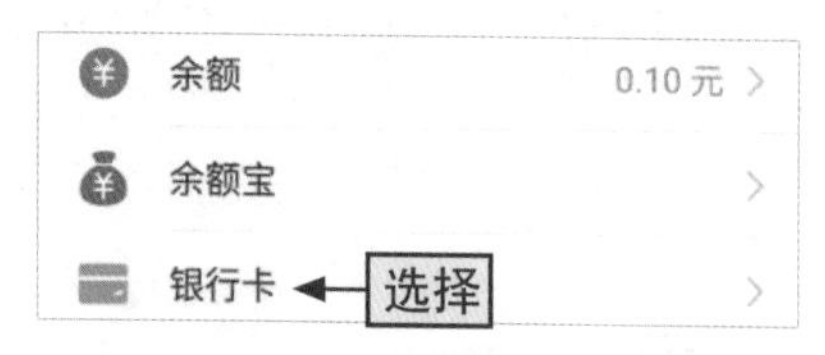

步骤05

在“我的”界面选择“银行卡”选项。

步骤06

在“银行卡”界面中点击右上角的“+”按钮。

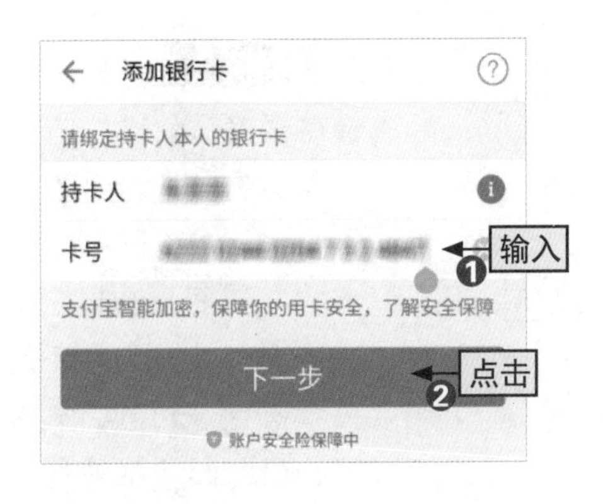

步骤07

❶在“添加银行卡”界面中的“卡号”文本框中输入需要绑定的银行卡卡号，❷点击“下一步”按钮。

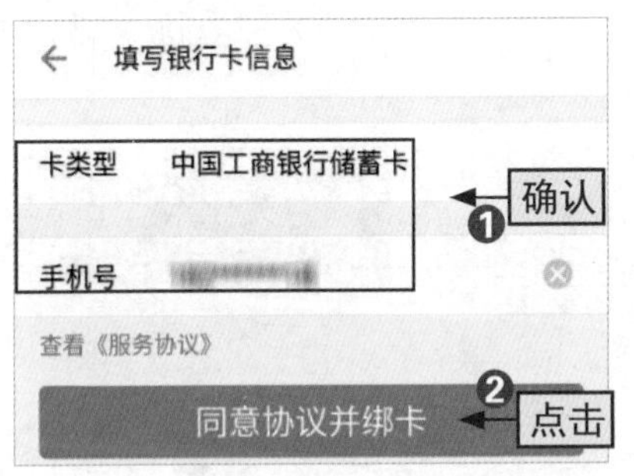

步骤08

❶在“填写银行卡信息”界面中请确认银行卡类型和手机号，❷点击“同意协议并绑卡”按钮，完成绑定银行卡的操作。

5.3.2 中老年人在用支付宝付款时注意选择方式

中老年人在使用支付宝付款时，有多种方式可供选择，如余额宝、银行卡和账户余额等。其中，余额宝其实是一个货币基金商品，中老年人将钱存入余额宝，可以收获利息；选择银行卡就是快捷支付，付款时商家直接从银行卡扣款；账户余额是支付宝的一个存钱的地方，但中老年人把钱存入账户余额，不会收获利息。下面以支付宝付款为例，讲解选择付款方式的具体操作。

[跟我做] 在支付宝的“确认付款”界面选择付款方式

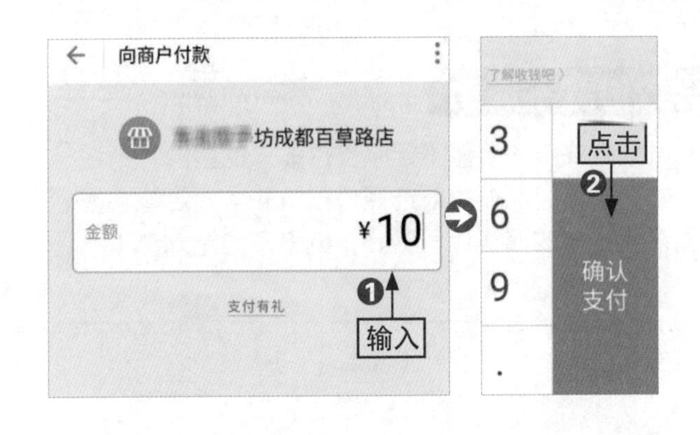

步骤01

进入支付宝首页，点击左上角的“扫一扫”按钮，扫描收款方的二维码，❶在打开的界面中输入金额，❷点击“确认支付”按钮。

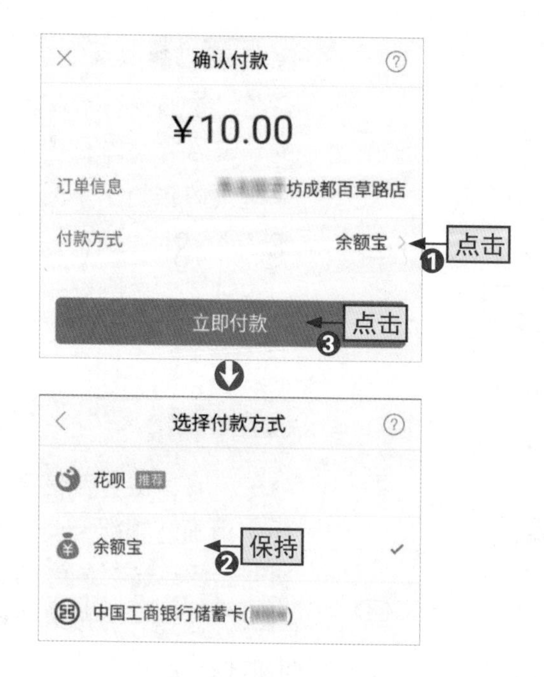

步骤02

❶在“确认付款”界面点击“付款方式”选项右侧的展开按钮，❷打开“选择付款方式”界面，选择合适的付款方式，这里保持选择的“余额宝”付款方式选项不变，❸返回“确认付款”界面点击“立即付款”按钮。

步骤03

❶在“请输入支付密码”界面输入支付密码，❷点击“付款”按钮。

步骤04

程序会提示“支付成功”，点击“完成”按钮即可结束所有付款操作。

拓展学习丨余额不足会导致付款不成功

中老年人要注意，在付款时若选择的付款方式中的余额不足以支付输入的金额，则程序会提示余额不足，进而导致付款不成功，此时需要重新选择付款方式，直到能够成功付款为止。另外，在付款时，如果手机连接的网络信号不好，或者不稳定，也可能导致付款不成功。

5.3.3 中老年人用微信，“零钱”功能可付款

中老年人除了可以使用支付宝付款，还可使用微信付款。微信中的“零钱”功能相当于支付宝的“账户余额”，中老年人要保证“零钱”中有足够的钱，才能使用该功能付款，这就需要给微信账号绑定银行卡，具体操作可参考5.3.1的内容。下面讲解微信付款时选择“零钱”进行付款的操作步骤。

[跟我做] 用微信“零钱”付款

步骤01

❶进入微信首页，点击界面右上角的“+”按钮，❷在弹出的列表中选择“扫一扫”选项。

步骤02

打开扫描界面，扫描商家或个人张贴的二维码，❶在打开的界面中输入付款金额，❷点击“付款”按钮。注意，付钱给商家与付钱给个人可能出现界面不同的情况，具体按界面提示操作。

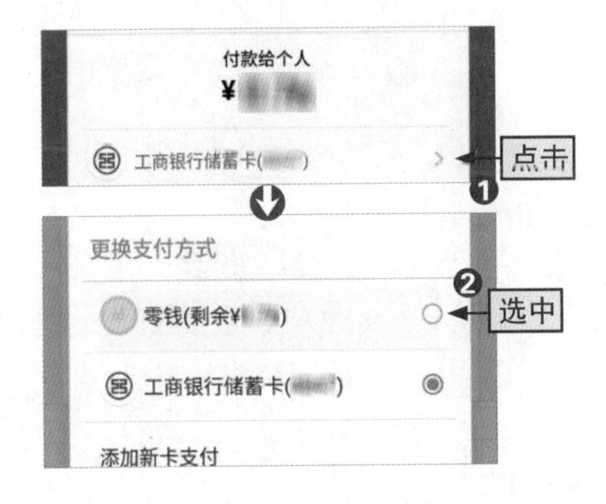

步骤03

❶在打开对话框中点击“付款方式”右侧的展开按钮，❷在打开的“更换支付方式”对话框中选中“零钱”单选按钮。如果程序默认用零钱付款，则省略该步骤，直接进入步骤04。

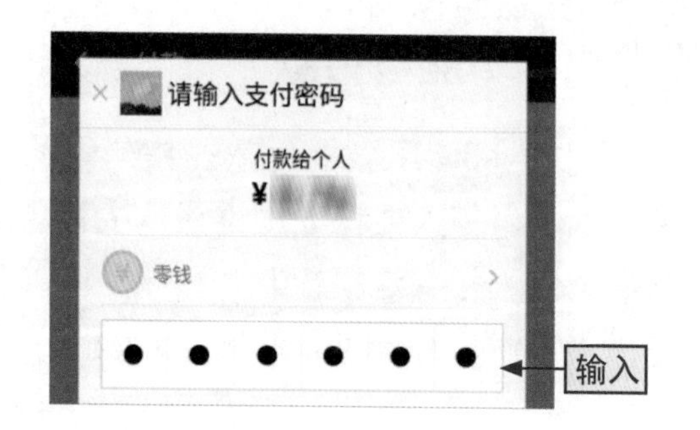

步骤04

进入输入支付密码的界面，输入支付密码即可成功向商家或个人付款。

拓展学习丨“扫码”支付要看清，别被骗

无论是支付宝扫码付款，还是微信扫码付款，如果中老年人需要主动扫描商家的二维码付款，在扫描二维码时一定要提高警惕，防止不法分子用自己的账号二维码替换商家的二维码。一旦中老年人没有注意到这个问题，所付的款项很可能进入不法分子的“口袋”，如果被商家发现他们没有收到款项，还有可能要求重新付款，这样消费者就会蒙受经济损失。

5.3.4 输密码付款太复杂？用付款码、声波付功能

很多中老年人容易忘记自己的支付密码，进而影响付款。此时，可以使用付款码、声波付功能，操作简单又方便，支付宝和微信均有此功能。

1.支付宝的付款码、声波付功能

付款码、声波付是支付宝、微信等线上支付软件的两种付款方式，中老年人在消费结账时，可出示付款码，商户用红外线条码扫描枪扫描付款码发起收银，或者利用声波付搜索商家完成付款。下面具体介绍中老年人使用付款码进行付款的操作步骤。

[跟我做] 点击“付钱”按钮快速支付

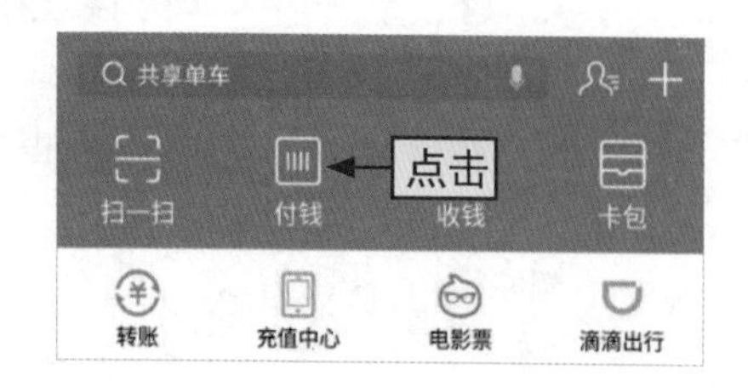

步骤01

进入支付宝首页，点击上方的“付钱”按钮。

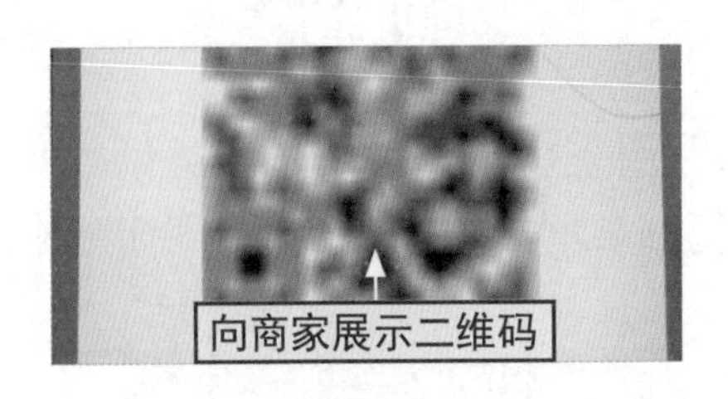

步骤02

程序将自动生成二维码或条码，将其展示给商家，商家扫描该二维码或条码，即可成功付款。

注意，在步骤02显示的界面中，点击二维码下方的展开按钮即可更改付款方式，如图5-4所示。如果要采用声波付，则点击界面下方的“声波付”按钮，开始扫描附近的收款方，如图5-5所示，不过该方法不常使用，因为很多商家的收款系统不支持该收款方式。

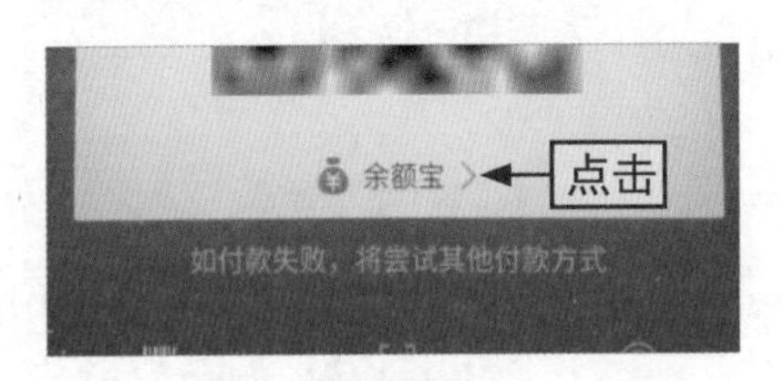

图5-4

图5-5

技巧强化 | 如何开启付款码、声波付功能

中老年人要注意，利用付款码、声波付功能快速付款但安全性不高，如果二维码不小心被他人的手机识别，则账户中的钱就会直接进入他人的“腰包”，给自己造成财产损失。如果中老年人还是选择用该功能付款，但该功能没有开启，则在点击“付钱”按钮后，程序会打开“正在开启付款码、声波付”界面，如图5-6所示，❶此时输入支付密码，❷点击“确认”按钮即可快速开启付款码、声波付功能，从而完成快速支付操作，如图5-7所示。

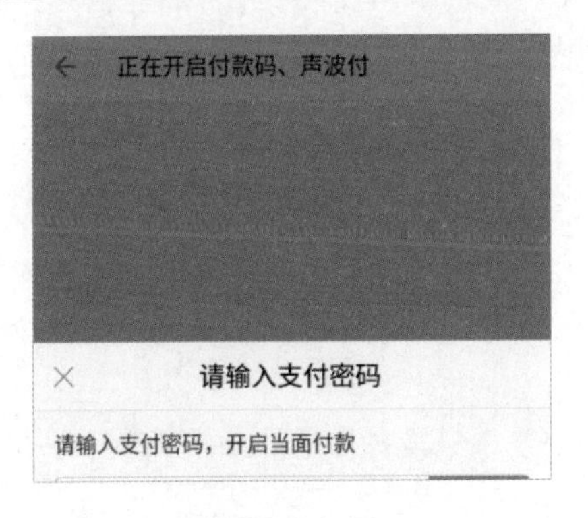

图5-6

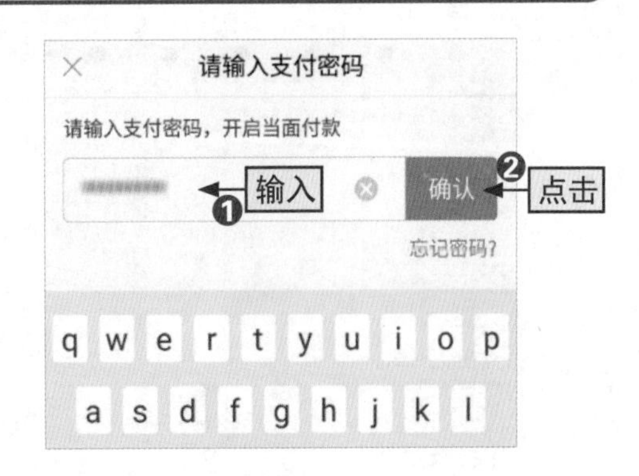

图5-7

2.微信的付款码功能

利用微信的付款码进行支付，操作与利用支付宝付款码付款类似，即向商家展示付款码。但默认情况下，微信的付款码功能是未开启的，下面就来看看如何开启微信的付款码功能。

[跟我做] 开启微信的付款码功能

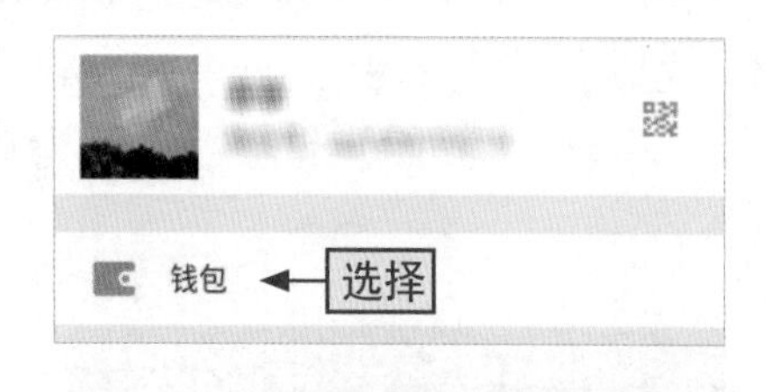

步骤01

进入微信，点击“我”按钮进入“我”界面，选择“钱包”选项。

步骤02

在“我的钱包”界面中点击“收付款”按钮。

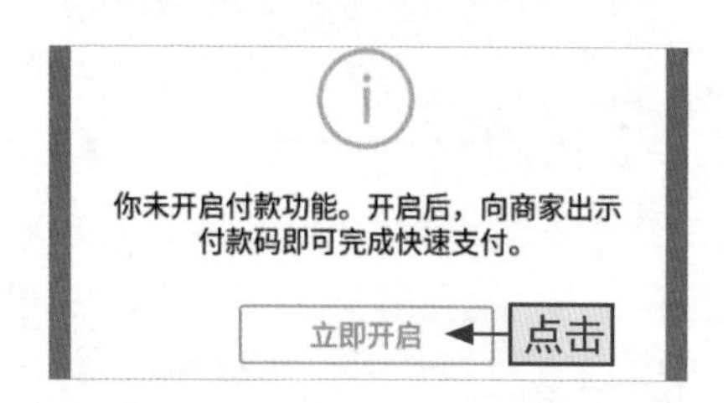

步骤03

在“收付款”界面中点击“立即开启”按钮。

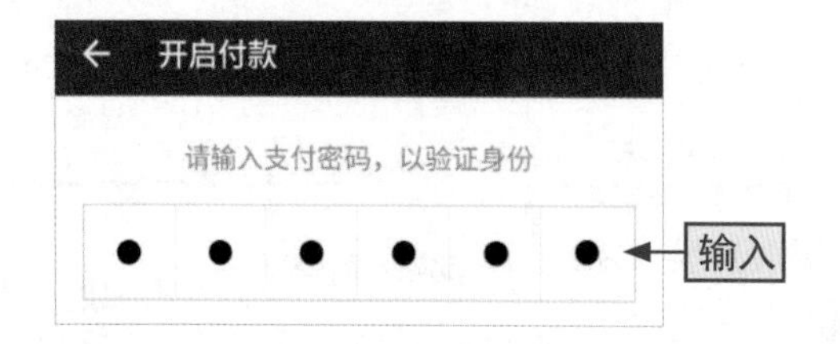

步骤04

在“开启付款”界面中输入支付密码即可开启微信付款码功能。

第6章 手机让中老年人的生活更方便

学习目标

随着应用软件APP的盛行，各种功能的软件都开始推出自己的手机APP，也就是在手机上下载、安装并使用，从而进行一些丰富的活动，比如订餐、看病、打车、听书、刷微博和网上购买车票等，中老年人不出门就能了解社会，享受生活。

要点内容

- 后辈儿不在家？搜索想吃的美食
- 小毛病不想去医院挂号？进行快速问诊找病因
- 不想排队挂号？网络快速预约挂号
- 滴滴出行——方便+速度快
- 百度地图——出行找路快又准
- 中老年人不用眼睛也能看书——喜马拉雅
- 刷微博，看热搜榜
- 学用健康通，疫情防控出行更畅通

6.1 饿了就用美团APP订餐

小精灵，我老伴儿出去旅游了，家里没人做午饭。你应该经常在网上订餐吧，你帮我点一份午餐行吗？

可以啊，爷爷。您想吃什么？我帮您点好以后，趁外卖人员还没送达前，顺便也可以教教您怎么订餐，这样以后您一个人在家也不用愁没饭吃了。

目前，广大网民使用最多的网上订餐软件有美团、饿了么和百度外卖等，这些软件能极大地方便中老年人的日常饮食生活，不用再为做饭发愁。本节将以美团外卖这一软件为例，讲解相关操作。

6.1.1 后辈儿不在家？搜索想吃的美食

中老年人先下载安装美团APP，注册一个账号，登录账号后即可开始选订一日三餐，甚至是零食和夜宵。下面以在美团上搜索美食为例，讲解具体的操作步骤。

[跟我做] 在美团上搜索美食解决一日三餐

步骤01

点击“美团”图标按钮，进入软件APP的“我的”页面，根据步骤完成登录操作。

步骤02

在美团APP主界面点击“美食”图标按钮。

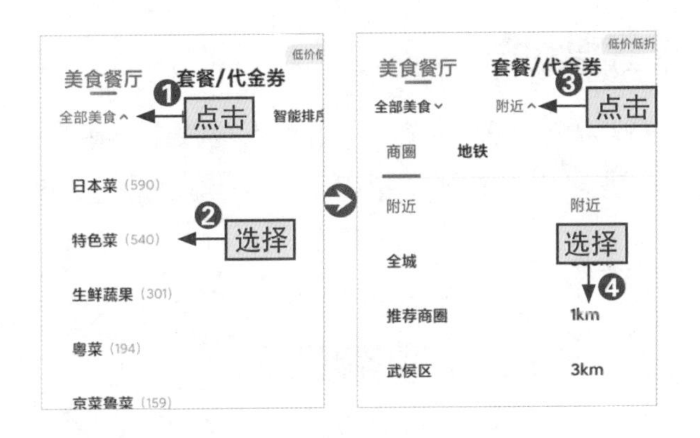

步骤03

❶在打开的“美食”界面中点击“全部美食”下拉按钮，❷选择“特色菜”选项，❸点击“附近”下拉按钮，❹选择“1km”选项。

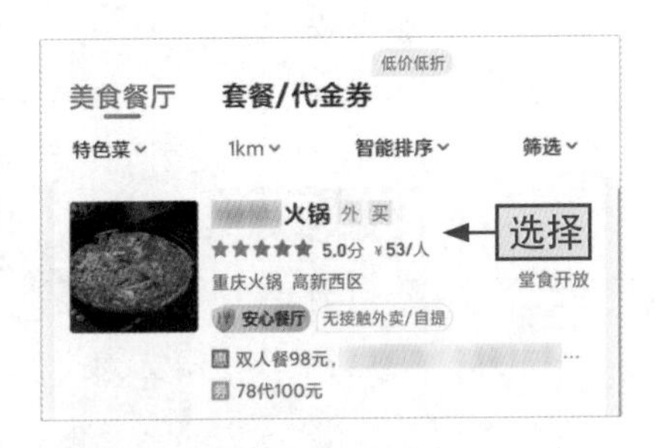

步骤04

在“特色菜”界面中浏览美食，选择自己感兴趣的店铺，进入点餐界面。

步骤05

打开的界面中选择合适的菜品或套餐，点击右侧的“抢购”按钮。

步骤06

在打开的界面中点击底部的“立即抢购”按钮。

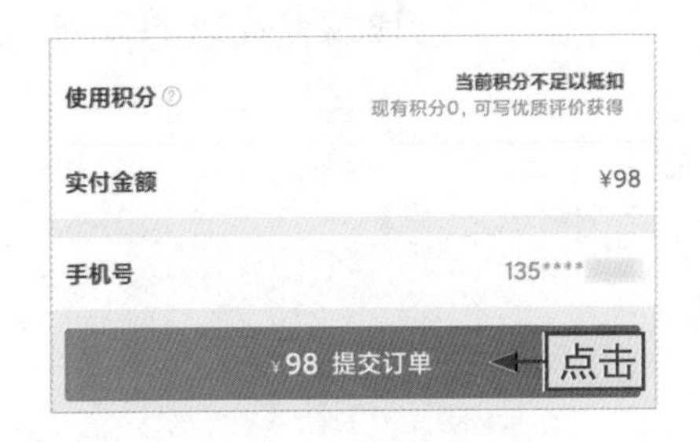

步骤07

在打开的结算界面中点击底部的“提交订单”按钮，最后设置地址并付款即可。

6.1.2 进入“满减好店”订餐更划算

美团APP为手机用户提供了很多划算的订餐服务，中老年人可根据需求自行选择。下面以“满减好店”为例，讲解具体的订餐操作。

[跟我做] 到“满减好店”里面挑选食物

步骤01 在美团主界面点击“外卖”图标按钮。

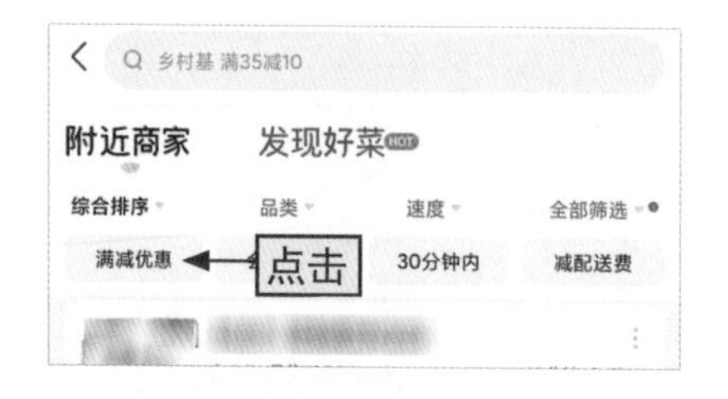

步骤02 在打开的“附近商家”界面中点击“满减优惠”按钮。

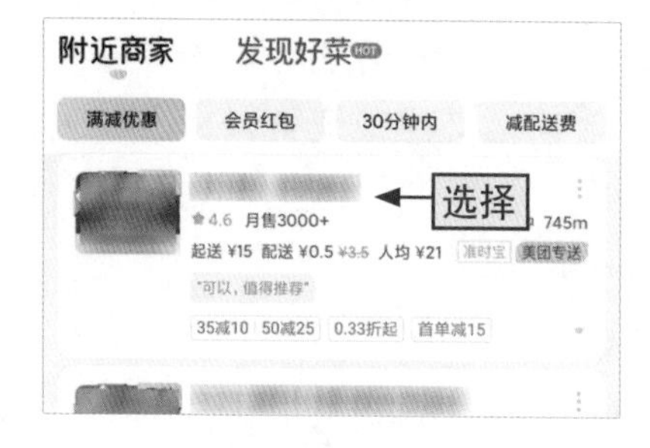

步骤03 在列表中选择合适的店铺，进入店铺。

步骤04 在店铺中选择喜欢的食物，点击该食物对应的“+”按钮（要参加满减优惠，需要选择没有优惠的食物）。

步骤05

点击“去结算”按钮。注意，此处系统可能提示“再买×元可享×减×元”的信息，中老年人可视情况而定，如果要再选购食物，达到减更多钱的目的，可点击“去凑单”超链接。

步骤06

❶在打开的界面中即可查看到满减优惠信息，❷点击“提交订单”按钮，最后输入支付密码即可成功订餐。需要注意的是，中老年人选择的收货地址不同，商家配送费用也会不同，最终应该支付的钱也就不同。

6.2 平安好医生，私家医生健康不用愁

哎，这人老了就一身的毛病，小精灵，你说我这小病痛是不是可以不用去医院挂号、就诊啊？

爷爷，平时的小感冒或者轻微的腰酸背痛这些小问题，其实可以自己通过网络诊察，不需要去医院排队、挂号并就诊，那会浪费很多时间和金钱。

人们平时一旦感觉身体上有不舒服，就会去医院就诊，但如果去好一点的医院，就会出现排队挂号难的问题，有时甚至会花费一整天的时间在医院里，这对中老年人来说是很难坚持的一件事。其实，当中老年人在遇到一些身体上的小毛病需要确诊时，可以使用一些专业的APP进行自查。

6.2.1 小毛病不想去医院挂号？进行快速问诊找病因

中老年人可以下载并安装专业的医疗类软件APP，比如春雨医生、平安好医生和好大夫在线等，不用去医院就能看病。下面以平安好医生APP为例，讲讲快速提问寻病因的过程。

[跟我做] 用“平安好医生”快速问诊寻病因

步骤01

❶点击手机桌面上的“平安好医生”图标按钮，进入程序后登录账号，❷在主界面中点击“快速问诊”按钮。

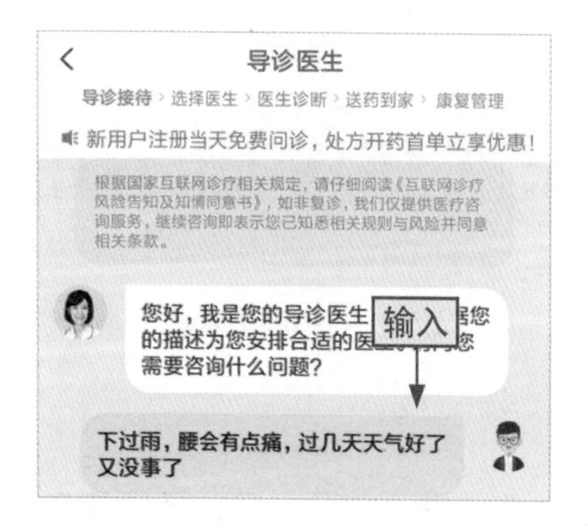

步骤02

在打开的“导诊医生”界面中输入身体的不适症状或病症。

步骤03

在“选择医生”界面中的“为您推荐优质医生”栏中选择合适的医生。

步骤04

在打开的医生详情界面中点击“图文咨询”按钮。

步骤05

❶在打开的“健康支付”界面中选择合适的支付方式，如选中“微信支付”单选按钮，❷点击“确认支付”按钮，输入支付密码即可提问成功。

技巧强化丨选择“平安门诊医生”不花钱

中老年人在使用“平安好医生”进行快速提问时，可选择“平安门诊医生”，这样不用花钱也能获得医生给出的治病建议，具体操作是：❶在“选择医生”界面中选择“平安门诊医生”选项，❷在打开的“成功案例”界面中点击“快速问医生”按钮，❸在打开的界面中即可和门诊医生进行交流，首先输入问题，❹等待系统指派的医生做出解答，如图6-1所示。

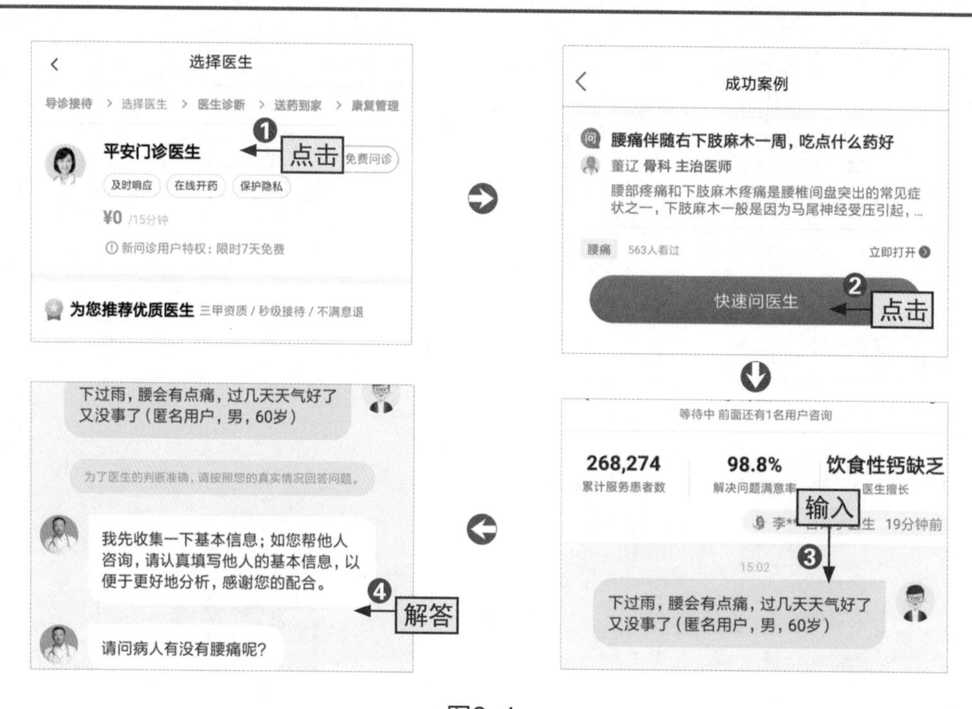

图6-1

6.2.2 不想排队挂号？网络快速预约挂号

实体医院排队挂号越来越难，中老年人去医院看病就医可能会耗费一整天的时间。为了提高就医效率，可先在网上预约挂号。下面以利用平安好医生进行预约挂号为例，讲解具体的操作过程（如果在挂号过程中没有自己想要就医的医院，还可通过医院的官方微信公众号或APP实现网上预约挂号）。

[跟我做] 网络快速预约挂号

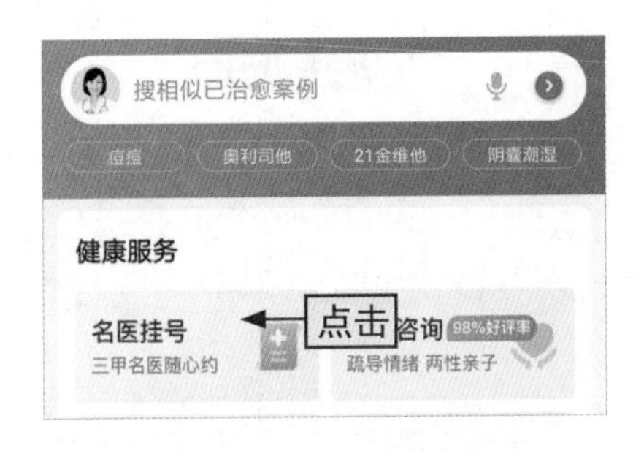

步骤01

进入平安好医生的首页，在“健康服务”栏中点击“名医挂号”图标按钮。

步骤02

在打开的“推荐医院”选项列表中选择合适的医院。

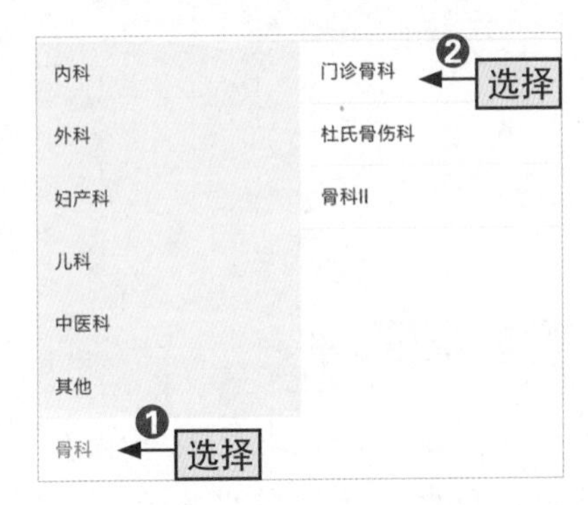

步骤03

❶在医院详情界面左侧选择“骨科”选项，❷在展开的菜单列表中选择“骨科门诊”选项。

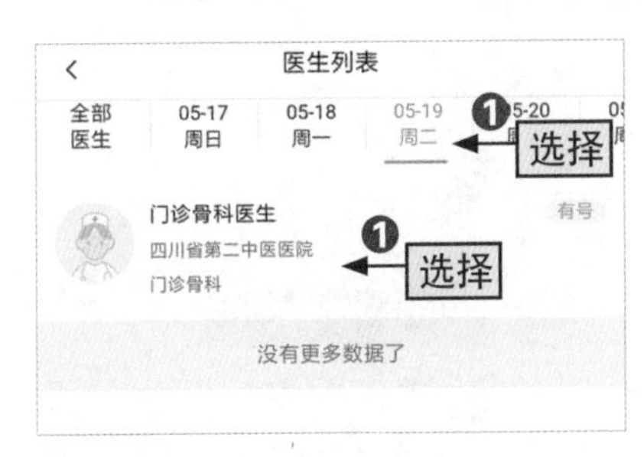

步骤04

❶在打开的“医生列表”界面中选择就诊时间，❷选择下方的门诊医生。

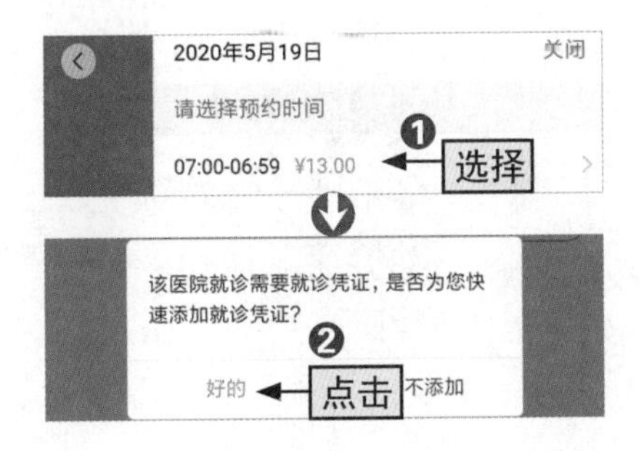

步骤05

❶在打开的界面中选择预约时间，❷在打开的提示对话框中点击“好的”按钮。

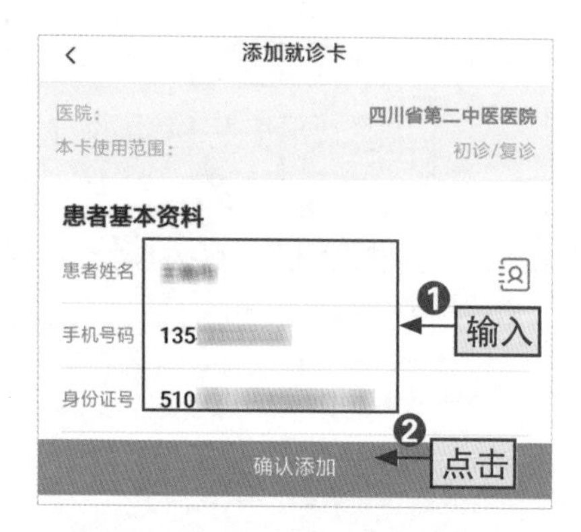

步骤06

❶在打开的界面中输入就诊患者的信息，❷点击“确认添加”按钮。

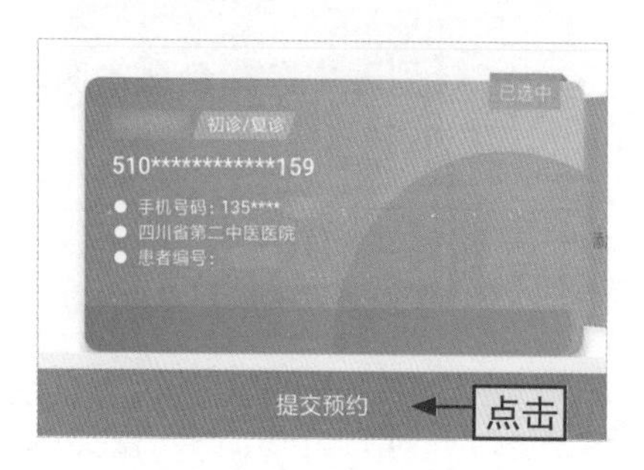

步骤07

最后返回到预约提交界面点击“提交预约”按钮即可。

6.2.3 想了解简单的健康常识？观看直播

中老年人日常生活比较简单，很多时候需要做点事儿来打发时间，这时可以利用平安好医生直播学习一些健康常识，下面来了解观看平安好医生直播的具体操作步骤。

[跟我做] 看直播学习健康常识

步骤01

进入平安好医生首页，点击“直播好货”图标按钮。

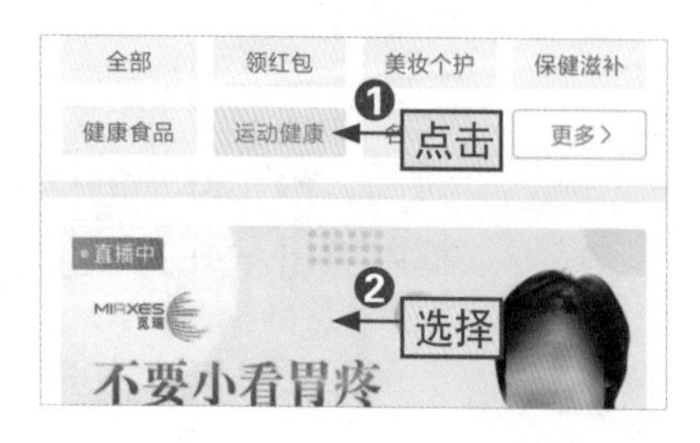

步骤02

❶在打开的界面中点击“运动健康”按钮，❷在下方选择感兴趣的直播。

步骤03

在打开的界面中即可观看直播视频，在视频下方还能和其他网友对话，聊天交流。

6.3 智能手机让中老年人出行更便利

小精灵，有什么方法能让我出门不用挤公交吗？每次出门遇到上下班高峰期就要多等好几趟公交车才能挤上去。

爷爷，现在共享单车不是很流行、很受欢迎吗！您可以试试骑单车，如果您腿脚不方便，还可以用“滴滴”打车。

现在，人们出行可选择的工具有很多，共享单车、公交、地铁、高铁、动车、火车和飞机等，根据距离的远近选择合适的交通工具。中老年人除了会搭乘传统的公交、火车等交通工具外，还应该学习一些其他便捷的出行方式。

6.3.1 用共享单车——省钱+锻炼

有一些中老年人比较注重日常锻炼，所以在一些出行路程不是特别远的情况下，可以选择骑共享单车，这样既能达到锻炼的目的，还能起到省钱的作用。在使用共享单车时有两种选择：一是共享单车APP；二是第三方平台扫码骑车。

1.共享单车APP

中老年人可使用专门的共享单车APP进行扫码骑车，下面以哈罗单车为例，讲解具体操作步骤。

[跟我做] 扫码骑共享单车

步骤01

点击共享单车图标按钮如“哈啰出行”APP。

步骤02

注册并登录个人账号，点击“单车”按钮。（哈啰出行不只提供单车，还提供了助力车、电动车，以及打车等，点击对应的图标按钮即可）。

步骤03

在打开的界面中点击“扫码开锁”按钮。

步骤04

在打开的扫码界面中扫描哈罗单车上的二维码。

步骤05

在打开的界面中点击“确认开锁”按钮即可开锁。

拓展学习｜哈罗单车使用过程中的注意事项

中老年人在使用哈罗单车的过程中如果没有购买月卡，则需要在第二次扫码骑车之前将前一次的骑行账单支付了，否则无法再次使用。中老年人如果购买了月卡，则不需要手动付费，系统会每月定时从绑定的银行卡中扣除月卡费用。

需要注意的是，中老年人使用完哈罗单车后，要及时关锁，否则系统会一直计费。如果中老年人真的忘了，在手机软件提示时要及时处理，避免遭受损失。

2.其他第三方平台扫码骑车

中老年人除了可以使用共享单车的专门APP进行扫码骑车外，还可以利用第三方平台扫码骑车。下面具体介绍使用支付宝扫码使用哈罗单车。

[跟我做] 使用支付宝扫码使用单车

步骤01

点击“支付宝”图标按钮。

步骤02

在打开的支付宝主界面直接点击“扫一扫”按钮，扫描哈罗单车上的二维码。

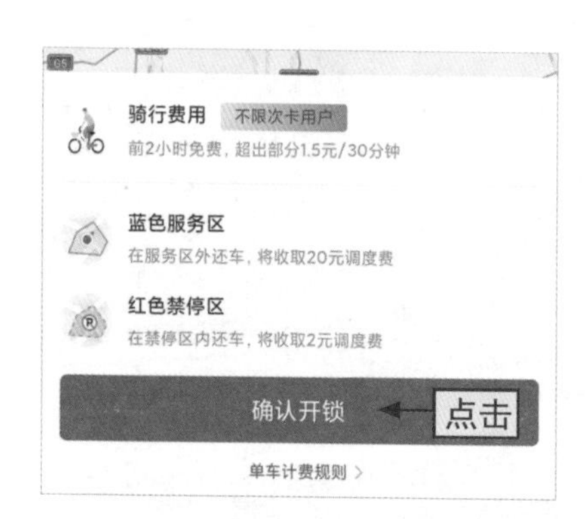

步骤03

扫描完成后，点击底部的“确认开锁”按钮即可解锁，开始用车。

6.3.2 滴滴出行——方便+速度快

若中老年人腿脚不方便，儿女都在上班，要想出门办事，可以选用“滴滴出行”软件，打车更方便。这就需要中老年人先下载安装“滴滴出行”软件，并注册一个账号。下面介绍的是利用该软件成功打车的步骤。

[跟我做] 子女不在家，自己也能坐专车出门

步骤01

点击手机桌面上的“滴滴出行”图标按钮。

步骤02

在打开的界面中点击“立即开启”按钮，随后完成注册和登录操作。

步骤03

在完成了注册和登录操作后，程序会自动进入打车界面（注册账号成功，且保持登录状态不退出，以后每次点击“滴滴出行”图标按钮后将直接进入该界面），点击“您要去哪儿”文本框。

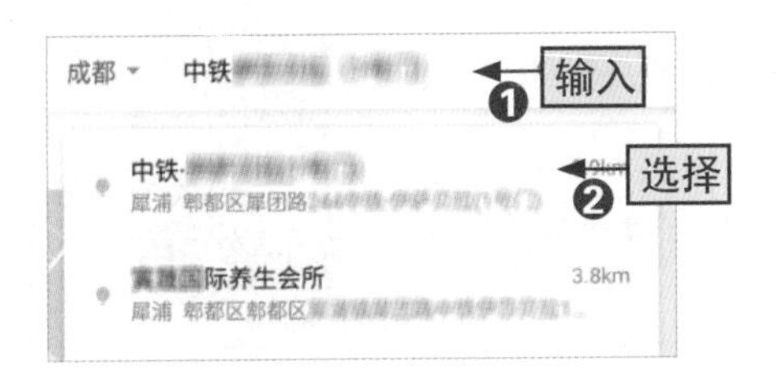

步骤04

❶在搜索框中输入目的地的名称，❷在下方搜索结果列表中选择准确的位置选项。

拓展学习 | 滴滴出行中的青桔单车

前面介绍了哈罗单车，在滴滴出行APP中还可以使用另一种单车——青桔单车，具体操作是：❶打开滴滴出行APP，点击“骑车”选项卡，❷点击“单车”按钮，❸点击“扫码用车”按钮即可扫码用车，如图6-2所示。

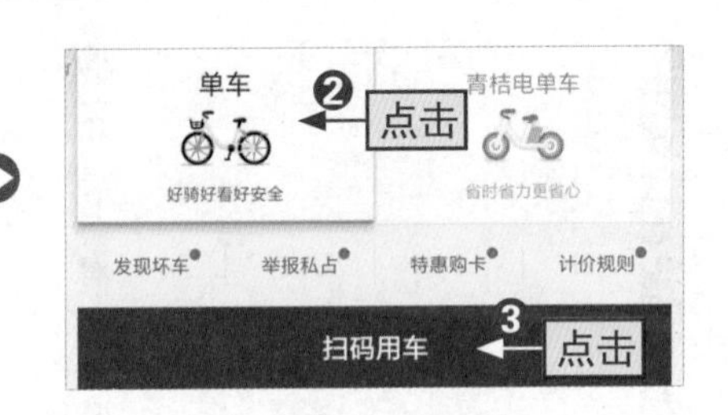

图6-2

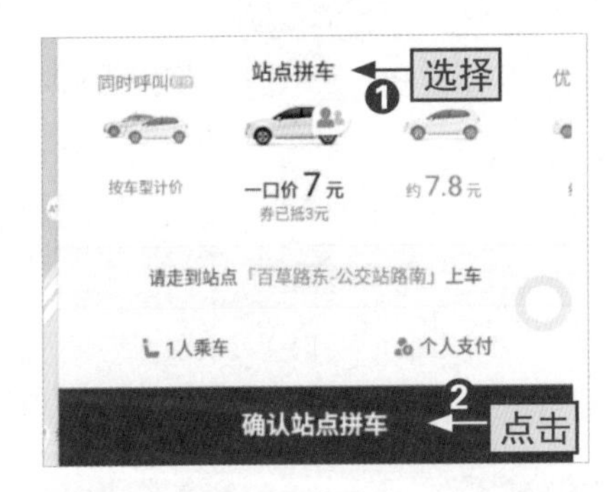

步骤05

❶在“确认呼叫”界面选择合适的打车方式，如这里选择“站点拼车”选项，❷点击“确认站点拼车”按钮。

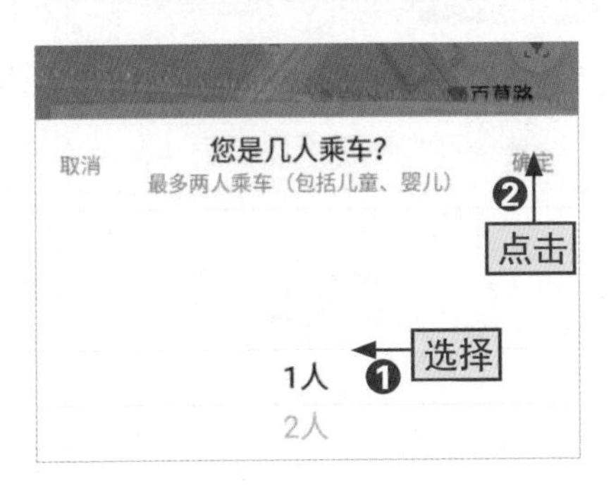

步骤06

❶选择乘车人数，这里选择“1人”选项，❷点击“确定”按钮，即可完成打车操作，只需在定位的出发地等车即可。

6.3.3 百度地图——出行找路快又准

中老年人的方向感和记忆力都大不如前，出门在外很容易迷失方向，此时我们可以使用各种地图类软件，快速找准方向。下面以百度地图为例，讲解搜索路线的具体操作步骤。

[跟我做] 用“百度地图”查路线，导航方向

步骤01

点击手机桌面上的“百度地图”图标按钮。

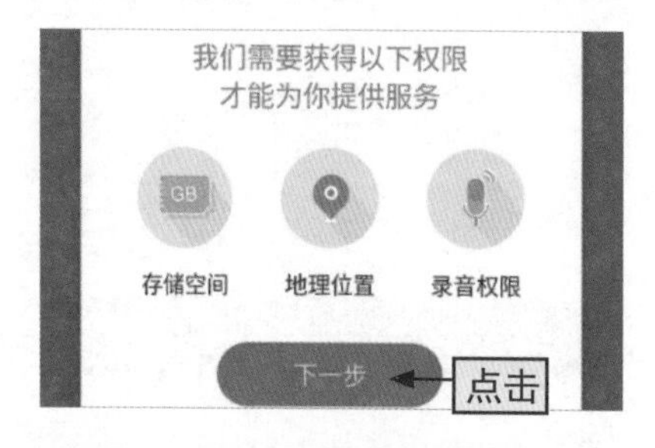

步骤02

点击“下一步”按钮。

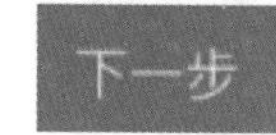

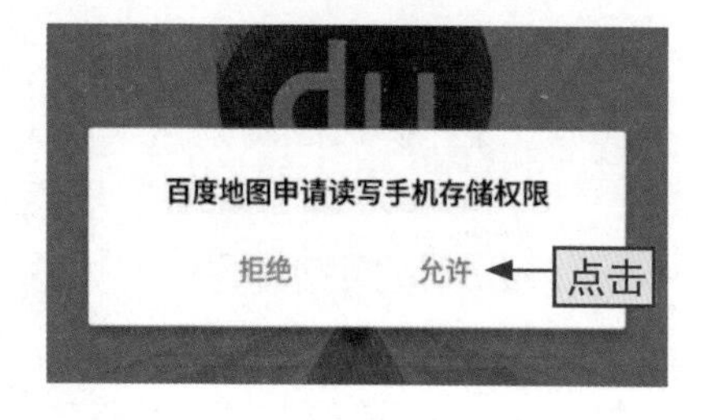

步骤03

在打开的提示对话框中点击“允许”按钮。接着依次完成各种权限设置和同意协议等操作。

拓展学习 | 使用高德地图同样可以导航

高德地图在界面和使用方法上与百度地图基本相似，因此这里就不再进行操作展示，中老年人如果感兴趣，可以下载使用。

步骤04

在打开的地图界面中点击“路线”按钮。

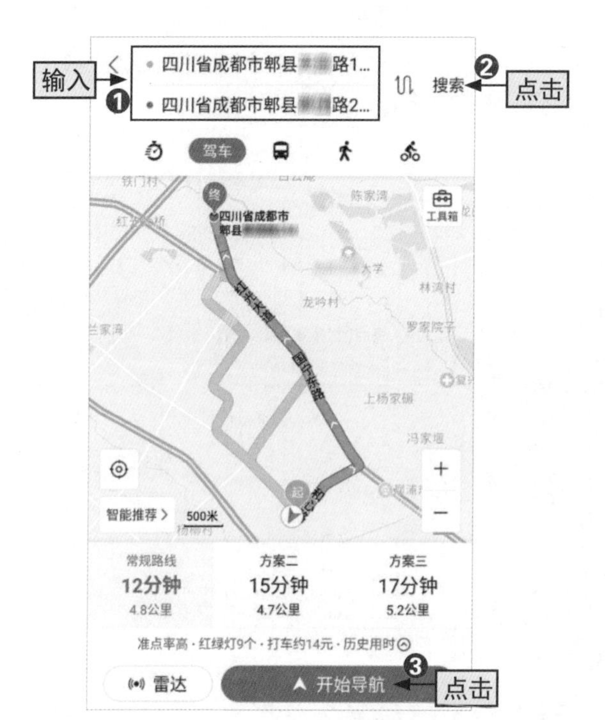

步骤05

❶在出发地和目的地搜索框中输入出发地和目的地的准确名称，❷点击“搜索”按钮即可在地图上显示出一条完整的路线（默认情况下显示的是驾车用时），❸点击“开始导航”按钮即可开启语音导航，帮助中老年人辨识方向。

开始导航

拓展学习丨切换导航方式

如果中老年人是步行，则可在搜索出的路线界面切换导航方式，具体操作是：❶点击“步行”按钮，地图上会显示步行路线，❷点击“跟我走”按钮即可开启步行导航，如图6-3所示。如果中老年人要乘坐公交车，也可通过切换导航方式来查找公交的乘坐和换乘方法：❶点击“公交”按钮，❷在下方搜索结果列表中选择其中一种适合的路线选项，❸在打开的界面中可查看具体的乘车站点和换乘信息，如图6-4所示。

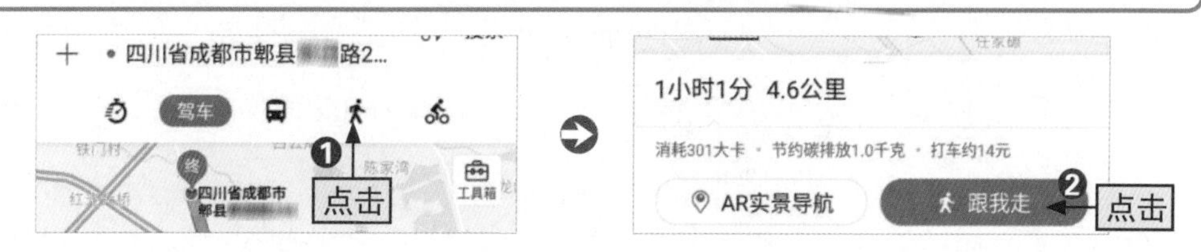

图6-3

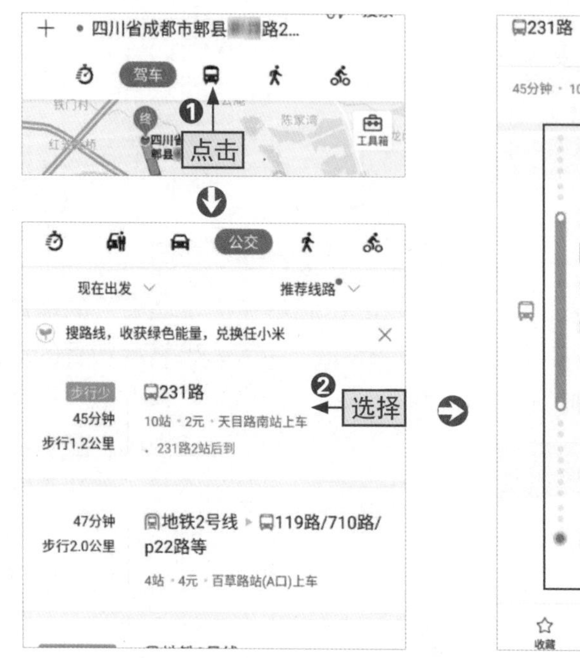

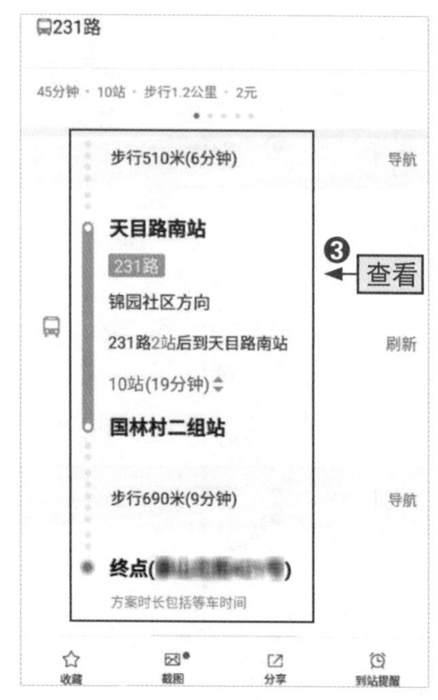

图6-4

6.4 中老年人闲暇时可以看书、读新闻

人老了，眼神儿也不好了，看书都很费劲。要是能有专门读书的人，将书中的内容读给我听就好了。

哈哈，爷爷，您还不知道吗？现在市面上已经有了专门的听书软件，用起来很方便，特别适合你们中老年人使用，我给您介绍一下吧！

中老年人退休在家后，会有更多的闲暇时间，一旦无事可做，就会觉得无聊。那么，可以看看书，读读新闻，了解一下家以外的世界，让生活不再枯燥、无聊。

6.4.1 上当当网免费试读

随着网络的快速发展，电子档书籍越来越普及，以前传统的纸质书籍不再那么受欢迎，而且因为纸质书籍一般比电子档书籍贵，所以人们开始青睐电子档图书。下面就给中老年人们讲讲怎么在网上免费试读感兴趣的读书。

[跟我做] 电子档书籍免费试读

步骤 01

下载并安装“当当云阅读”软件，点击“当当云阅读”图标按钮。

步骤 02

在打开的界面可以在“搜索书名 / 作者”文本框中输入具体要阅读的书籍名称或直接搜索，这里点击“全部分类”按钮。

步骤 03

在打开的界面中选择“文学”选项。

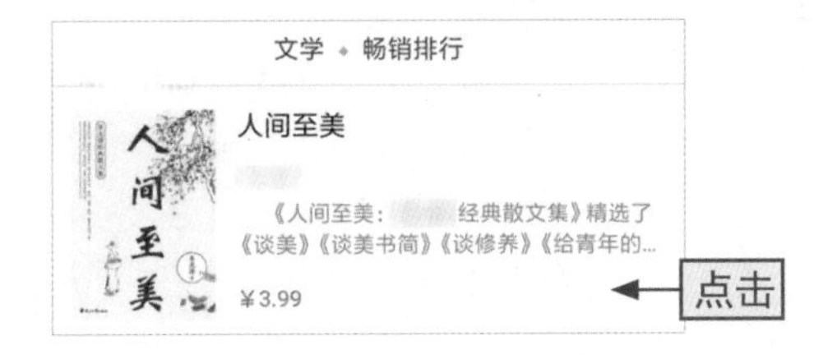

步骤 04

在打开的“文学”界面中选择感兴趣的书籍，这里选择“人间至美”选项。

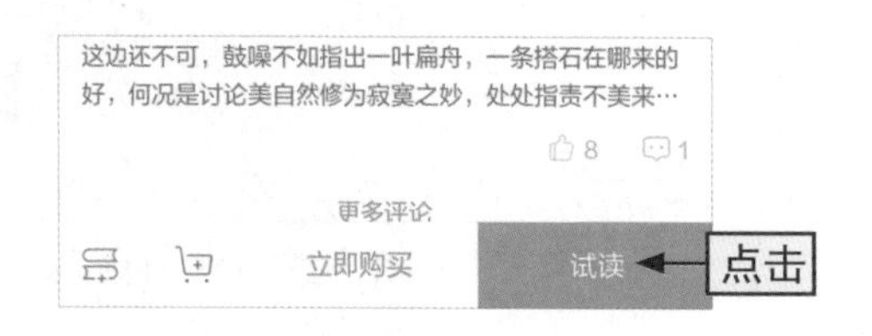

步骤 05

在书籍详情界面中点击右下角的“试读”按钮。

6.4.2 用今日头条APP关注时事新闻

很多中老年人比较喜欢看新闻，平时生活中可能会借助晚间19:00的新闻联播了解国家大事或国际时事，除此之外，中老年人还可以在各类新闻资讯类APP中了解新闻信息。下面以“今日头条”为例，讲解其提供的多种新闻信息。

[跟我学] 今日头条提供的多种新闻资讯类型

● 推荐与热点类 进入“今日头条”首页，程序会自动定位在“推荐”界面，这里一般是系统为中老年人们推荐阅读的一些热点新闻信息，与“热点”界面中的新闻信息一样，都是当天或最近人们比较热点的问题。

● 兴趣类 在“今日头条”首页中，程序除了会推荐热点新闻外，还会为中老年人罗列其他类型的新闻信息，可根据自身阅读喜好来选择，比如程序自动定位的城市新闻、财经、军事和国际等类型的新闻资讯。

● 视频类 在“今日头条”的“视频”界面中，中老年人可观看一些搞笑的、生活中实际发生的视频，以及一些生活常识类视频。

拓展学习 | 使用腾讯新闻APP看新闻

腾讯新闻APP使用十分简单，直接打开就能浏览新闻，不仅如此，还可以通过微信快速打开腾讯新闻APP。❶打开微信，关注“腾讯新闻”公众号点击“腾讯新闻”选项，❷在打开的界面中选择感兴趣的新闻，在打开的界面中，❸点击视频上的播放按钮（通常在微信中是不能查看新闻视频的），❹在弹出的对话框中点击“允许”按钮即可跳转到腾讯新闻，如图6-5所示。

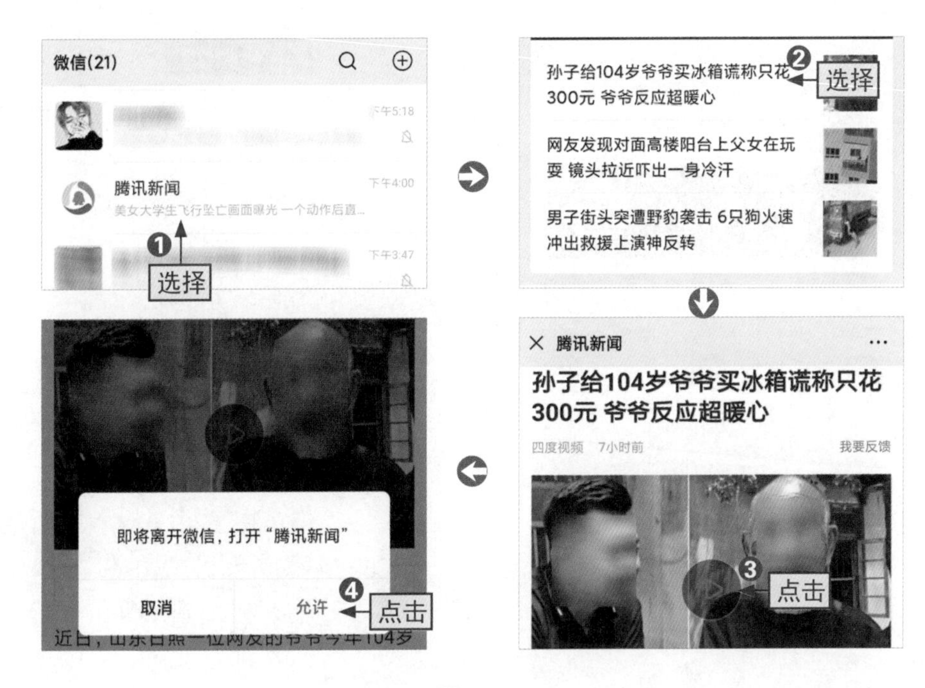

图6-5

6.4.3 中老年人不用眼睛也能看书——喜马拉雅

很多中老年人视力不好，看书看不清楚，如果遇到这种情况，中老年人们可以下载安装听书软件，可通过听书实现“看”书。下面以“喜马拉雅”为例，教中老年人们如何使用听书功能。

[跟我做] 中老年人闭着眼睛读书

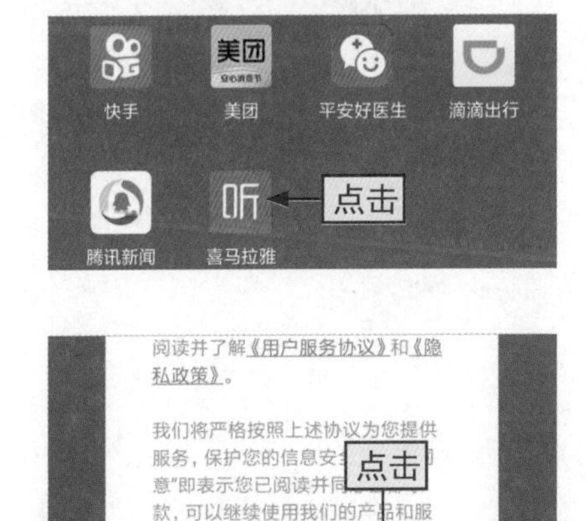

步骤01

下载并安装“喜马拉雅”程序，点击手机桌面上的“喜马拉雅”图标按钮。

步骤02

完成权限设置，在打开的界面中点击“同意”按钮。

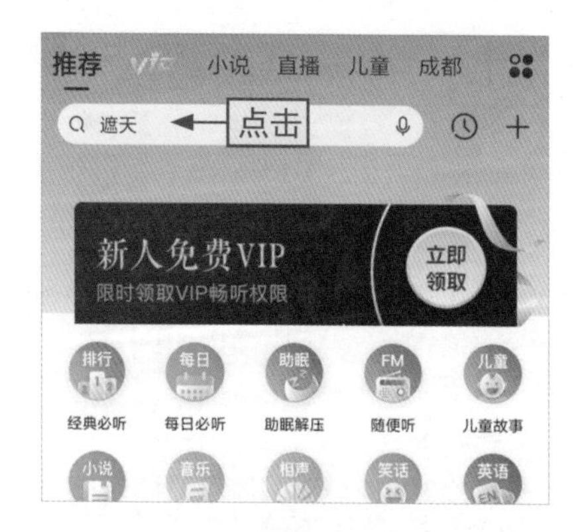

步骤03

在打开的主界面中点击顶部的搜索框。

步骤04

❶在搜索框中输入想听的书籍或节目的名称，如这里输入“三国演义”，❷点击“搜索”按钮。

步骤05

在搜索结果列表中选择合适的选项。

步骤06

在打开的界面中自动开始播放，点击左侧的“播放列表”按钮。

顺序播放　　倒序

【三国演义】开篇 001回鞭督邮刘备走代州　点击

第002回 竖宦作乱董卓进京

第003回 吕杀丁原认贼做父

第004回 谋害董卓曹操献刀

第005回 中牟县陈宫捉放曹

第006回 讨董卓曹操诏群英

步骤07

在打开的界面中可随时更换想听的章节或集数。另外，也可点击“下载”按钮将对应的章节或集数下载到手机中，离线听。

6.5 其他便利生活的手机应用操作

哎，现在每次去缴纳水电费都要排好长的队，不仅浪费时间，而且每个月都要去，真不方便。

爷爷，现在很多与生活相关的缴费都可以在手机上完成，不用出门，在家就可轻松缴费，我来教你吧。

中老年人的生活开支无非就是柴米油盐酱醋茶，以及各种零零碎碎的费用开支，比如水费、电费等。这些都可以通过一些手机应用实现方便日常生活，中老年人应当掌握。

6.5.1 刷微博，看热搜榜

中老年人学会玩微博，可随时随地发现新鲜事。下面以搜索微博热搜榜话题为例，讲解具体操作步骤。

[跟我做] 进入微博热搜榜看大众关心的事

步骤01

下载并安装新浪微博，点击“微博”图标按钮。

步骤02

进入微博后点击界面下方的“发现”按钮。

步骤03

在“发现”界面中点击上方的“大家正在搜”搜索框。

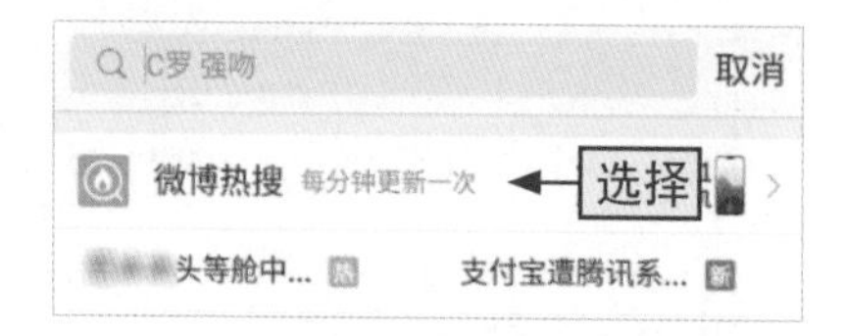

步骤04

在打开的界面中，选择最上方的“微博热搜”选项。

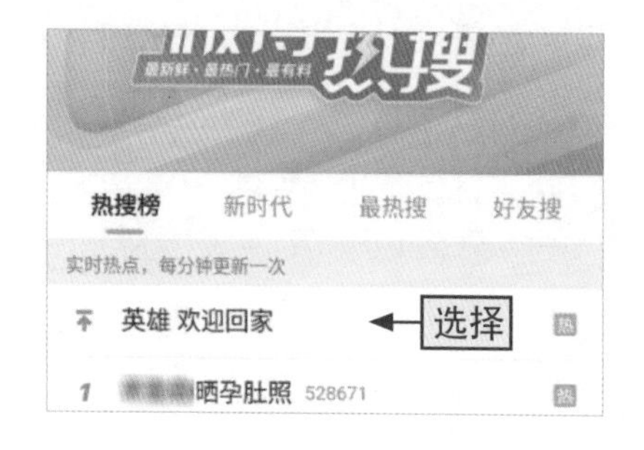

步骤05

在打开的界面中即可查看到热搜榜的排名情况，选择其中一个话题，可进入相应界面查看话题详情。

6.5.2 想给家做点力所能及的？缴纳各种生活费用

随着网络的普及，人们缴纳水费、电费、燃气费和宽带费都不用再去物业、实体超市或相关机构办公点处理了，直接在网上就能搞定。下面以用微信缴纳燃气费为例，讲解具体的操作步骤。

[跟我做] 用微信缴纳燃气费，省时省力

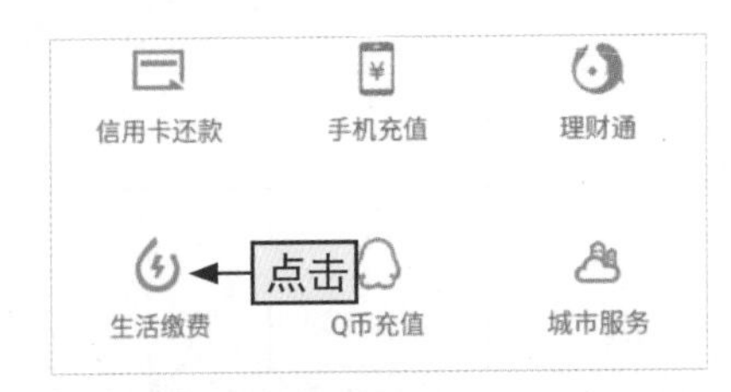

步骤01

进入微信的“支付”界面，在“腾讯服务”栏中点击“生活缴费”按钮。

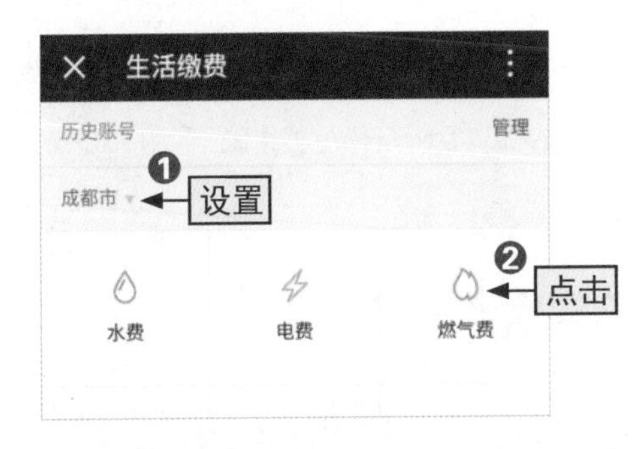

步骤02

❶在“生活缴费”界面设置家所在的市区，如这里设置为“成都市”，❷点击“燃气费”图标按钮。

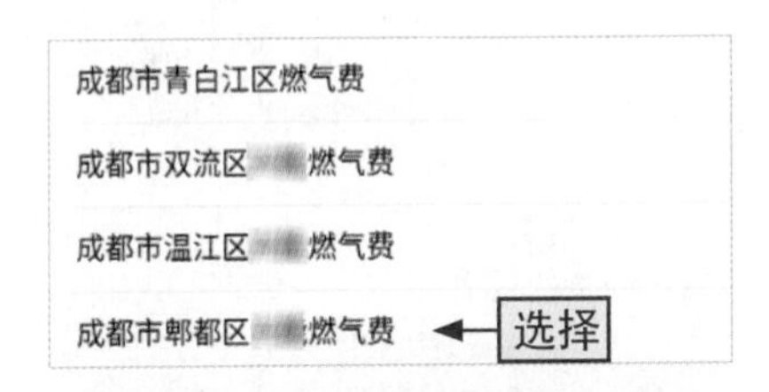

步骤03

在打开的界面中选择家所在的燃气所属缴费机构。

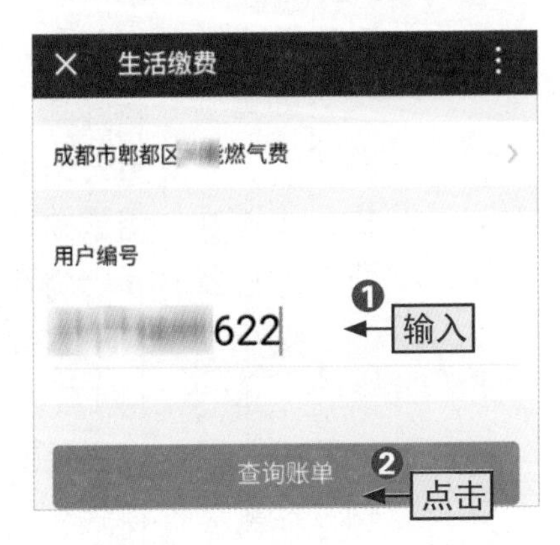

步骤04

❶在打开的界面中输入燃气卡上标识的用户编号，❷点击“查询账单”按钮。

查询账单

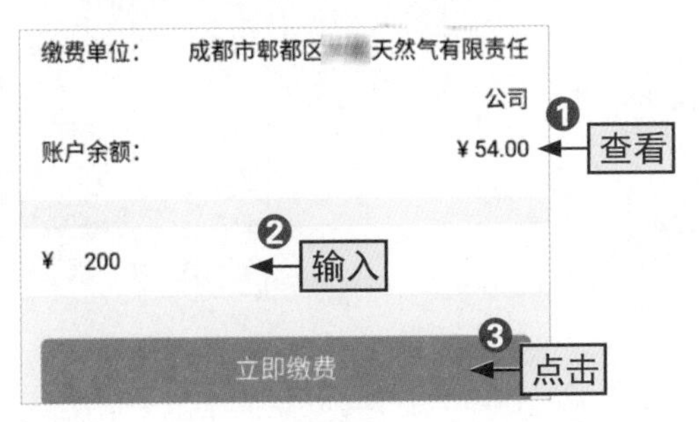

步骤05

❶在打开的界面中即可查看燃气费的账户余额，❷在金额框中输入要充值的燃气费金额，❸点击“立即缴费”按钮，完成支付即可。

6.5.3 网上购买火车票、汽车票

网络越来越发达，手机功能越来越强大。中老年人如果要购买车票，都不用去车站售票大厅处购买了，只需用手机在网上购票即可。

1.在网上购买火车票

国内任何地方的人在网上购买火车票或高铁票等，都可以进入中国铁路客户服务中心进行操作。下面以“铁路12306”APP为例，讲解手机购买火车票的具体步骤。

[跟我做] 用“铁路12306”软件购买火车票更方便

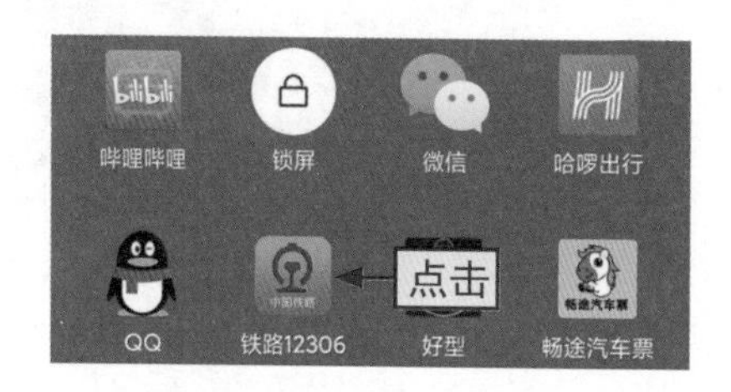

步骤01

点击手机桌面上的“铁路12306”图标按钮。

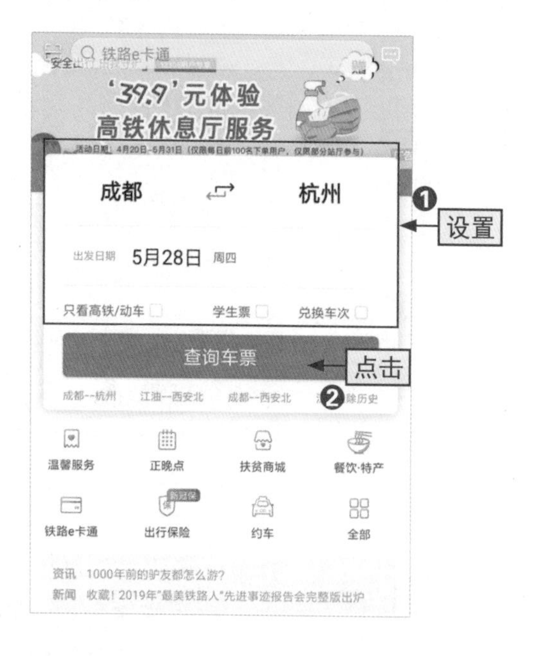

步骤02

允许开启各种权限后，点击“立即体验”按钮进入APP首页，注册账号并完成登录操作（首次使用该软件需要执行这些操作）。❶在主界面设置火车票的出发地、目的地、出发日期和出发时间，❷点击“查询车票”按钮。如果要选择乘坐高铁或动车，可点击相应选项卡进行筛选。

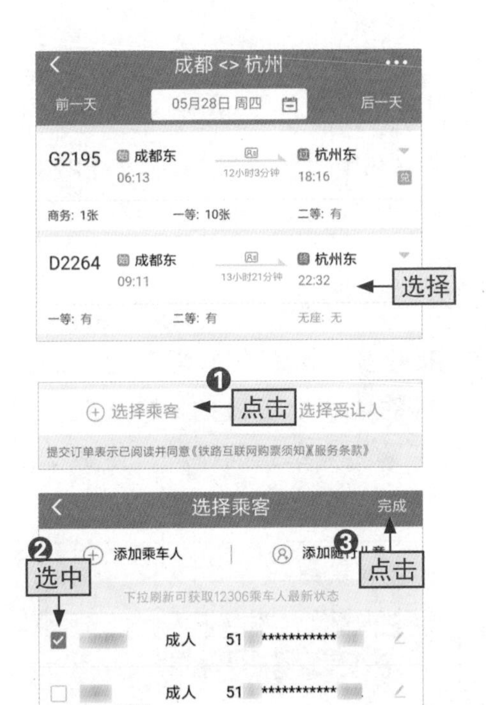

步骤03

在打开的界面中选择合适的车次。（此时，如果想要查看途中站点信息，可点击各车次右侧的下拉按钮可查询车次的具体经过的站点。）

步骤04

❶在打开的界面中点击“选择乘客”按钮，❷选中乘车人名字左侧的复选框，❸点击“完成”按钮。如果中老年人是第一次通过APP购车票，则在选择车次后要先添加“常用联系人”，然后才能添加乘客。

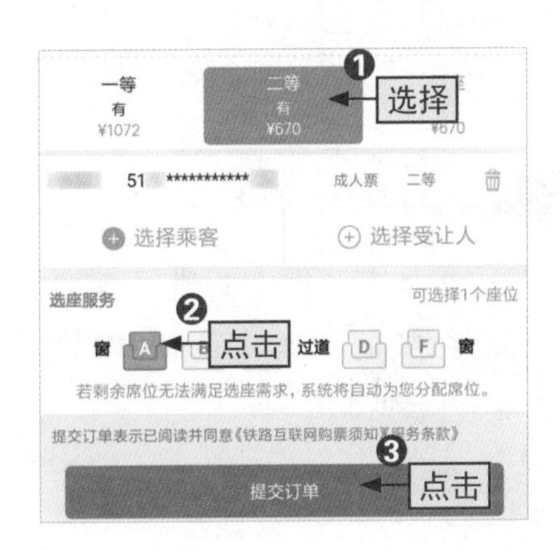

步骤05

❶在“确认订单”界面，选择座位类型，如这里选择“二等”（座位类型不同，票价不同），❷在“选座服务”栏中选择合适的位置，❸点击“提交订单”按钮。

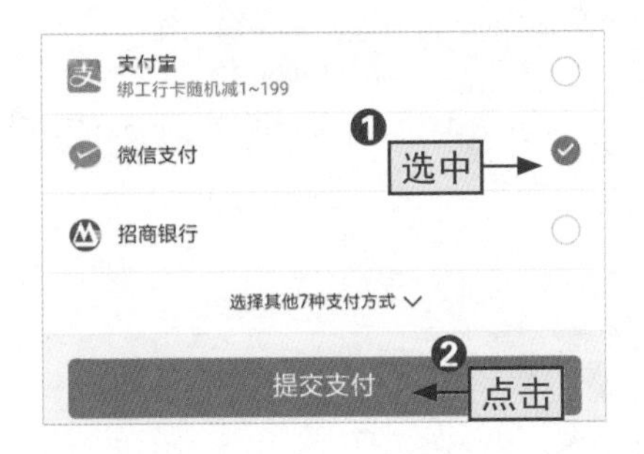

步骤06

❶在打开的“请您支付”界面中选中合适的支付方式对应的单选按钮，❷点击“提交支付”按钮，完成支付操作即可成功购买车票。

2.在网上购买汽车票

网上购买汽车票有地区之分，不同地方的人需要下载安装的购票软件名称会不同。下面以四川省乘客购票为例，讲解利用“畅途汽车票”APP购买汽车票的操作过程。

[跟我学] 用“畅途汽车票”软件购买汽车票

下载并安装“畅途汽车票”APP，❶点击“畅途汽车票”图标按钮，注册账号并登录，❷在首页设置出发地、目的地和出发日期，❸点击“查询”按钮，如图6-6所示。接下来的操作可参考购买火车票的流程，完成车次的选择、乘客的添加，最后提交订单并完成支付即可。

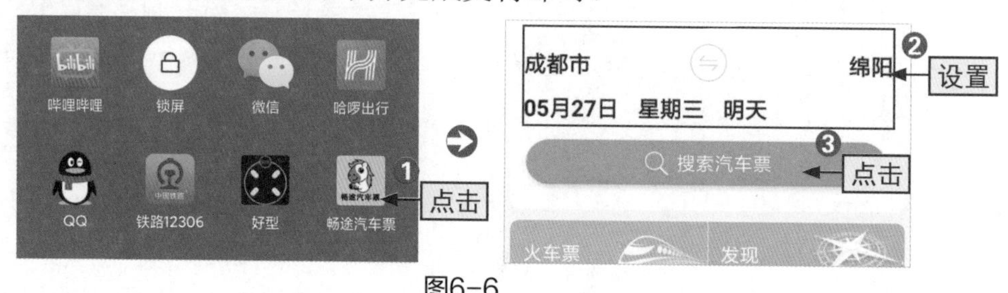

图6-6

6.5.4 在手机上轻松查阅社保数据

以前中老年人查询社保数据只能通过网站或是去社保中心进行查询，现在可以在手机上快速查询个人社保。下面具体介绍如何在支付宝APP中快速查阅社保信息。

[跟我做] 用支付宝APP快速查阅社保信息

步骤01

点击手机桌面上的“支付宝”图标按钮。

步骤02

在打开的支付宝主界面中点击“市民中心”按钮。

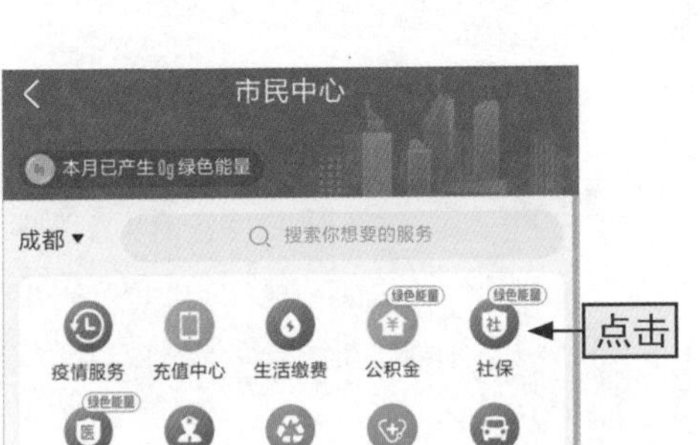

步骤03

在打开的“市民中心”界面中点击“社保”按钮。

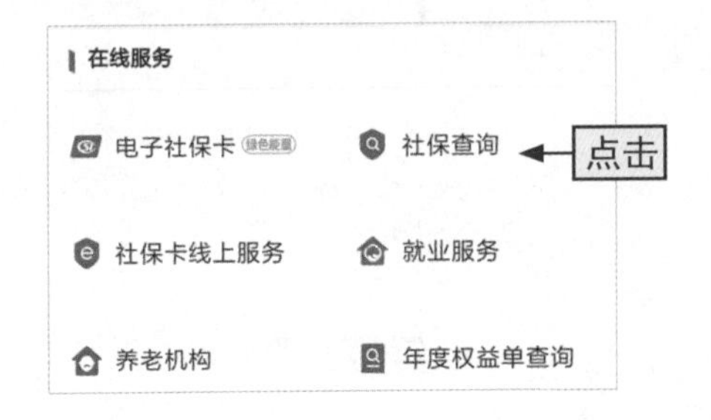

步骤04

在打开的“社保”界面中点击“社保查询”按钮。

步骤05

在打开的界面中即可查看自己的社保信息。（需要注意的是，要想在支付宝上直接查看到社保信息，需要当前使用的支付宝账户经过实名认证，且用户当前确实缴纳了社保。）

6.5.5 行走不方便，网上购买常规药还包送

中老年人上了年纪，行动不便，避免买药路上奔波，可以选择网上买药，送药上门。下面介绍如何在支付宝APP中买药。

[跟我做] 用支付宝APP快速买药

步骤01

点击手机桌面上的“支付宝”图标，❶在打开的主界面中点击“市民中心”按钮，❷在打开的界面中点击“医疗”按钮。

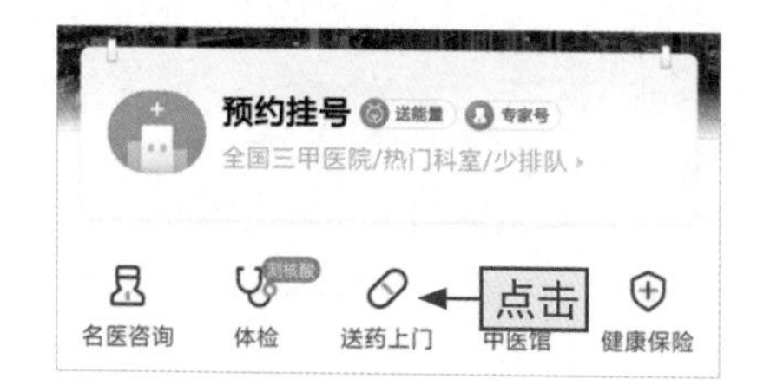

步骤02

在打开的界面中点击“送药上门”按钮。

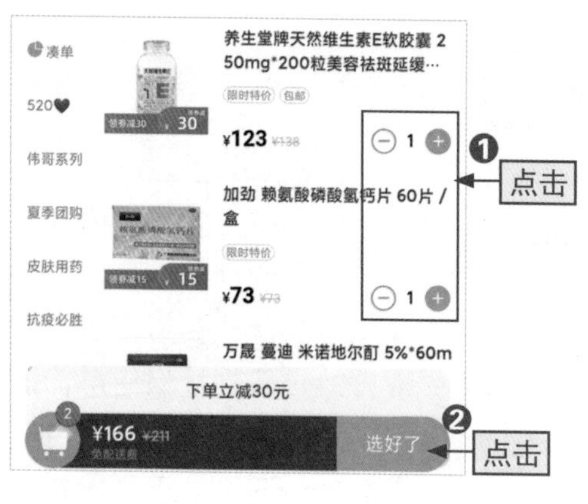

步骤03

❶在打开的界面中选择需要的药品点击⊕按钮，❷点击“选好了”按钮。

步骤04

在打开的界面中确定订单信息，设置配送地点，点击“确认支付”按钮进行支付即可。

6.6 学用健康通，疫情防控出行更畅通

小精灵，快来帮我看看，我的健康码怎么没有了，是不是有什么问题啊，赶紧帮我弄一下，要不然去哪儿都不方便。

爷爷，这个是正常的，如果你隔一段时间不使用健康码，它会自动过期的，重新进行健康打卡操作就可以了。

结合疫情防控形势，为方便群众生产生活，全国各地都以互联网、大数据为支撑，全力推行电子健康通行码。不同的地方，其使用的电子健康码程序不同，例如北京健康宝、四川天府健康通等。虽然健康码程序不同，但是其使用方法却相似，下面以四川天府健康通程序为例，讲解相关的内容。

6.6.1 如何申领健康码

健康码是通过个人提供的资料，结合消费记录、交易数据、手机GPS的定位、线下扫码记录等信息，通过大数据分析比对，生成的一个专属二维码。通过二维码的颜色可即时辨别当前该用户的健康状况。只有持绿码的个人，才能正常出入超市、医院等公共场所。这为疫情监控提供最有效的支持。

要申领健康码，可以直接扫描健康码程序二维码，或者通过支付宝、微信中提供的健康码功能直接启用所在地的电子健康码程序。下面以通过支付宝申领健康码为例，讲解相关的操作。

[跟我做] 通过支付宝申领健康码

步骤01

打开支付宝主界面，在其中点击“健康码”按钮。

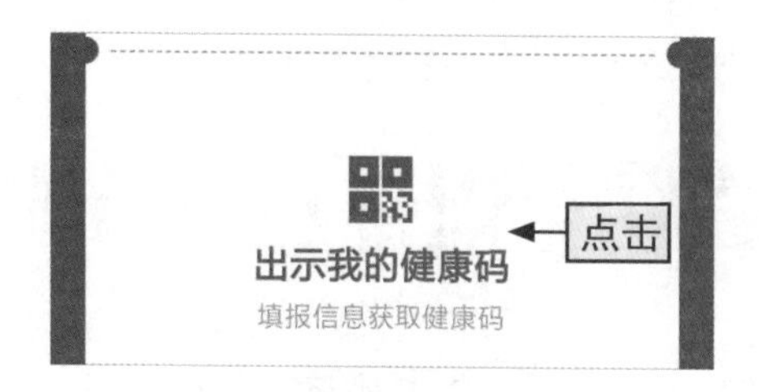

步骤02

程序自动关联所在地的健康码程序，这里打开“四川天府健康通”程序，点击“出示我的健康码”按钮。

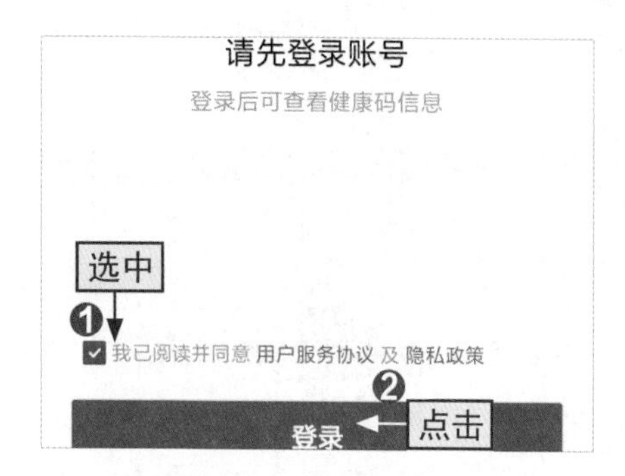

步骤03

❶在打开的界面中选中“我已阅读并同意”复选框，❷点击“登录”按钮，然后根据提示完成注册登录和实名认证。

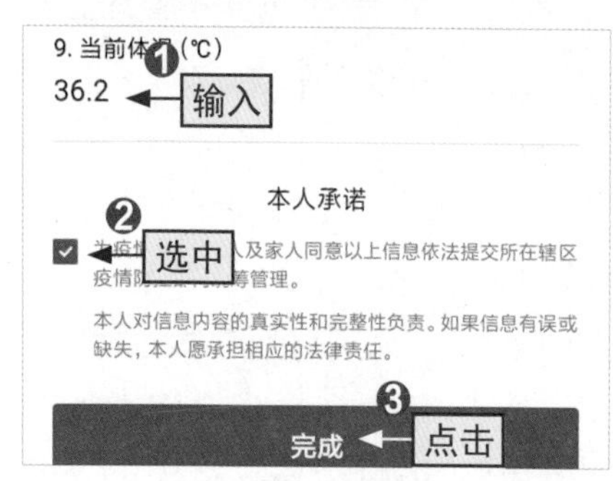

步骤04

❶实名认证后还需要填写健康信息申报，在该页面中的信息必须如实填报，❷完成后选中下方的本人承诺对应的复选框，❸点击“完成”按钮。

步骤05

稍后在打开的界面中即可查看到申领的健康码以及健康码的状态。

拓展学习 | 添加家庭健康码

在电子健康二维码下方有一个“家庭健康码”按钮，如果中老年人要带儿孙外出，此时可以通过单击该按钮，进入到向导界面，在实名认证和健康信息填写完成后即可申领儿孙的健康码。

6.6.2 使用离线码中老年人出行更便捷

在使用健康码时，必须联网才能显示健康码的当前状态。对于中老年人来说，为了更加方便地出行，可以下载离线码，将其保存为图片，下次使用时只需要从相册中出示离线码即可（或者直接将其打印出来使用）。这样不仅简便，而且还能节省流量。

需要注意的是，离线码是有时间限制的，一般下载离线码后，其有效期为自生成之日起的7天内有效。下载离线码并将其保存到相册的具体操作如下。

[跟我做] 下载离线码并将其保存到相册

步骤01

在支付宝主界面点击“健康码”按钮直接进入到健康码页面，在个人健康绿码下方点击“下载离线码”按钮。

步骤02

程序自动生成离线码，❶在离线码下方可以查看到有效期，❷点击下方的“保存至相册”按钮。

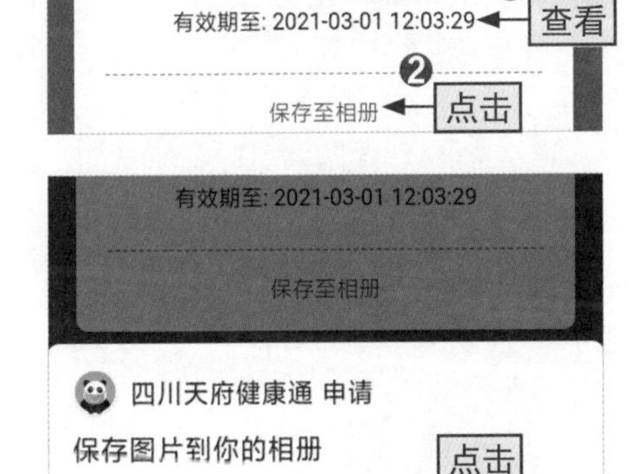

步骤03

在打开的提示界面中点击“允许”按钮允许将离线码保存到手机相册中，完成离线码的下载操作。同时，程序还会打开启动相册，并显示下载的离线码。

6.6.3 健康码过期了怎么办

如果不经常使用健康码，过一段时间再次进入到健康码程序中，此时不会显示健康码，需要重新执行健康打卡操作，才能正常显示个人健康码。其具体操作如下。

[跟我做] 健康打卡重新获取健康码

步骤01

进入到健康码页面，在页面的中间位置点击“健康打卡”按钮。

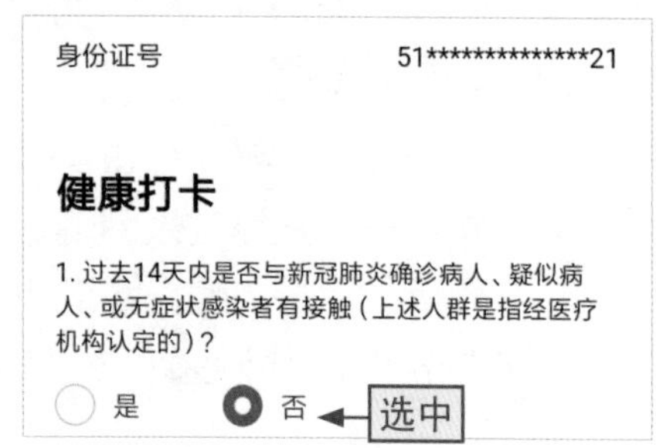

步骤02

在打开的健康打卡页面中如何填写健康信息（该健康打卡页面中的信息也是必须要如实正确填写）。

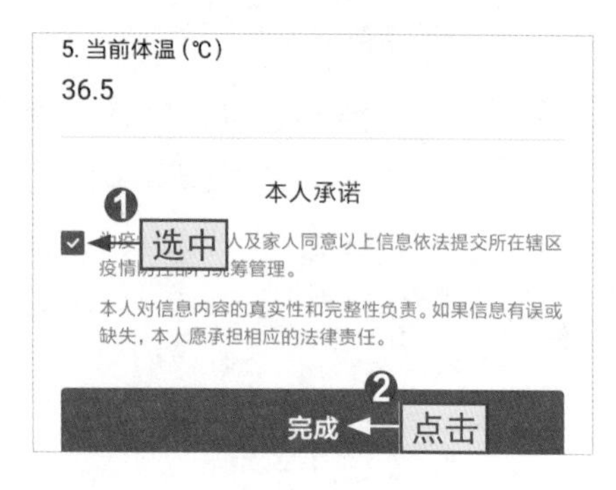

步骤03

❶完成健康打卡信息的填写后后选中下方的本人承诺对应的复选框，❷点击“完成”按钮。

6.6.4 如何快速查询核酸检查结果

核酸检测的目的是为了早发现、早报告、早隔离、早治疗，这对有效防控疫情有着非常重要的作用。中老年人如果做了核酸检测，可以不需要到检测地拿纸质报告，直接通过健康码程序可以快速查询核酸检测结果的电子报告。其具体操作如下。

[跟我做] 在健康通程序中查询核酸检查结果

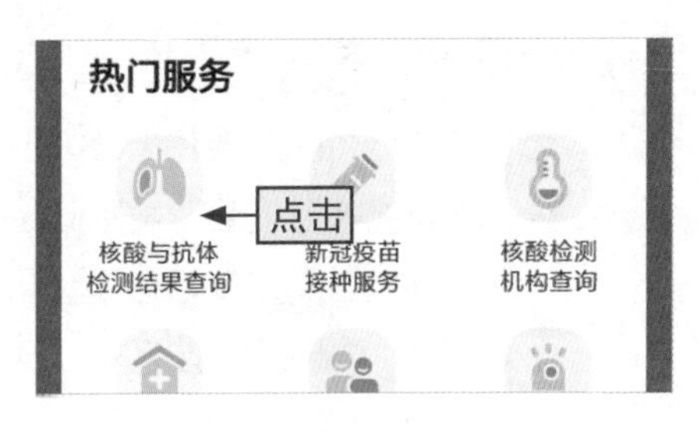

步骤01

进入到健康码页面，在页面的中间的“热门服务”栏中点击“核酸与抗体检测结果查询”按钮。

步骤02

在打开的页面中即可查看到核酸检测结果的相关信息。

6.6.5 便捷的疫苗接种服务

为了有效应对疫情流行，减少疫情传播，维护正常的社会生产生活秩序，我国现在正逐步展开疫苗接种工作。对于符合接种条件的中老年人可以直接通过健康通程序在线预接种疫苗服务。下面以四川天府健康通程序为例，讲解该服务的相关功能。

[跟我做] 在线便捷预约疫苗接种与查询预约记录

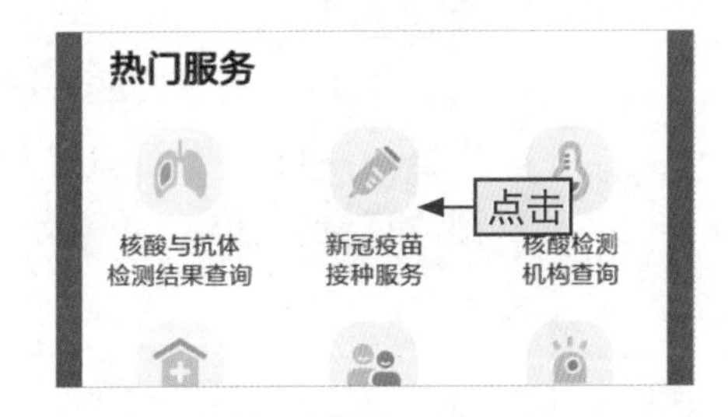

步骤01

进入到健康码页面，在页面的中间的“热门服务”栏中点击“新冠疫苗接种服务”按钮。

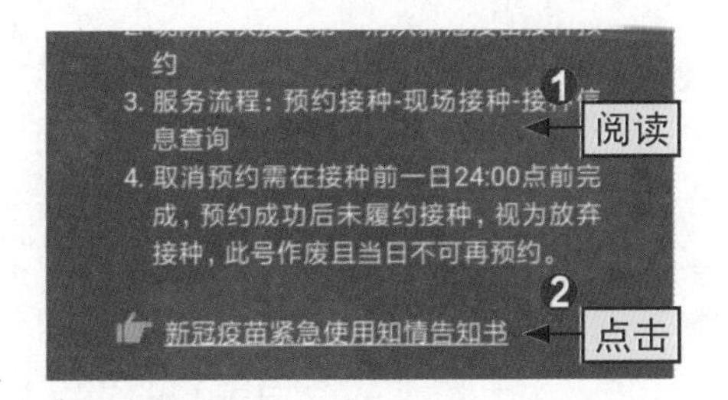

步骤02

❶在打开的接种服务页面中阅读接种须知，❷点击“新冠疫苗紧急使用知情告知书”超链接。

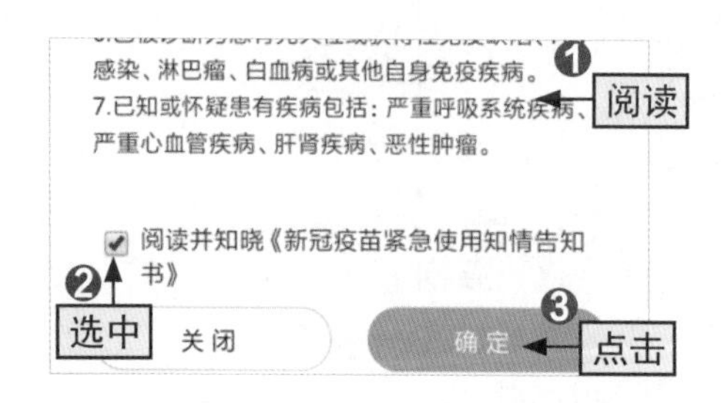

步骤03

❶在打开的页面中认真阅读知情告知书内容，❷阅读完后选中阅读并知晓复选框，❸点击“确定”按钮。

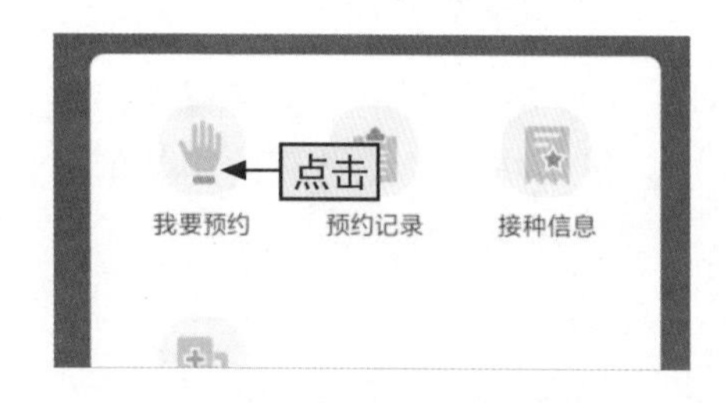

步骤04

在返回的界面中点击“我要预约”按钮。

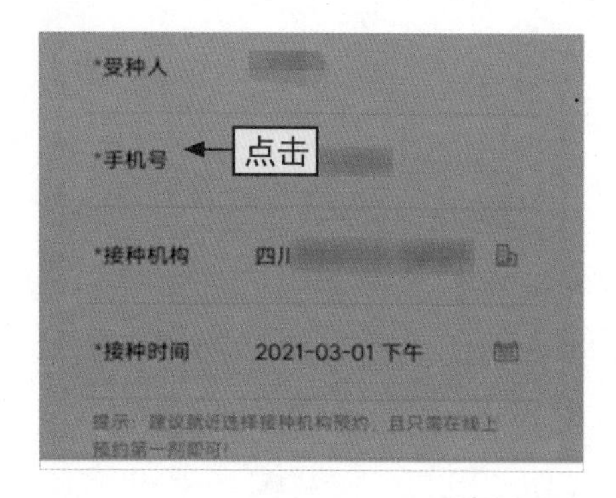

步骤05

在打开的“我要预约”界面中填写受种人的姓名、手机号、选择接种机构和时间，完成后提交预约信息即可。

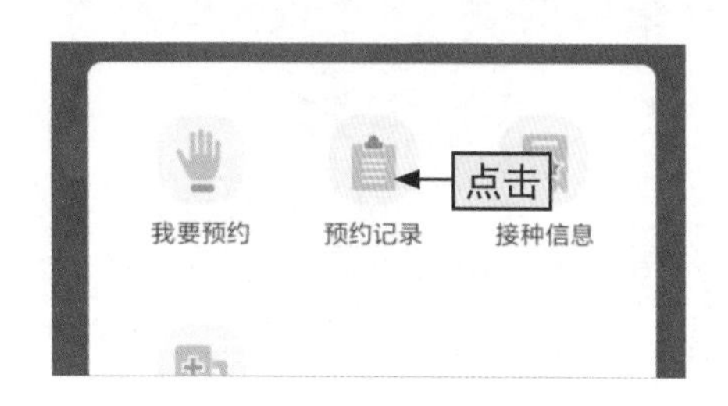

步骤06

如果要查看预约记录，直接在疫苗接种服务界面中点击“预约记录”按钮。

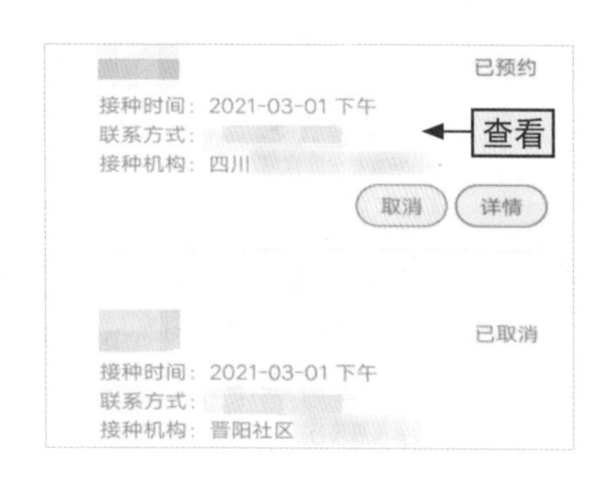

步骤07

在打开的界面中即可查看到预约记录相关信息。（在该界面点击“取消”按钮还可以取消预约，取消预约必须提前一天完成，接种时间当天是不能取消预约的）。

在疫苗接种完成后，❶通过在疫苗接种服务页面中点击“接种信息”按钮，❷在打开的界面中还可以查看到接种疫苗的详细信息，如图6-7所示。

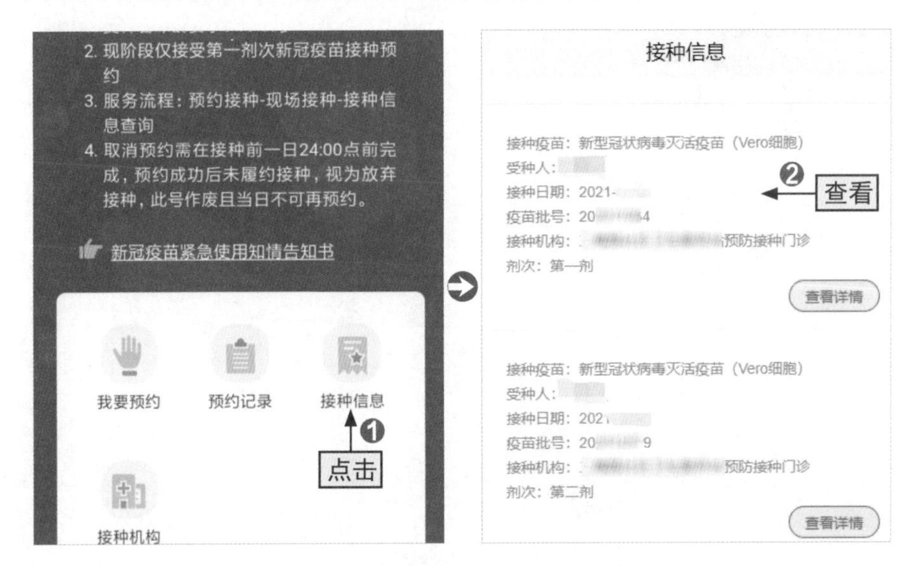

图6-7

6.6.6 其他热门服务了解一下

健康码程序最主要的功能就是生成个人电子凭证健康码以及相关的健康服务预约查询。除此之外，不同地方的健康码程序还会提供与疫情防控相关的其他服务功能。下面来了解一下四川天府健康通程序中还有哪些热门的实用服务（见表6-1）。

[跟我学] 常见热门服务快速了解

表6-1

服务	具体功能
风险区域查询	用于查询当地上报的中高风险地区个数及风险地
密接自查	主要用于查询14天内核确诊或疑似患者同乘火车、飞机前后三排（共七排）及同一客车或客船的相关人员
防疫健康知识读本	从新冠防护、健康饮食、健康生活、健康出行、常见急症、疾病防治、健康心理7个方面普及了对应的防疫健康知识

第7章 除了广场舞，还可选择哪些娱乐活动

学习目标

广场舞在国内几乎已成为一种家喻户晓的娱乐活动。喜欢跳广场舞的大多是中老年人，但每天都跳舞也会烦，中老年人需要找找其他娱乐活动来丰富生活，比如用手机玩麻将、唱K或者一些有趣的短视频拍摄。

要点内容

- 进入音乐软件搜索歌曲并播放
- 找不到没看完的视频？进入“历史记录”继续看
- 外出没有网怎么看视频？提前下载，离线也能看
- 手机麻将为您解闷儿
- 中老年人如何用手机唱歌
- 几步就能拍出快手短视频

……

7.1 中老年人用手机听歌看电视不费劲

小精灵，我在手机中下载安装了腾讯视频的APP，想要直接在手机上联网看电视剧，怎么打开播放呢？

爷爷，这跟启动其他软件一样，进入首页后选择想看的电视剧即可快速进入播放界面，下面我来具体给您讲讲怎么操作。

以前，人们看电视只能在电视上看。现在网络普及，手机联网也能看电视，操作方便又简单，中老年人们也能轻松学会用手机听歌、看电视。

7.1.1 进入音乐软件搜索歌曲并播放

当前网络中的音乐软件有很多，如QQ音乐、酷狗音乐、咪咕音乐和酷我音乐等，所有这些软件的功能都大同小异。下面就以QQ音乐为例，讲解如何搜索歌曲并完成播放。

[跟我做] 进入QQ音乐搜索并播放想听的歌曲

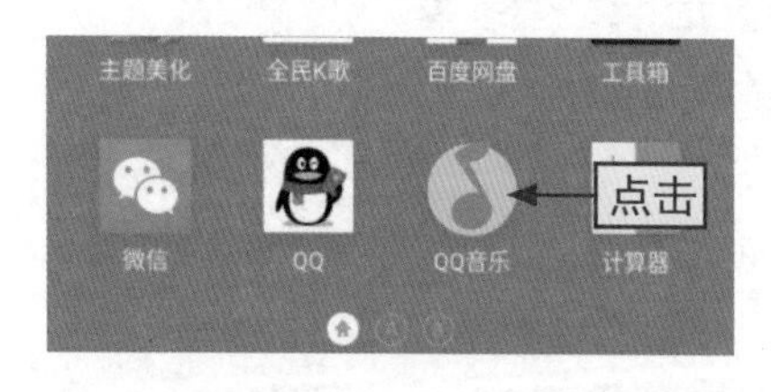

步骤01

下载安装QQ音乐APP，点击手机桌面的“QQ音乐”图标按钮。

步骤02

在打开的QQ音乐主界面（“音乐馆”界面）中，点击“搜索”框，进入文字录入步骤。

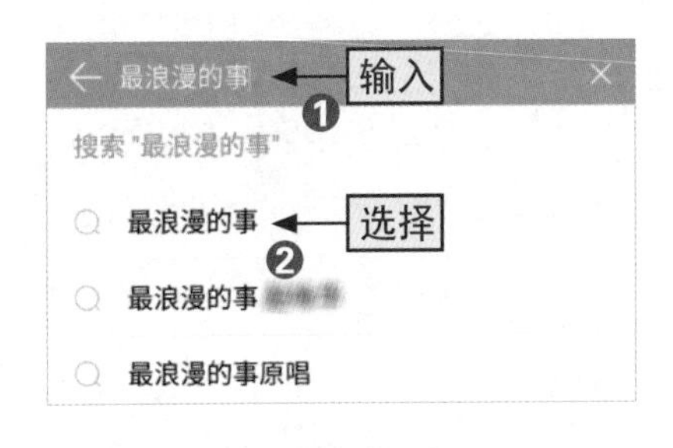

步骤03

❶在搜索框中输入想听的歌曲名字，❷在下方搜索结果列表中选择合适的选项。

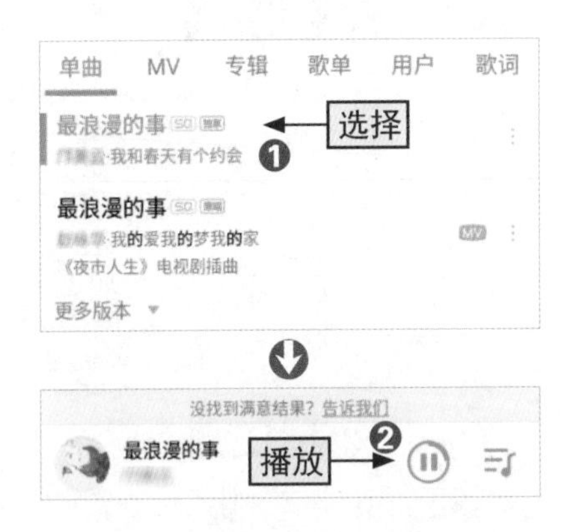

步骤04

❶在搜索结果中选择相应选项，❷在界面下方的播放栏中会立即播放选中的歌曲（网络信号不好的状态下播放歌曲会花一些时间）。

7.1.2 想学跳广场舞？看歌曲MV

中老年人如果想自己学跳广场舞，无须再请教别人，自己在音乐软件中跟着视频学就可以了。下面以在QQ音乐软件中观看广场舞视频为例，讲解具体的操作步骤。

[跟我做] 在QQ音乐软件中观看广场舞视频

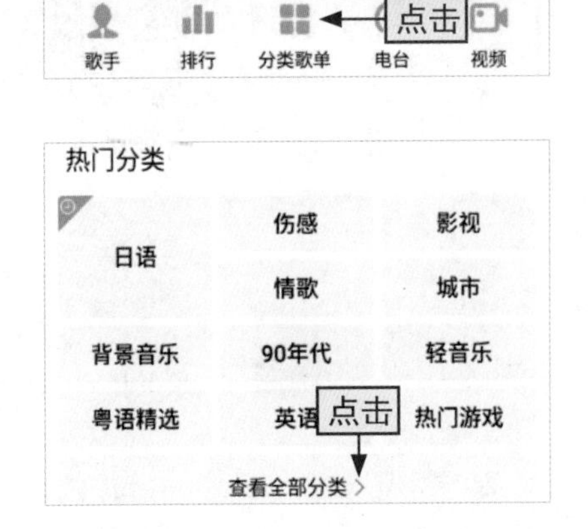

步骤01

进入QQ音乐主界面，点击“分类歌单”按钮。

步骤02

在“分类歌单”界面中点击“查看全部分类”按钮。

全部分类
睡前 夜店 学习
校园 在路上 咖啡馆
场景 约会 婚礼 旅行
工作 跳舞 选择

步骤03

打开“全部分类”界面，选择“场景”栏中的“跳舞”选项。

步骤04

在新界面中点击“广场舞”选项卡。

步骤05

在下方的搜索结果中选择合适的视频集合选项。

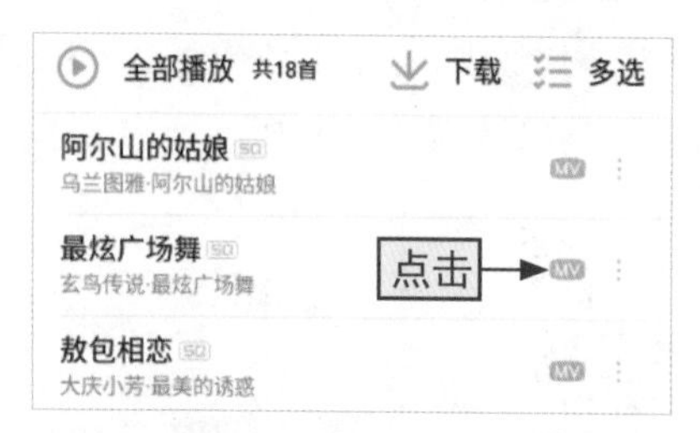

步骤06

在打开的“歌单”界面中浏览歌曲名称，在感兴趣的歌曲名称右侧点击MV按钮。

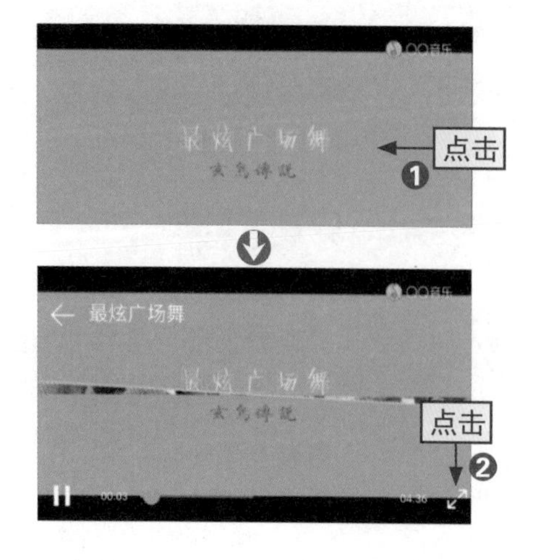

步骤07

❶在打开的视频播放界面中点击视频的任意位置，❷点击“全屏”按钮。

步骤08

中老年人就可以在全屏状态下观看广场舞视频了。

7.1.3 想看的视频看不了？选择合适的视频软件看视频

中老年人在使用视频软件观看电视剧或电影时，可能会遇到跳转页面的情况，这就说明视频的播放源不是当前视频软件。此时可以下载安装相应的视频软件，观看更流畅。下面来看看遇到具体情况时的处理步骤。

[跟我做] 安装合适的视频软件观看视频更流畅

步骤01

下载并安装腾讯视频APP，点击手机桌面上的“腾讯视频”图标按钮。

步骤02

❶在打开的腾讯视频首页搜索框中输入要观看的电视剧、电影或综艺节目的名称，❷在显示的搜索结果中点击视频的超链接。

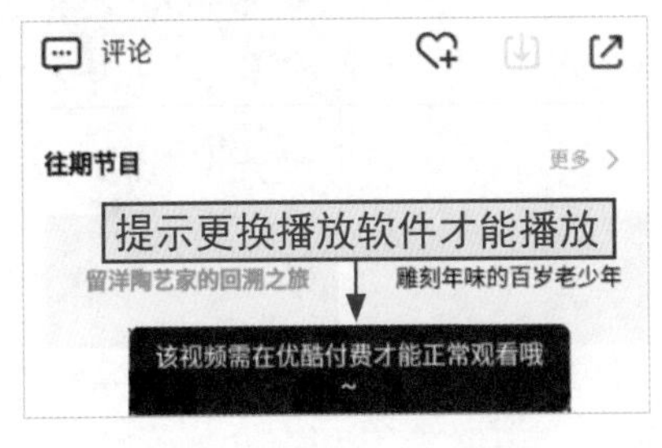

步骤03

在打开的播放界面中，程序提示“该视频需在优酷付费才能正常观看哦~”，中老年人需要准备下载并安装优酷视频软件。

步骤04

下载安装优酷视频，点击手机桌面的“优酷”图标按钮。

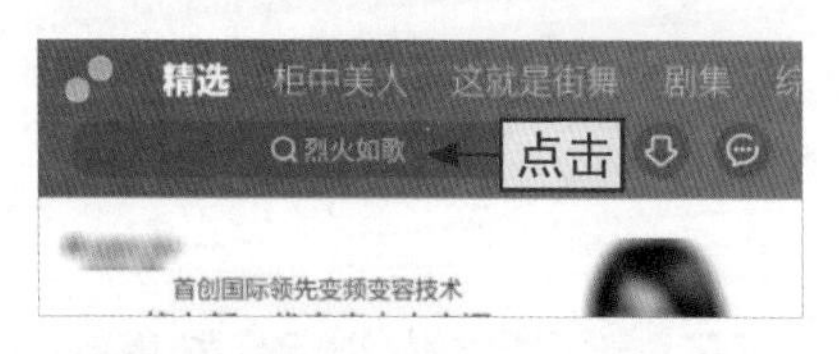

步骤05

进入优酷首页，点击上方的搜索框。

步骤06

❶在搜索框中输入节目名称，如“了不起的匠人”，❷点击“搜索”按钮。

步骤07

在搜索结果页面中点击“播放”按钮。

步骤08

在打开的界面中即可开始观看视频，在“选集”栏中可及时切换选集，只需点击其他视频超链接即可。注意，没有购买视频软件VIP的用户，在观看视频之前必须经过一段广告，广告之后才会开始播放正片。

7.1.4 找不到没看完的视频？进入“历史记录”继续看

中老年人使用视频APP观看某部电视剧但没有看完，想要快速地接着上次看到的位置观看时，可以通过“历史记录”功能达到目的。下面就来看看进入历史记录接着看剧的操作步骤。

[跟我做] 查看“历史记录”接着看剧

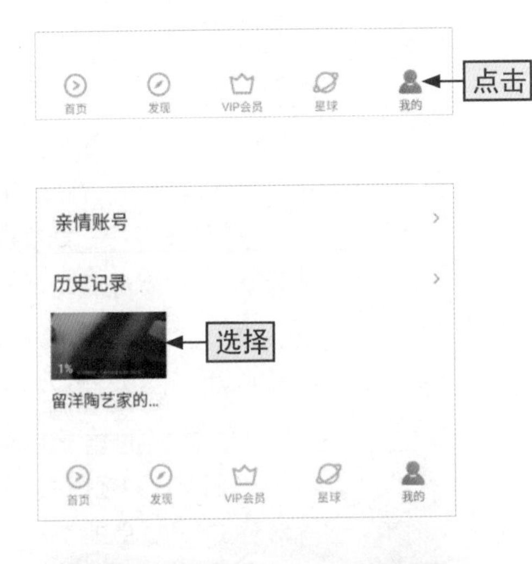

步骤01

进入优酷，点击界面右下角的“我的”按钮。

步骤02

在“我的”界面中的“历史记录”栏内选择想要继续观看的剧集选项。

步骤03

在打开的界面中，等待广告结束就可以接着上次观看到的地方继续观看视频。

7.1.5 外出没有网怎么看视频？提前下载，离线也能看

如果中老年人外出时在车上待的时间比较长，为了防止无聊，可以在家把想要观看的视频提前下载下来，这样在不联网的状态下也能看剧。怎么下载视频呢？来看看具体的操作吧。

[跟我做] 下载视频，离线也能看剧

步骤01

进入优酷，进入想要下载的视频界面，点击“缓存”按钮。

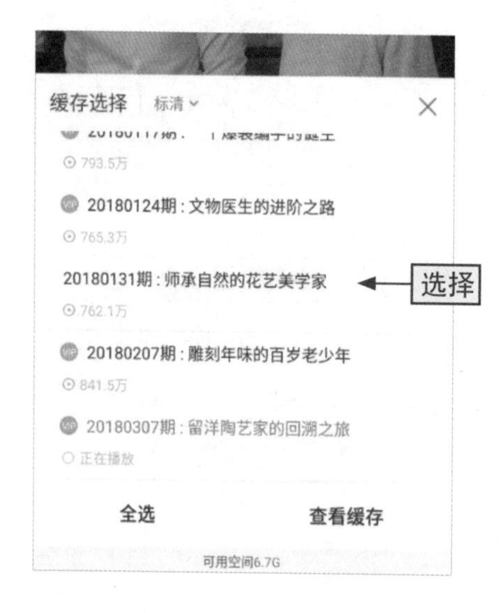

步骤02

在打开的“缓存选择”列表中选择需要缓存的剧集。注意，选项左侧标有“VIP”字样的剧集表示购买了优酷视频VIP的用户才能下载，中老年人如果没有购买，只能选择左侧没有标有“VIP”字样的选项，这里选择“20180131期：师承自然的花艺美学家”选项。

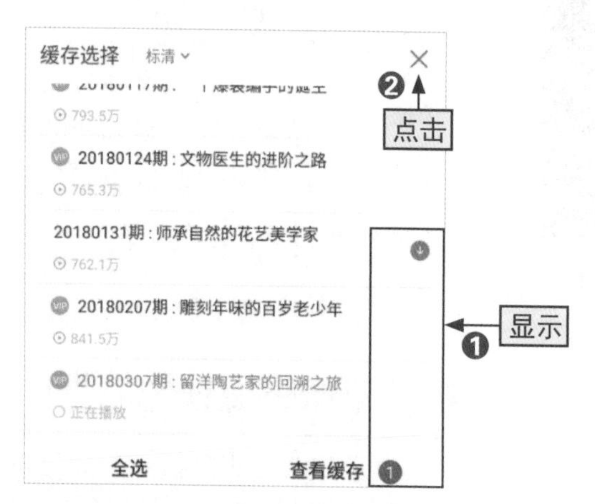

步骤03

❶程序会显示所选剧集正在下载，界面右下角的“查看缓存”按钮处也会显示正在下载的剧集数，❷点击“×”按钮可关闭“缓存选择”列表。

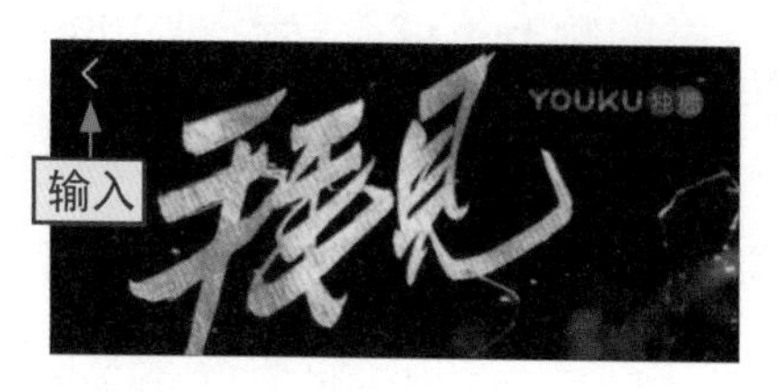

步骤04

点击界面上方的“返回”按钮可退出播放界面。

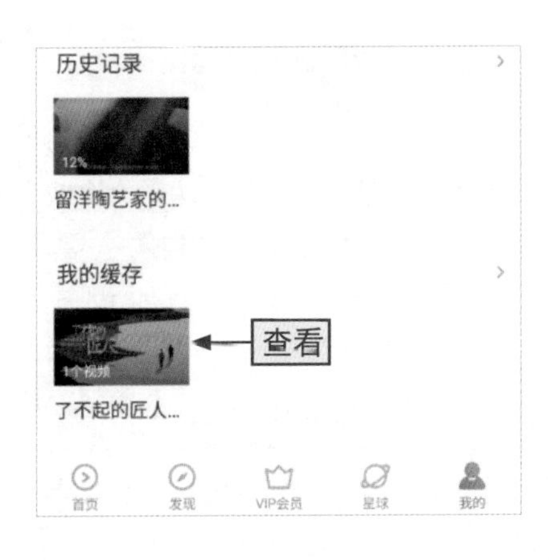

步骤05

返回“我的”界面，在“我的缓存”栏中即可查看到正在缓存或已经缓存成功的视频。在断网状态下，选择“我的缓存”栏中的视频也可观看。

7.1.6 陪孙子/女看电影？在淘票票里订购电影票

中老年人在家帮忙照看孙子/女时，如果孙子/女要求去看电影，但自己不知道如何在网上买票，那就只能去电影院临时购票，这样可能会等很久。所以，中老年人有必要学会网上购买电影票，然后算好时间出门去电影院，这样很方便。下面以在淘票票APP上订购电影票为例，讲解具体操作过程。

[跟我做] 在淘票票APP中购买电影票很划算

步骤01

下载并安装“淘票票”软件，点击手机桌面上的“淘票票”图标按钮。

步骤02

在“开启淘票票”对话框中点击“下一步”按钮。

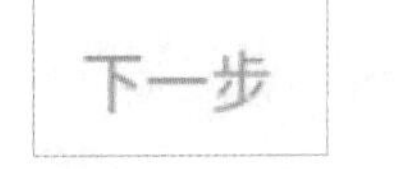

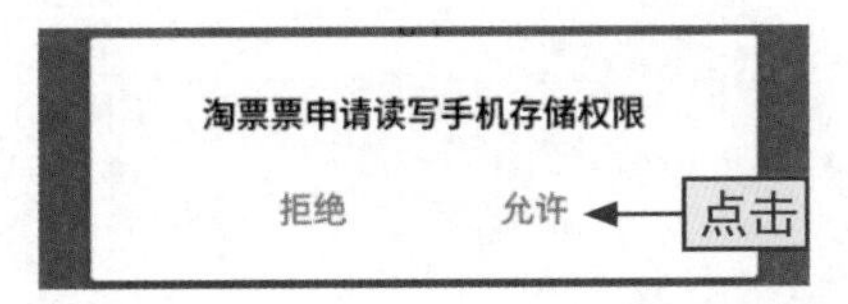

步骤03

在打开的对话框中点击“允许”按钮开启所需权限。

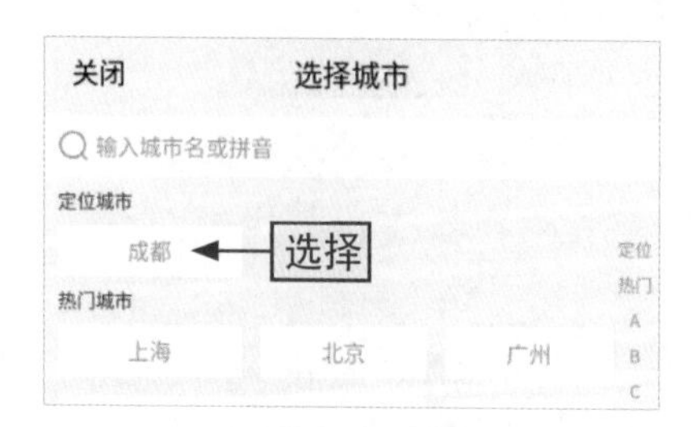

步骤04

在“选择城市”界面中选择自己所在的城市选项，如这里选择“成都”，程序自动进入淘票票APP首页。

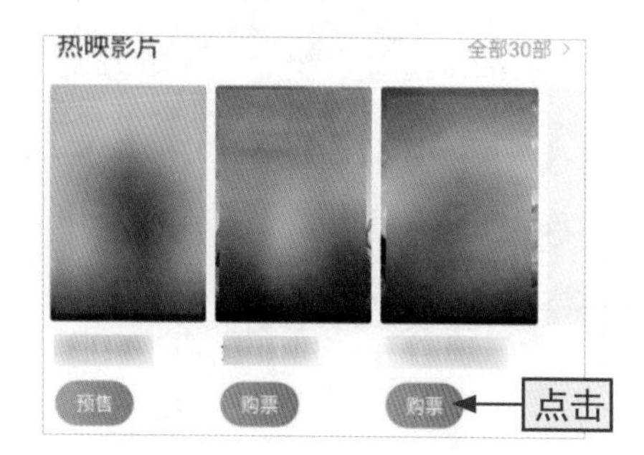

步骤05

在“热映影片”栏中找到想要观看的电影，点击下方的“购票”按钮或“预售”按钮。

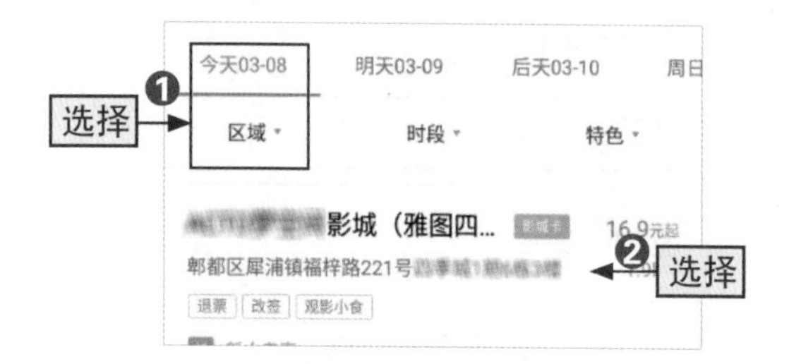

步骤06

❶在新界面中选择观看影片的日期和电影院的区域，❷选择离家最近的电影院。

步骤07

在打开的界面中可查看所选日期该电影院关于该影片的所有场次，在合适的时间场次右侧点击“购票”按钮。

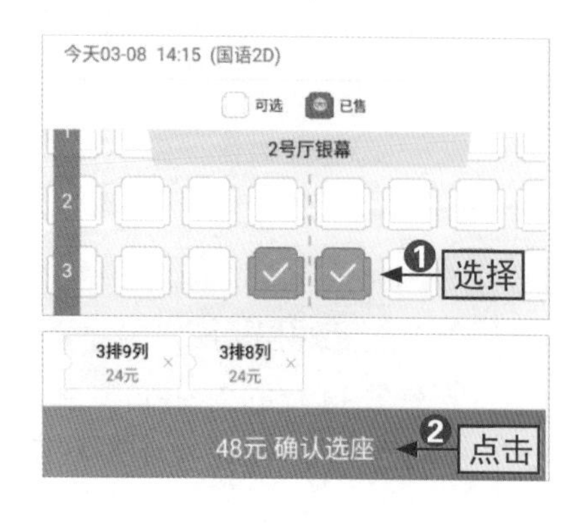

步骤08

❶在新界面中选择和孙子/女观看电影的座位，❷选好后点击“确认选座”按钮。

48元 确认选座

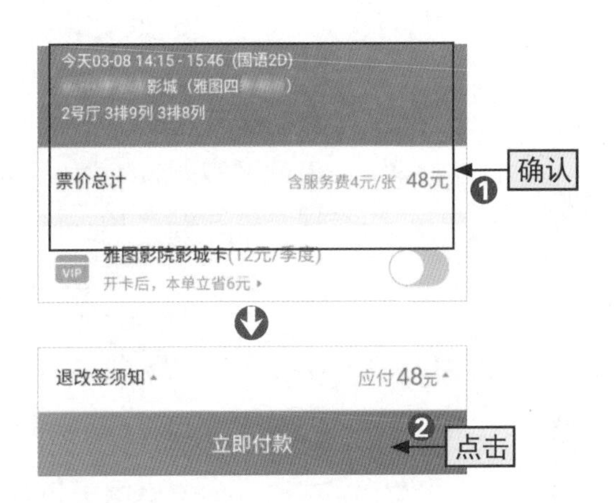

步骤09

❶在打开的界面中确认购票信息，❷确认无误后点击“立即付款”按钮，付款成功即购票成功。注意，在该界面中还可提前选购看电影时吃的零食，在点击“立即付款”时同时付钱购买。

7.2 随手玩游戏，中老年人打发空闲时间

爷爷，您平时没事儿的时候是不是只有看电视、和好友下棋或者外出散步？其实您还可以在手机上玩游戏，比如打麻将、斗地主等。

真的吗？我以为打麻将和下棋这些娱乐活动只能出门和好友一起玩，原来在手机上就可以啊，那你快教教我啊！

现在市场中的智能手机功能强大又多样，不仅能打电话、发短信，还能上网看电视，甚至约好友一起玩牌、打游戏，中老年人学会玩智能手机，也能有效地打发空闲时间。

7.2.1 玩个游戏不想花钱？选单机游戏

市场中，很多游戏开发商都开发了单机游戏，但存取游戏或使用主要功能时必须连上游戏服务器，如开心消消乐、QQ飞车和地铁跑酷等。中老年人选择这些游戏，可以在不花费流量的情况下玩游戏。下面以开心消消乐为例，讲解其主要的操作方法。

[跟我做] 断网状态下也能玩的“开心消消乐”

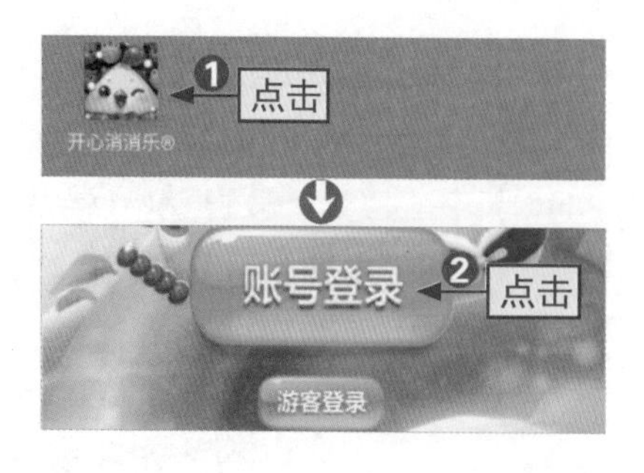

步骤01

❶在联网状态下点击手机桌面的“开心消消乐”图标按钮，❷点击“账号登录”按钮。若点击“游客登录”按钮，程序将自动生成一个账户。

步骤02

在打开的界面中选择登录方式，这里点击“QQ登录”按钮。如果中老年人是第一次利用QQ号在手机上玩该游戏，则此处不会显示“××关”字样。

步骤03

程序会自动开始登录并识别手机当前登录的QQ账号，在“QQ登录”界面中确认账号无误后，点击“登录”按钮。

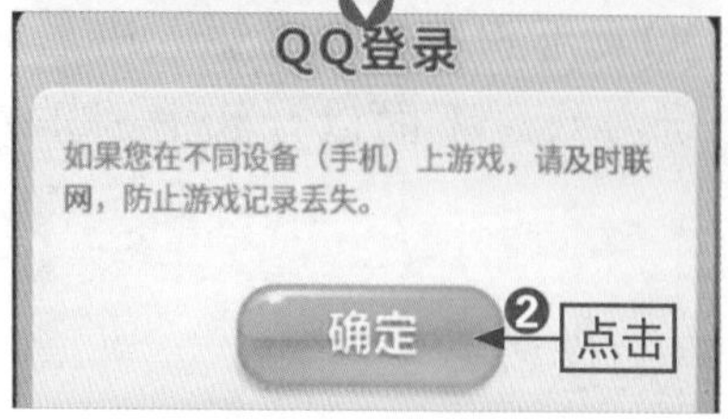

步骤04

在新的界面中点击任意位置进入下一步操作。注意，每次卸载后重装该游戏软件并登录时，都会打开该界面。之后，程序会打开很多对话框，点击“确定”或“收下礼物”等按钮，关闭对话框后即可进入游戏主页。

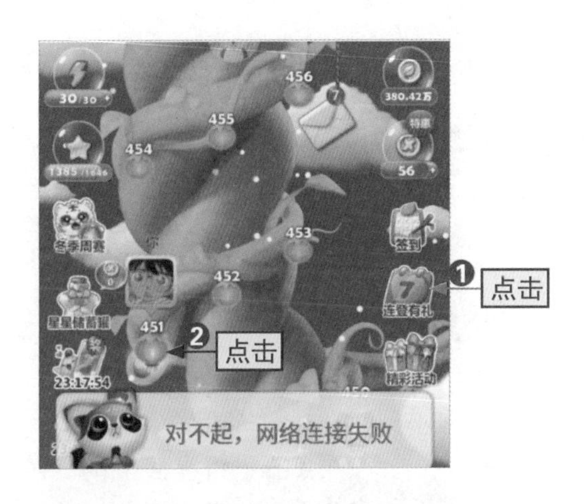

步骤05

❶进入游戏主页后，断开网络，点击“连登有礼”和其他主要功能图标，程序会显示“对不起，网络连接失败”或“该功能需要联网”等字样。❷点击关卡图标，仍然可以进行游戏，如这里点击“451”关卡图标。

步骤06

在打开的界面中点击“开始-5”按钮，即可进入游戏界面。

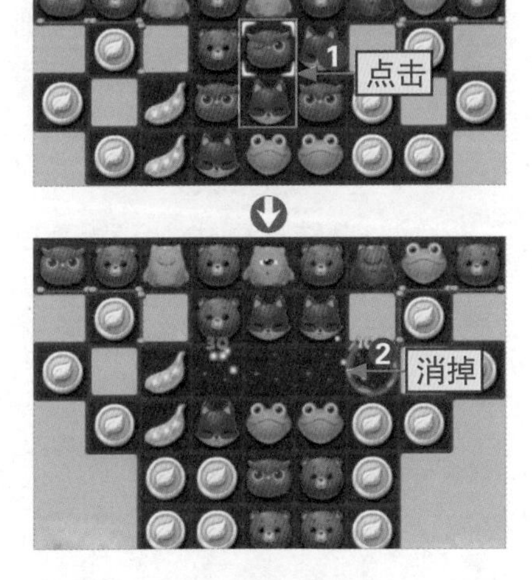

步骤07

❶在游戏界面中，拖动某个图标，❷使得有3个或3个以上相同图标在一行或一列的连续位置，消掉连续的几个相同图标。由于该关卡需要获得足够数量的金豆荚，所以必须除去金豆荚下方的银币，使其下落到游戏界面的最下方。

步骤08

一次机会用完而游戏没有通关时，点击“再试一次”按钮继续当前关卡，或点击“跳过此关”按钮，去往下一关卡。

7.2.2 单机斗地主还能赢现金

斗地主是一种在国内比较流行的扑克牌游戏，最少由3名玩家进行，一副54张牌，其中一方为地主，其余两家为另一方，双方对战，先出完牌的一方获胜。下面以欢乐斗地主为例，讲解手机上玩该游戏的简单操作。

[跟我做] 联网状态下玩斗地主，赢卡兑现金

步骤01

点击手机桌面上的“欢乐斗地主”图标按钮。

步骤02

进入游戏主页，点击“快速开始”按钮，系统默认选择“欢乐斗地主”模式。如果要玩“癞子斗地主”或“不洗牌 欢乐”模式，则点击相应的图标按钮即可。

步骤03

系统自动进入“新手房”，同时速配牌桌。如果中老年人要玩“欢乐斗地主”模式，且不想进入“新手房”玩，则需要在步骤02中点击“欢乐斗地主”图标。

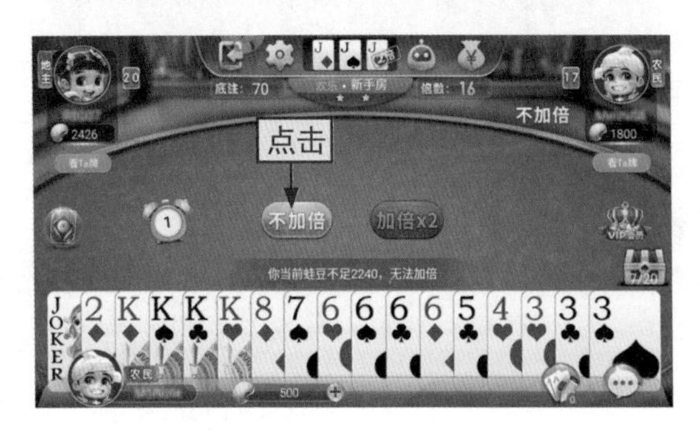

步骤04

当决定好地主和农民的角色以后，系统会提示是否加倍，即赢了加倍赢，输了也加倍输，这里点击“不加倍”按钮。

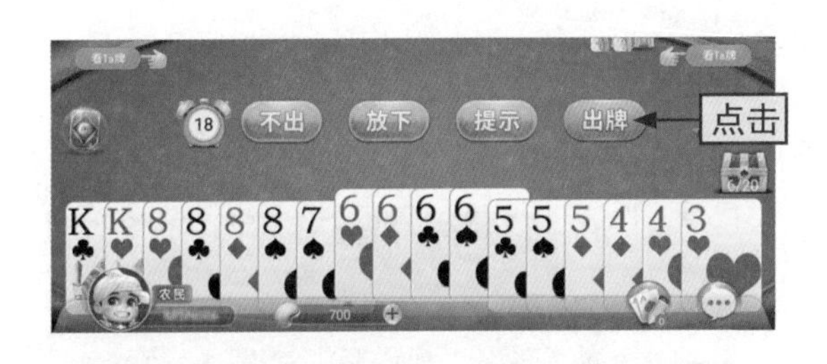

步骤05

❶出牌时，选择要出的牌，被选中的牌自动突出显示，❷把要出的牌全部选择完毕后，点击“出牌”按钮。

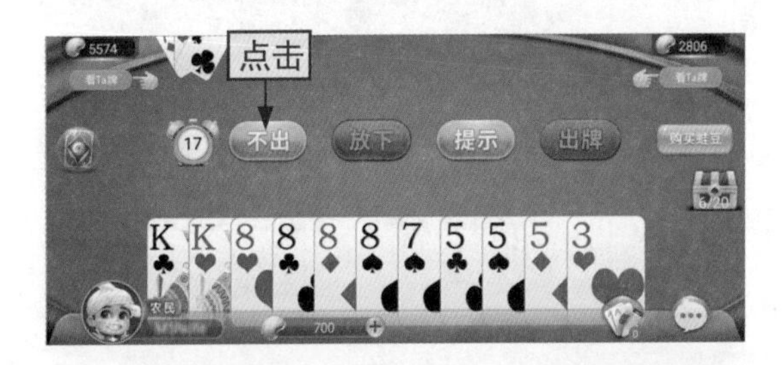

步骤06

当自己要与同伴打配合，或者自己的牌没有上家大时，需要点击“不出”按钮，让自己的下家出牌。

步骤07

一桌牌局结束后，可点击“续局”按钮，和同一桌牌友继续打牌，也可点击“换桌”按钮，更换新的牌友开始打牌，如果不再继续游戏，则点击“返回”按钮。

步骤08

当在“新手房”赢得相应的牌局后，系统会提示获得×张富卡，这里的富卡可用来兑换现金。

如果中老年人在规定的出牌时间内没有出牌，且没有点击“不出”按钮，则系统会自动帮中老年人代打，即“托管”。

拓展学习丨关于谁当“地主”

在步骤04和步骤05之间，如果系统识别自己是第一位决定“叫”与“不叫”的人，则需要做出决定，点击“不叫”按钮，自己将成为农民，等待其他两位牌友决定出谁“叫”（成为地主）和谁“不叫”（成为农民），如图7-1所示。如果不点击“不叫”按钮，则自己成为地主，其他两位牌友自动成为农民，游戏马上开始。另外，如果系统识别自己是第三位决定“叫”与“不叫”的人，如果其他两位牌友都点击“不叫”按钮，自己也会自动成为地主。

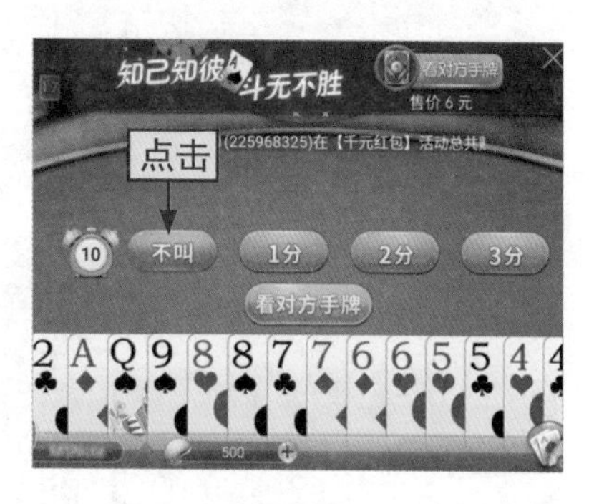

图7-1

7.2.3 手机麻将为您解闷儿

当下，打麻将已成为国内非常受欢迎的娱乐活动，尤其是在四川省。所以，许多游戏开发商陆陆续续将麻将设计为网络游戏，使得包括中老年人在内的很多麻将玩家都可以直接用手机打麻将。下面以“欢乐真人麻将”为例，讲解在手机上打麻将的简单操作。

[跟我做] 欢乐真人麻将对战

步骤01

下载并安装“欢乐真人麻将”软件，点击手机桌面上的“欢乐真人麻将”图标按钮。

步骤02

在新的界面中选择登录方式，这里点击“游客登录”按钮。

步骤03

进入游戏主界面后，选择游戏模式，这里点击“血战到底”按钮。

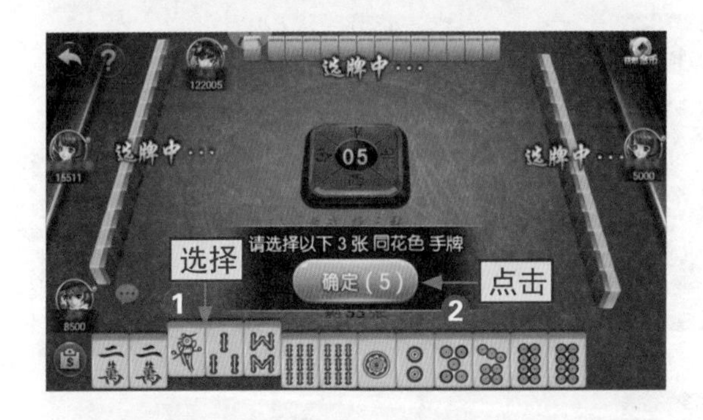

步骤04

❶在“血战到底”界面中根据现有账户中的金币数量选择合适的场次，如这里只能选择“初级场”模式，❷点击“快速开始”按钮。

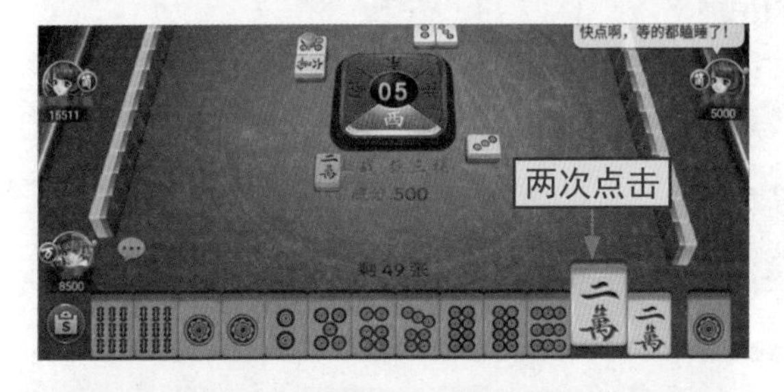

步骤05

系统自动为中老年人找到同桌牌友，点击选择3张同花色的手牌，点击“确定”按钮，与牌友之间换牌。

步骤06

点击要打出的手牌，如这里点击“二萬”，当手牌突出显示后，再次点击该手牌，即可完成出牌操作。

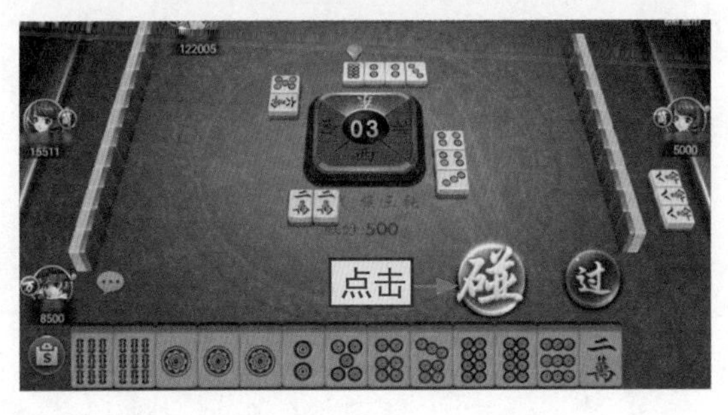

步骤07

其他各方打出了手牌后，若自己的手牌可以“碰”，则系统会提示，此时只需点击“碰”按钮即可。若“不碰”，可点击“过”按钮。

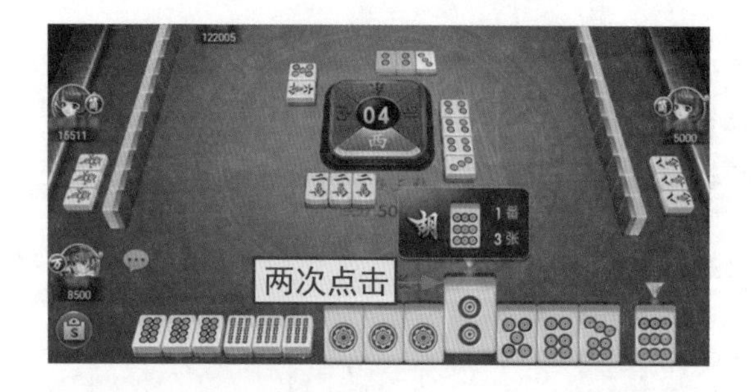

步骤08

重复出牌操作，当自己的手牌快要“胡”的时候，系统会提示打出某张牌，此时两次点击系统提示的那张牌即可胡牌。

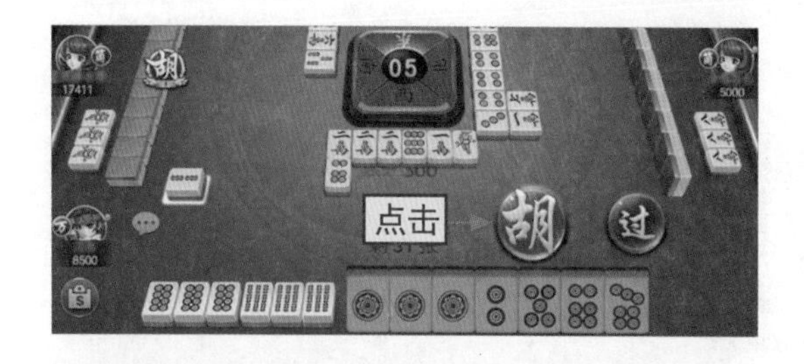

步骤09

在别人打出自己可以胡的牌后，系统会提示胡牌，点击“胡”按钮即可成功胡牌。

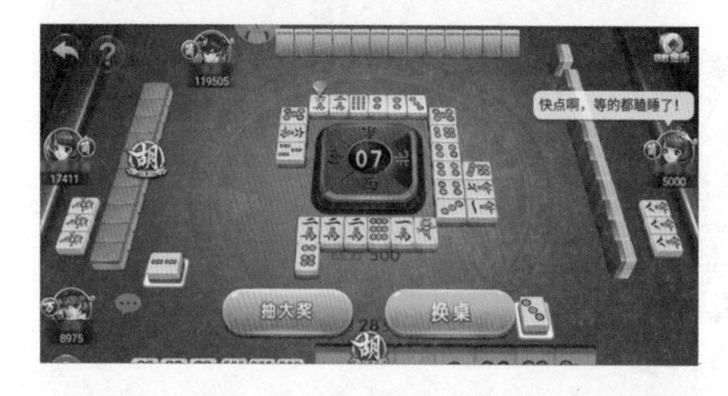

步骤10

此时可点击“换桌”按钮，但如果还有牌友没有打完，则可能损失掉胡牌所赢得的金币。所以，可以等待此局结束。

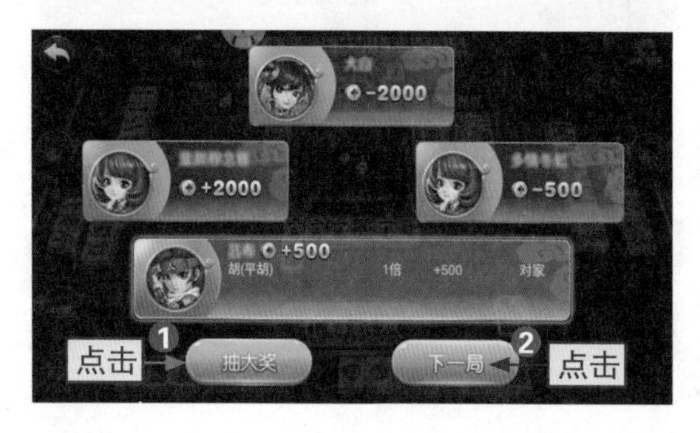

步骤11

❶牌局结束后，在打开的对话框汇总点击“抽大奖”按钮即可获得胡牌应得的金币。❷点击“下一局”按钮可与同一桌牌友继续打牌。

拓展学习 | 看牌友刚打出的手牌

在麻将游戏进行过程中，界面中会显示一个图标，标记牌友刚打出的手牌是什么，如图7-2所示。

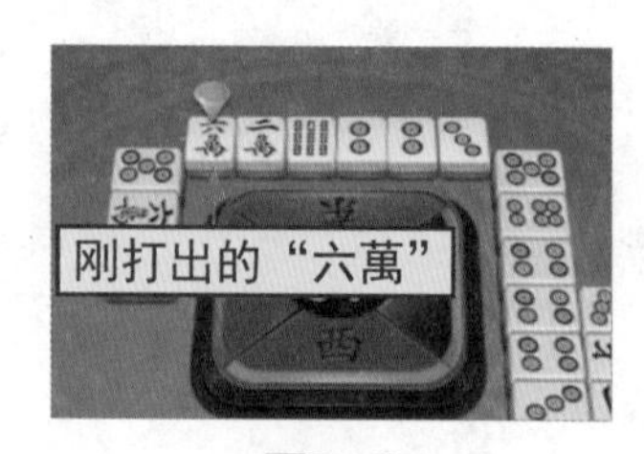

图7-2

7.3 玩快手短视频，与儿孙更有话说

过年回家，我孙子帮我在手机里安装了一个叫“快手”的软件，据说很好玩，还让我没事儿的时候拍拍视频上传到网上，不过我到现在还没学会。

爷爷，我教您吧。我最近也在玩这个软件，真的挺好玩的。您平时在家无聊的时候，可以看看别人拍摄的短视频，解解闷儿，还能跟孙子有共同话题。

目前，像“快手”这样的短视频软件很流行，很多人会把自己生活中的趣事录制成十几秒的短视频供人观看，共享娱乐，还能吸引粉丝。中老年人学会使用这样的软件，可以很好地拉近与孙子/女之间的距离。

7.3.1 常见短视频APP介绍

近年来，随着短视频的风靡，引发了一大波潮流。做到了人人都能拍短视频，随时随地做视频。于是，许多短视频APP也深受广大用户的喜爱。正因为如此，市面上出现了大量的短视频APP。

此外，不同视频APP的功能和特点也都存在一定的差异，下面具体介绍目前较常使用的一些视频APP。

[跟我学] 常见的视频APP介绍

● 抖音短视频 抖音短视频，是一款音乐创意短视频社交软件，由今日头条孵化，该软件于2016年9月上线，是一个专注年轻人音乐短视频社区平台。用户可以通过这款软件选择歌曲，拍摄音乐短视频，制作自己的作品，软件会根据用户的爱好，来更新推荐用户喜爱的视频。

● 快手 快手是北京快手科技有限公司旗下的产品。快手的前身，叫“GIF快手”，最初是一款用来制作、分享GIF图片的手机应用。2012年，快手从纯粹的工具应用转型为短视频社区，成为用户记录和分享生产、生活的平台。后来随着智能手机的普及和移动流量成本的下降，快手越来越受欢迎。

● 微视 微视，腾讯旗下短视频创作平台与分享社区，用户不仅可以在微视上浏览各种短视频，同时还可以通过创作短视频来分享自己的所见所闻。此外，微视还结合了微信和QQ等社交平台，用户可以将微视上的视频分享给好友和社交平台。

● 秒拍 秒拍由炫一下（北京）科技有限公司推出，众多明星、美女都在玩的最新潮短视频分享应用，全新的炫酷MV主题、清新文艺范的滤镜，外加个性化水印和独创的智能变声功能，让你视频一键变大片！支持视频同步分享到微博、微信朋友圈、QQ空间，和更多好友分享你的视频。

本节主要以快手为例，介绍短视频软件的使用方法。

7.3.2 观看他人拍摄的短视频

有些中老年人可能会觉得看一集电视剧，或看一部电影太费时间，而且没有耐心看完，但又想玩一点有趣的事情，该怎么办呢？此时短视频是一个不错的选择，下面具体讲解观看他人拍摄的短视频的操作。

[跟我做] 进入“快手”即可观看短视频

步骤01

下载并安装“快手”软件，点击手机桌面上的“快手”图标按钮。

步骤02

在打开的界面中点击感兴趣的视频即可进行查看。

步骤03

观看完当前短视频后，在视频界面向右滑动，即可返回到主界面。

拓展学习 | 点赞、评论和转发

当中老年人在观看他人拍摄的短视频时，如果觉得很有趣，可以给视频点赞，只需点击“红心”按钮即可，如图7-3所示。同理，如果要对观看的短视频进行评论，❶点击文本输入框，❷即可开始输入，如图7-4所示。如果想要把观看的视频分享给其他好友观看，或者分享到QQ空间、朋友圈或微博等，❶点击“分享”按钮，❷在打开的对话框中选择合适的分享渠道，如图7-5所示。

图7-3

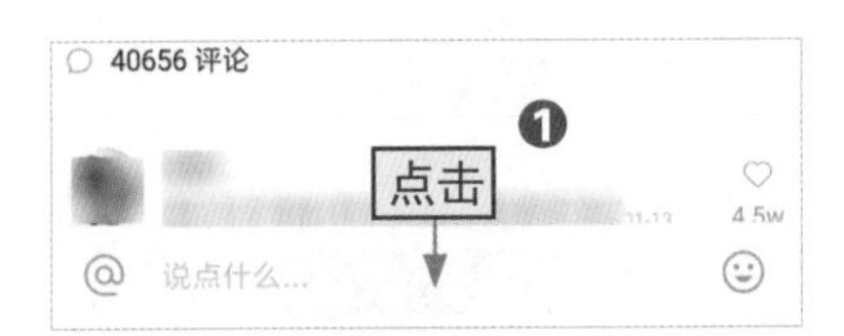

图7-4

图7-5

7.3.3 一键关注自己喜欢的账户

在“快手”这样的短视频APP上，中老年人会遇到很多有才、有趣的人，如果想要及时观看他们拍摄的视频，可以关注他们。这样当他们发布了新的视频时，系统会及时提示观看。下面就来看看在“快手”里面关注自己喜欢的账户的操作步骤。

[跟我做] 关注自己喜欢的账户

步骤01

进入“快手”的首页，点击感兴趣的视频。

步骤02

❶在打开的界面右上角点击“+关注”按钮即可关注该用户，❷向左滑动屏幕。

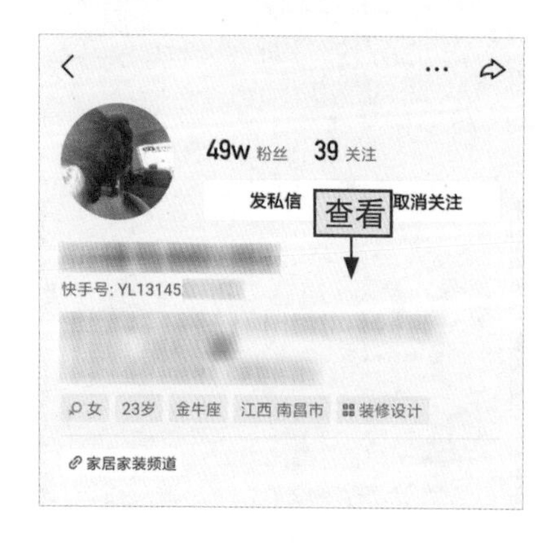

步骤03

在打开的界面中即可查看到该用户的详细信息和以往发布信息。

7.3.4 几步就能拍出快手短视频

中老年人如果有自己的生活小妙招，或者值得纪念的生活细节，都可以用快手APP将其拍摄为视频，并分享出来供大家观看，还可能因此收获粉丝。下面介绍具体的拍摄操作。

[跟我做] 拍摄并发布生活中的小妙招

步骤01

进入“快手”的主界面，点击界面右上方的视频拍摄按钮，开始拍摄。

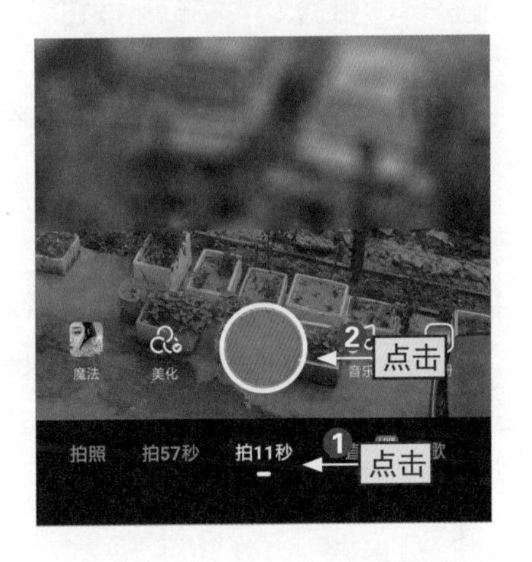

步骤02

❶进入“视频拍摄”界面，在下方选择拍摄视频的长度，❷点击上方的“拍摄”按钮。

步骤03

❶松开手指即可开始拍摄，❷拍摄完成后点击界面右上角的“下一步”按钮。

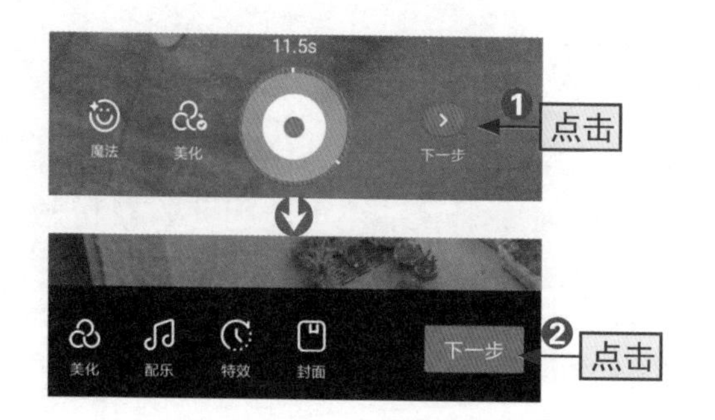

步骤04

❶在新的界面右下角点击“下一步”按钮，❷在打开的界面中点击“下一步”按钮。

步骤05

❶打开“发布”界面，输入文字描述，可以是心情，也可以是其他的文字内容，❷点击“发布”按钮。

步骤06

等待系统上传拍摄的视频，完成后返回到首页即可查看到上传的视频。

第8章 玩转手机理财，实现养老金稳增

学习目标

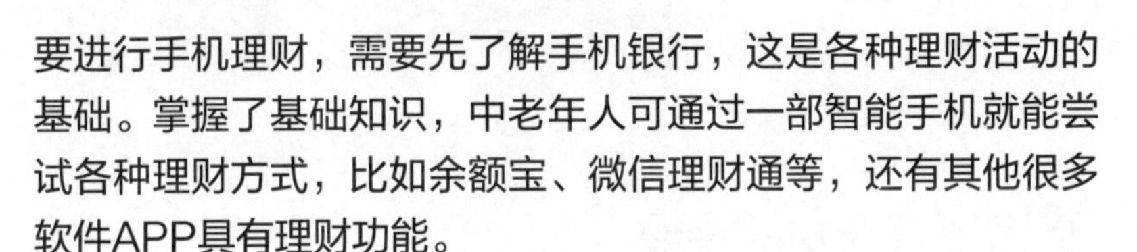

要进行手机理财，需要先了解手机银行，这是各种理财活动的基础。掌握了基础知识，中老年人可通过一部智能手机就能尝试各种理财方式，比如余额宝、微信理财通等，还有其他很多软件APP具有理财功能。

要点内容

- 查询银行卡中的余额
- 把钱存到余额宝中生利息
- 手机里的钱不够？用“花呗”先消费后支付
- 怕余额宝里的钱不安全？给支付宝上“锁”
- 担心本金损失？购买基金理财产品
- 想博取大收益？进入基金专区选购基金
- 可怜天下父母心——快速为儿女信用卡还款
- ……

8.1 学会使用手机银行是理财的基础

小精灵，我没有开通短信提醒功能，如果卡里的钱有变动我都不知道。有没有办法让我随时随地都能查看银行卡中的余额呢？

当然有办法呀，爷爷您可以下载安装相关银行的手机银行APP，登录账号后即可快速查询银行卡中的余额情况。

相信很多人都知道，办理银行卡时如果开通“短信提醒”服务，每月需支付一定的通知费。大部分人都觉得不划算，但又担心卡里的钱会无声无息地就没了。这时，手机银行就可以发挥它的作用了，不仅可以快速查看银行卡中的剩余金额，还能购买银行理财产品。

8.1.1 查询银行卡中的余额

手机银行其实就是手机上的网上银行，只不过手机银行是银行自身推出的便于用户查询信息、购买服务的APP软件。下面以工商银行的手机银行为例，讲解查询银行卡余额的具体操作。

[跟我做] 设置登录密码，查询“我的资产”

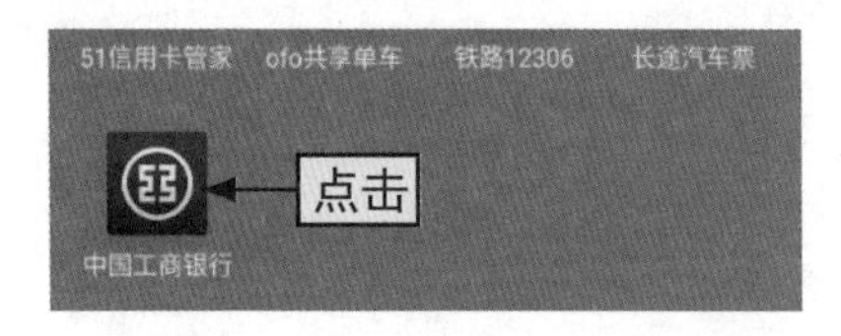

步骤01

点击手机桌面上的“中国工商银行”图标。

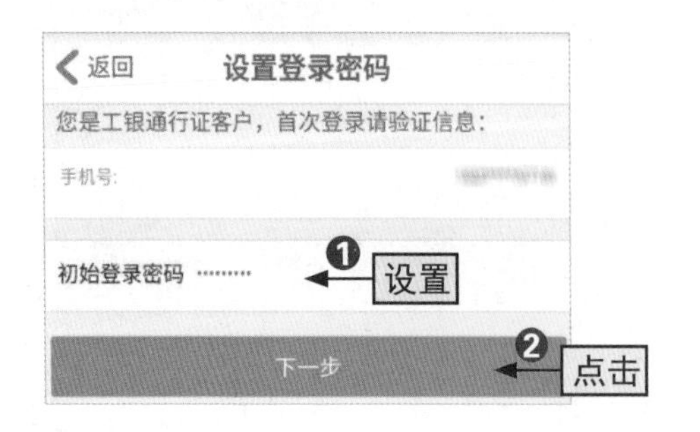

步骤02

首次以手机号码登录时，需要验证，然后才会打开“设置登录密码”界面，❶设置初始登录密码，❷点击“下一步”按钮。

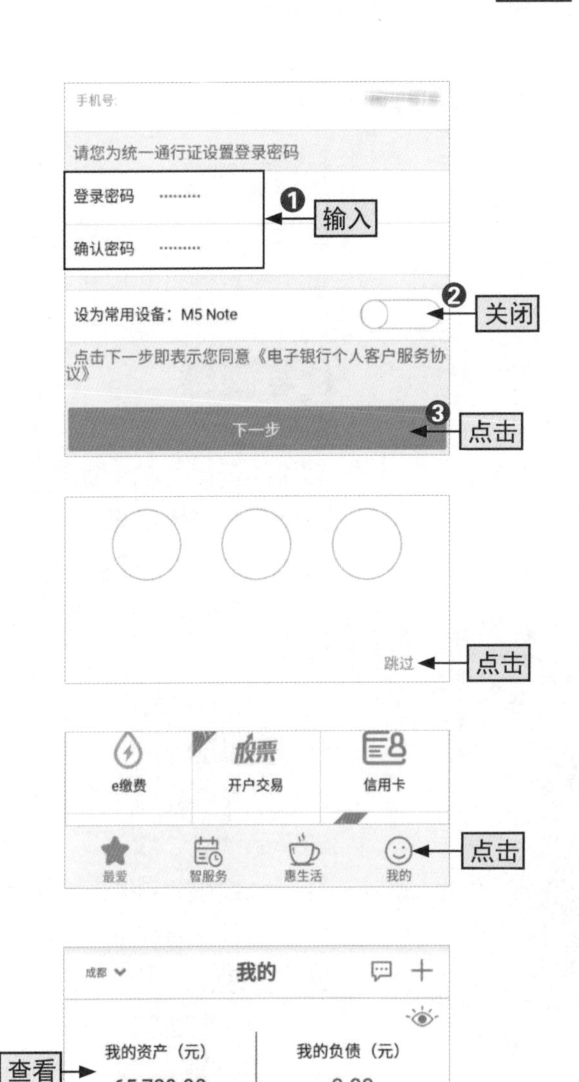

步骤03

❶输入登录密码和确认密码，两者必须一致，❷点击“设为常用设备：××”按钮，关闭该功能（程序默认情况下是开启该功能），❸点击“下一步”按钮。

步骤04

在设置手势密码界面可绘制手势密码，这里点击“跳过”按钮。

步骤05

进入手机银行首页，点击界面下方的“我的”按钮。

步骤06

进入“我的”界面，在上方“我的资产”栏中可查看到个人账户中的所有资金。注意，这里的“我的资产”栏包括了中老年人在该银行中的所有定期和活期存款。

8.1.2 在手机银行中快速购买理财产品

中老年人的理财观念比较保守，为防止上当受骗，中老年人可通过手机银行购买银行理财产品。下面以购买工商银行的理财产品为例，讲解具体操作步骤。

[跟我做] 进入“投资理财”购买理财产品

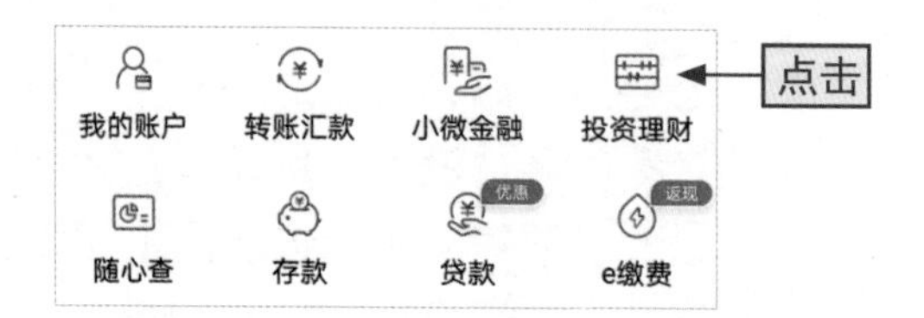

步骤01

登录工商银行手机银行，点击“投资理财”按钮。

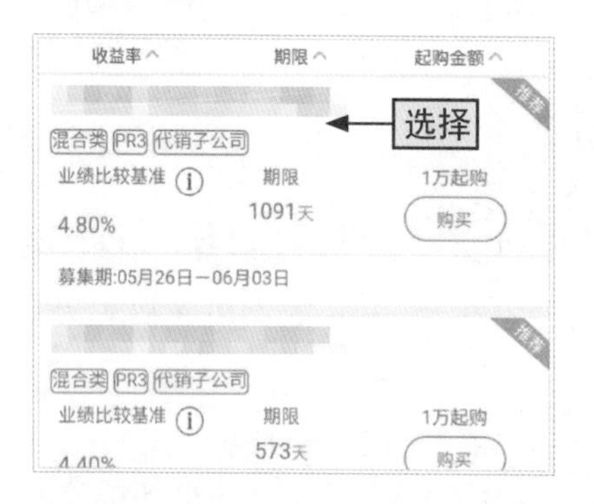

步骤02

在打开的界面中选择一款感兴趣的理财产品。如果对当前产品已经很了解，可直接点击“购买”按钮。

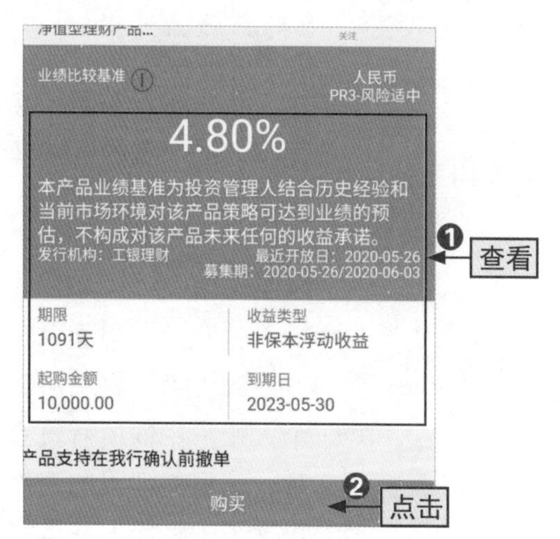

步骤03

❶在打开的界面中可查看所选产品的具体收益率、风险等级、期限、起购金额和到期日等信息，满足自己实际需求，确认无疑问后，❷点击“购买”按钮。

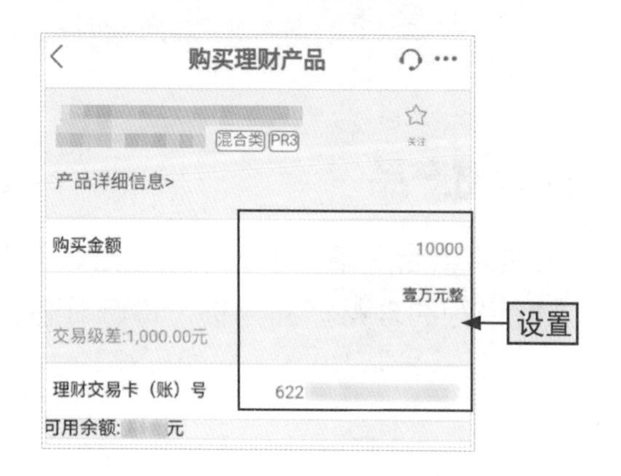

步骤04

在打开的界面中设置购买金额和交易卡号，进行支付即可。

8.2 支付宝让中老年人理财更简单

前段时间听我孙子说，把钱存到“余额宝”里，利息会比银行高，让我把一部分积蓄从银行账户里取出来存入“余额宝”，这靠谱吗？

靠谱的，余额宝相当于支付宝中的一只货币基金，将钱存入余额宝就相当于购买了这只基金，不仅利息比银行活期存款高，而且也可以随时支取。

如今越来越多的人习惯于使用手机支付各类款项，其中，阿里巴巴集团在推出手机支付的同时，还为广大消费者提供了存钱的好办法，那就是余额宝。本节主要介绍余额宝理财的相关操作。

8.2.1 从支付宝APP进入余额宝

中老年人先要明确的是，没有专门的余额宝APP，而是直接从支付宝的余额宝端口进入，然后往里存钱。下面来看看进入余额宝的具体操作。

[跟我做] 几步操作就能进入余额宝

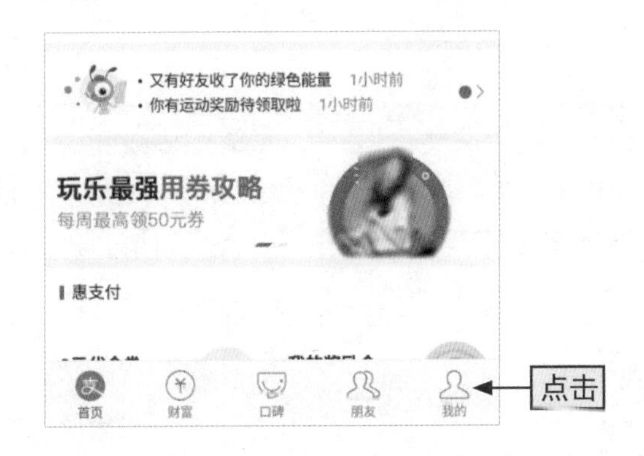

步骤01

点击手机桌面上的“支付宝”图标，进入支付宝首页，点击界面右下角的“我的”按钮。

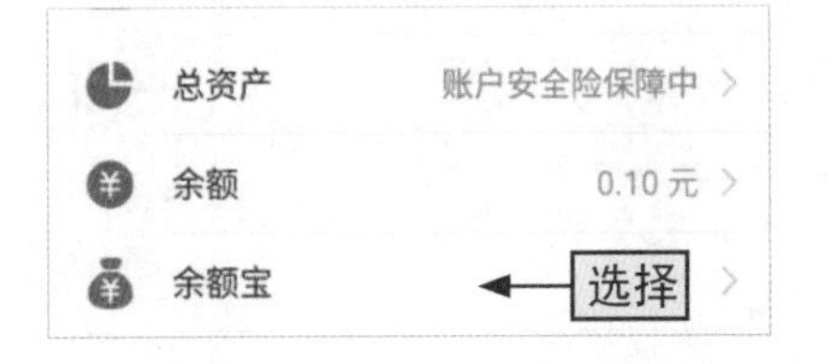

步骤02

进入“我的”界面，选择“余额宝”选项。

步骤03

进入“余额宝”主页，在该界面中可直观地查看昨天的收益金额、累计收益金额、万份收益和七日年化收益等信息。

拓展学习 | 隐藏账户数据

当中老年人进入余额宝主页时，难免会遇到身旁有人的情况，此时如果不想让旁人看见自己的余额宝总金额和日收益数据，可以点击总金额右侧的按钮，使其变成形状，即可隐藏，如图8-1所示。

图8-1

8.2.2 一键查看收益情况

中老年人有时想要查看余额宝最近一周或一个月的具体收益情况，此时只需要一个步骤就能搞定，具体操作如下。

[跟我学] 查看累计收益的历史记录

在余额宝的主页面中，点击“昨日收益”的金额图标，在打开的“累计收益”界面中即可查看最近3个月余额宝每日的收益金额，如图8-2所示。另外，中老年人也可直接点击“累计收益”按钮进入“累计收益”界面。

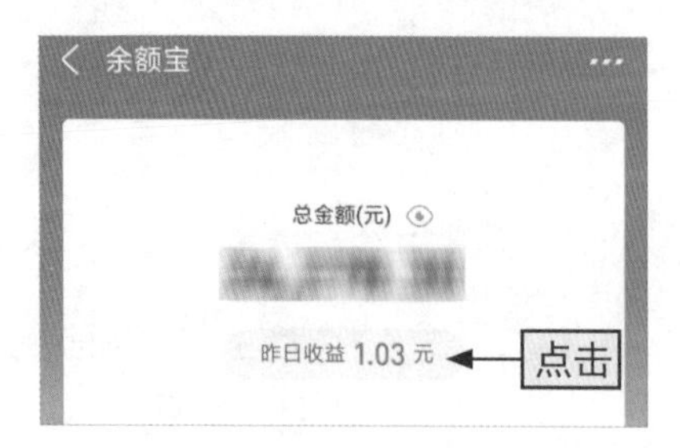

图8-2

8.2.3 把钱存到余额宝中生利息

知道了余额宝的主页后，如果中老年人决定要将资金存入余额宝，则可根据如下所示的操作步骤开始执行。

[跟我做] 将资金转入余额宝，存取生息更灵活

步骤01

进入余额宝主页面，点击界面右下方的“转入”按钮。

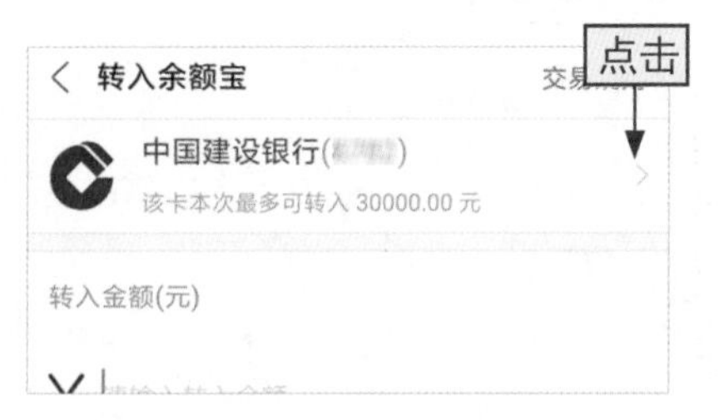

步骤02

打开“转入余额宝”界面，点击银行卡或账户余额右侧的展开按钮。

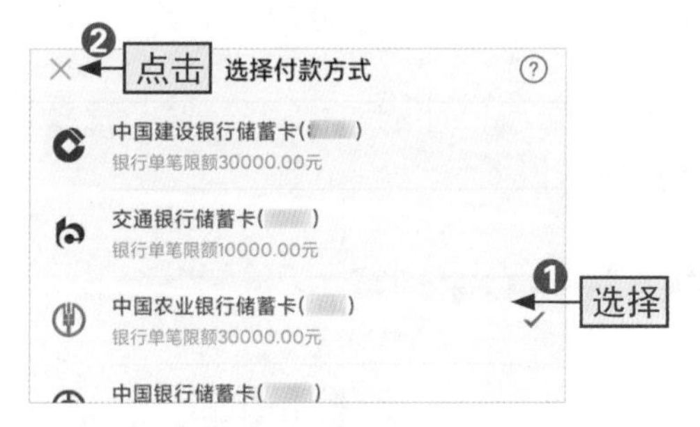

步骤03

❶在打开的“选择付款方式”对话框中选择转入余额宝的钱的来源位置，❷点击“×”按钮关闭对话框。

步骤04

在“转入金额”数值框中输入要转入余额宝的金额，如这里输入“500”，点击手机软键盘上的“确定”按钮关闭软键盘。

步骤05

关闭软键盘后，点击“确认转入”按钮。

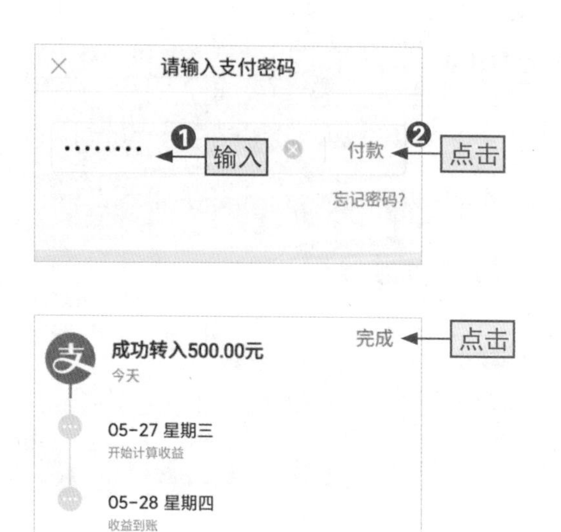

步骤06

❶在打开的“请输入支付密码”对话框中输入支付密码，❷点击“付款”按钮。

步骤07

系统提示成功转入500元，点击“完成”按钮结束整个存钱操作。

8.2.4 将钱从余额宝中取出来做他用

日常生活中，中老年人可能会有需要现金的时候，此时可以从余额宝中转出一部分资金到银行卡中，再取出使用。需要注意的是，将资金从余额宝中转入银行卡时，不能立即到账，一般需要等待几分钟的时间。下面来看看将余额宝中的钱转出到银行卡中的具体操作。

[跟我做] 将余额宝中的钱转出到银行卡用于提现

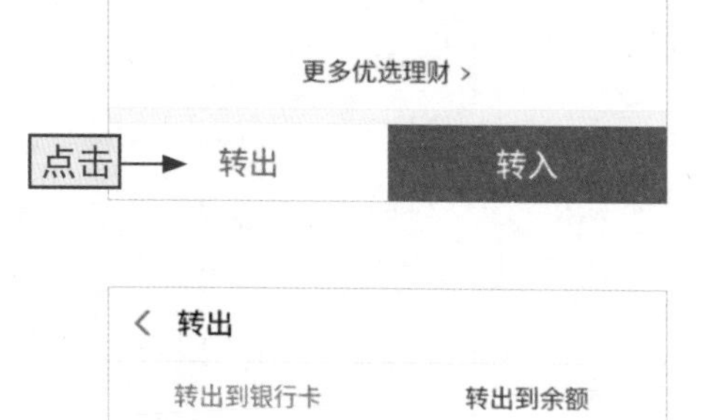

步骤01

进入余额宝主页面，点击界面左下方的“转出”按钮。

步骤02

❶进入“转出”界面，选择具体的银行卡，❷输入需要转出的金额，点击手机软键盘上的“确定”按钮关闭软键盘。

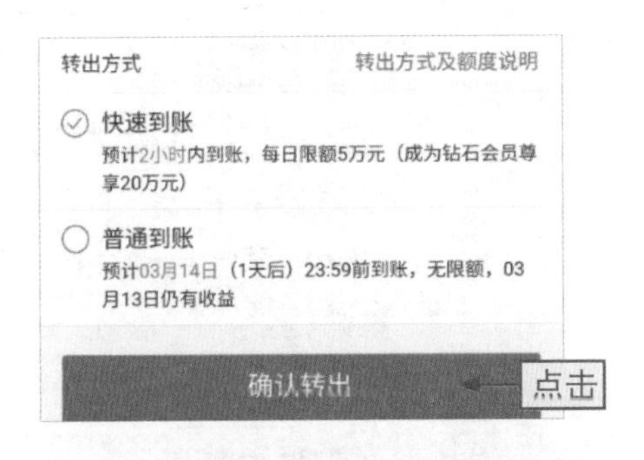

步骤03

在“转出”界面的下方点击“确认转出”按钮。注意，这里有两种转出方式，快速到账每日有限额，而普通到账无限额。

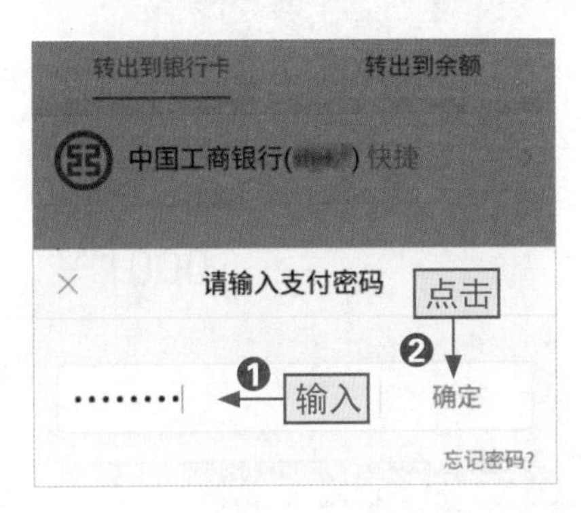

步骤04

❶在打开的“请输入支付密码”对话框中输入支付密码，❷点击“确定”按钮，程序会提示转出成功，中老年人只需等待资金进入银行卡中即可取钱。

8.2.5 手机里多种支付方式——“花呗”

虽然中老年人可能不喜欢提前消费，但有时急需买一些家用电器，恰好钱大多都存起来了，手里只留了生活费没有留太多钱在家里，此时可以使用支付宝中的“花呗”付款。它相当于信用卡，中老年人可以先消费，下月再还款。下面来看看具体操作步骤。

[跟我做] 买东西用“花呗”

步骤01

选购需要的商品并提交订单后，在“确认付款”界面中点击“付款方式”右侧的展开按钮。

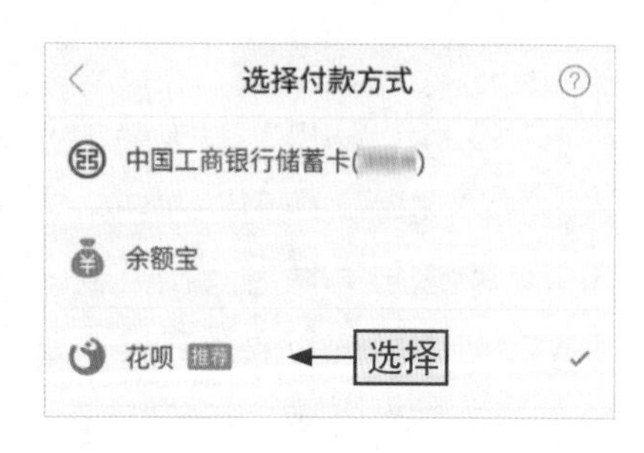

步骤02

在打开的“选择付款方式”对话框中选择“花呗”选项，程序会自动关闭当前的对话框。

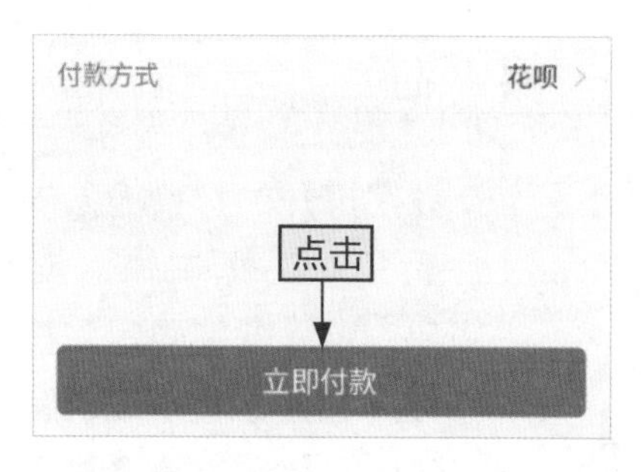

步骤03

返回“确认付款”界面后点击“立即付款”按钮，最后输入支付密码即可。

8.2.6 怕余额宝里的钱不安全？给支付宝上“锁”

如果中老年人担心有人随意翻看自己的手机，甚至不经过允许就动用自己余额宝或支付宝账户余额里的钱，则可对支付宝“上锁”。具体操作如下。

[跟我做] 进入安全中心给支付宝设置手势解锁

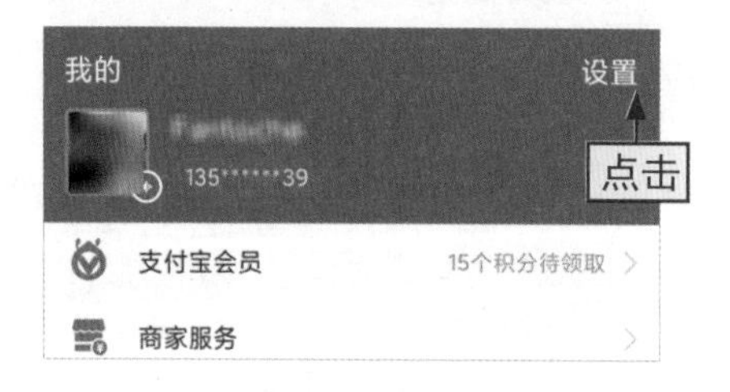

步骤01

进入支付宝的“我的”界面，点击右上角的“设置”按钮。

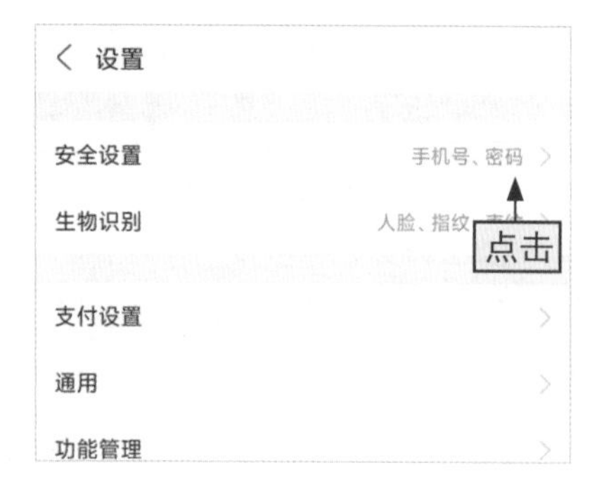

步骤02

打开“设置”界面，点击“安全设置”选项右侧的展开按钮。

步骤03

在“安全设置”界面中点击“解锁设置”选项右侧的展开按钮。

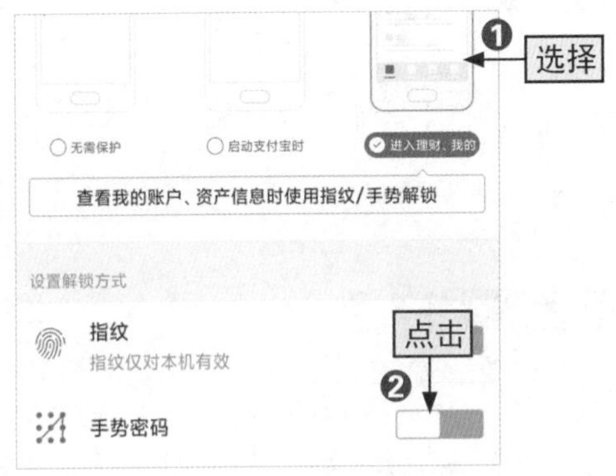

步骤04

❶在“设置手势密码”界面中选择需要解锁的页面，这里选择“进入理财、我的”选项，❷点击下方的“手势密码”按钮。

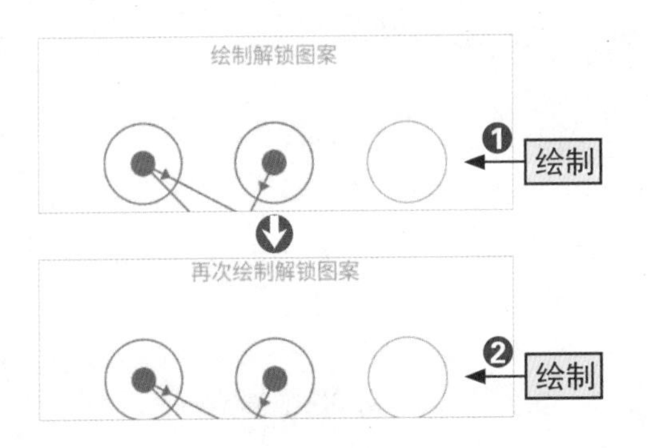

步骤05

❶在“绘制解锁图案”界面中绘制解锁图案，❷在“再次绘制解锁图案”界面绘制相同的图案。

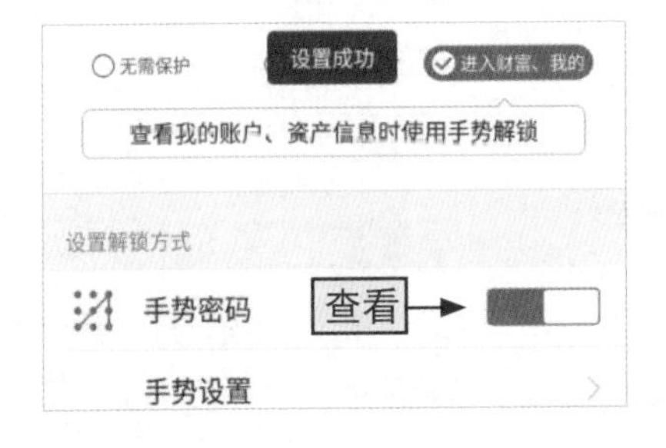

步骤06

程序自动返回“设置手势密码”界面，并提示“设置成功”，此时可查看到“手势密码”功能处于开启状态。以后要查看账户、资金信息时就要绘制此处设置手势密码解锁才行。

8.3 中老年人微信理财

爷爷，除了余额宝这一类似货币基金的存钱手段外，如果您想做一些其他小投资，可以去微信里面看看。

哦？是吗？我都不知道微信竟然还有理财投资功能，那你可以给我具体讲讲怎么用吗？也许以后我会有理财方面的想法。

微信不仅有社交功能和支付功能，还有理财功能。中老年人可以学习微信理财，拓展理财方面的认知，增长见识。

8.3.1 担心本金损失？购买基金理财产品

中老年人如果觉得银行储蓄的利息太低，可以试着购买一些收益率较高的理财产品。下面以微信理财通为例，讲解购买基金理财产品的操作方法。

[跟我做] 购买基金理财产品，理财新方法

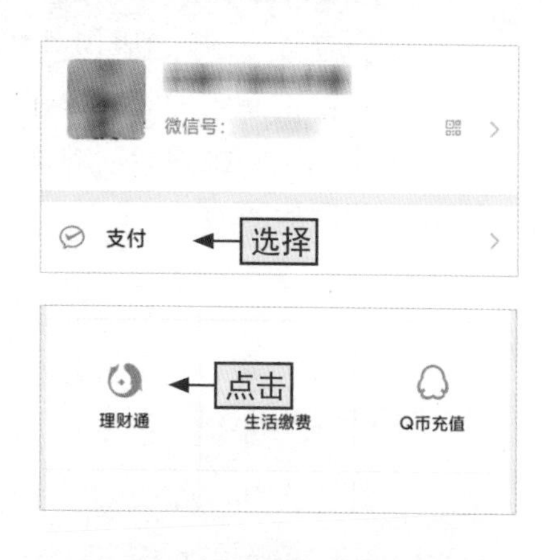

步骤01

进入微信的“我的”界面，选择“支付”选项。

步骤02

在“支付”界面中点击“理财通”按钮。

步骤03

在“腾讯理财通”界面点击界面下方的“理财”按钮。

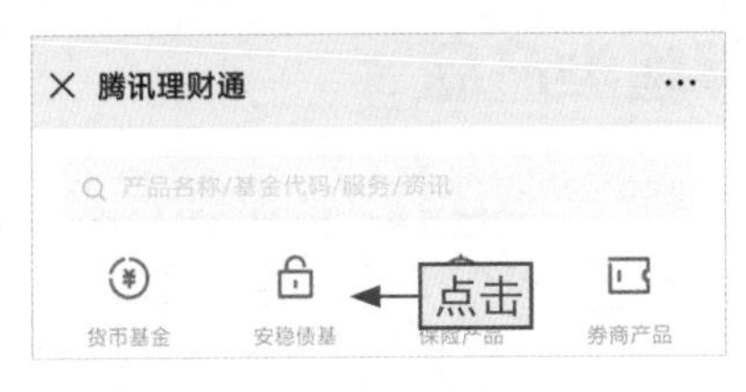

步骤 04

在打开的界面中点击“安稳债基”按钮。

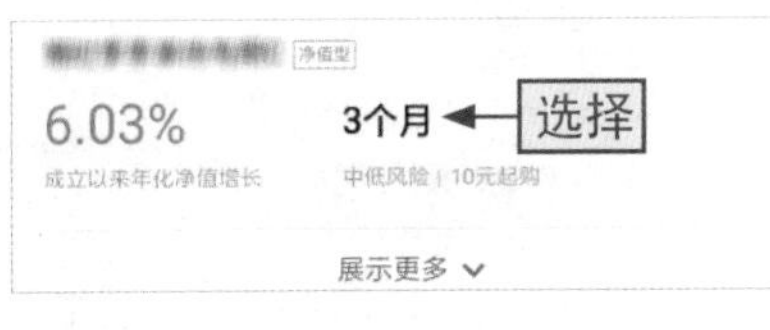

步骤 05

在“定期产品”界面中选择一款认为不错的理财产品。

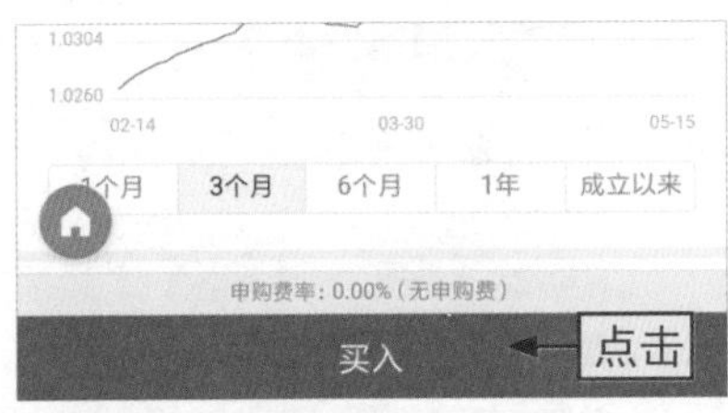

步骤 06

在打开的所选产品详情界面中可查看其理财期限、近段时间年化收益和万份收益等信息，点击“买入”按钮。

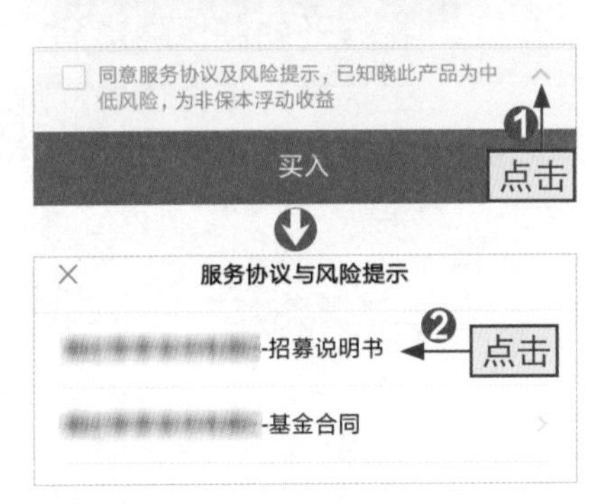

步骤 07

❶点击页面下方同意服务协议复选框右侧的展开按钮，❷在弹出的面板中显示了该产品相关的服务协议与风险提示文件，点击文件名称可阅读该文件内容。

步骤 08

❶中老年人逐个阅读所有服务协议与风险提示文件，了解投资风险后若确定购买，则输入购买金额，❷选中同意服务协议和风险提示复选框，❸点击“买入”按钮。

步骤 09

在打开的“请输入支付密码”对话框中输入支付密码即可完成理财产品的购买。

8.3.2 想享受高一点的收益？买保险类产品

中老年人要知道，目前市场中有很多保险产品不仅有保障功能，还有理财功能，实现保障理财两不误。下面讲解微信中购买保险理财产品的操作。

[跟我做] 购买保险产品，注意保障和理财要兼顾

步骤01

点击“理财”按钮后，进入理财界面，点击“保险产品”按钮。

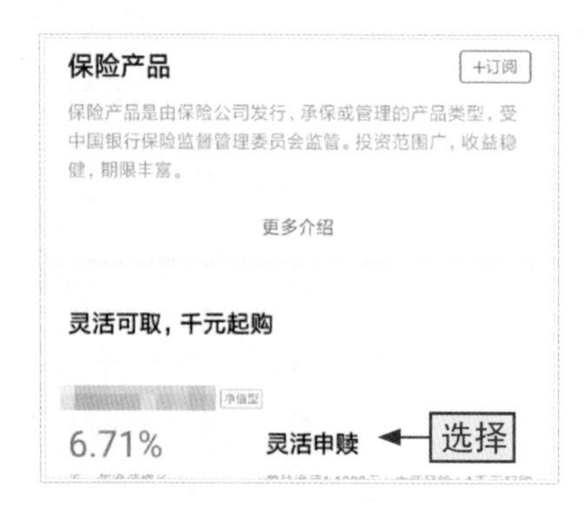

步骤02

在打开的“保险产品”界面中选择一款合适的产品。后续操作参考购买基金产品的步骤。

技巧强化 | 了解保险产品的交易规则

如果中老年人不了解保险理财产品的交易规则，则可通过以下操作对其进行详细了解：在“保险产品”界面的“交易规则”栏中点击“查看规则详情”按钮，在打开的界面中即可查看保险产品的交易规则，如图8-3所示。

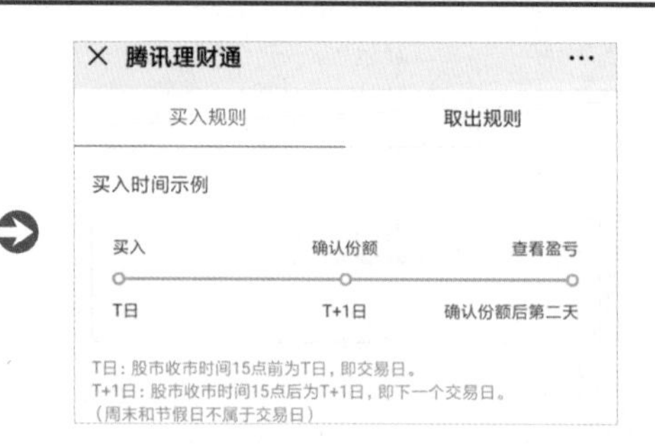

图8-3

8.3.3 取得好收益——进入基金专区选购基金

通常，基金产品的风险要比存款储蓄高，只有货币基金的风险相对较低。如果中老年人想要获得更高的收益，可以进入微信理财的基金专区选购基金，具体操作如下。

[跟我做] 选购基金产品

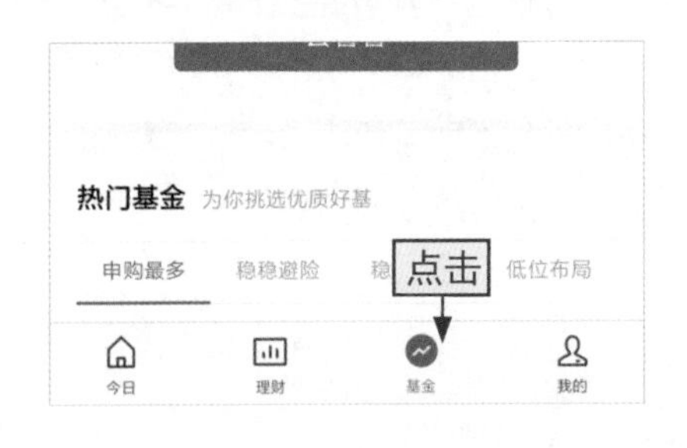

步骤01

点击“理财”按钮后进入理财界面，点击底部“基金”选项卡。

步骤02

在列举出的产品中选择一款产品。

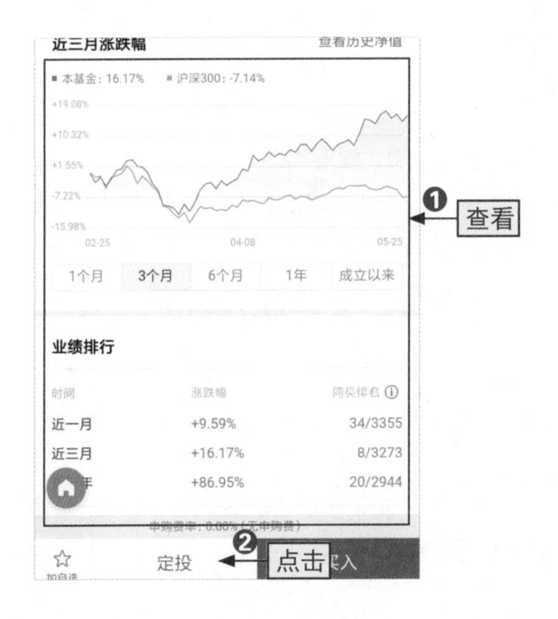

步骤03

❶在产品详情界面中了解产品的涨跌幅和净值估算、盈利概率等数据信息，❷点击“定投”按钮，也可点击“买入”按钮。

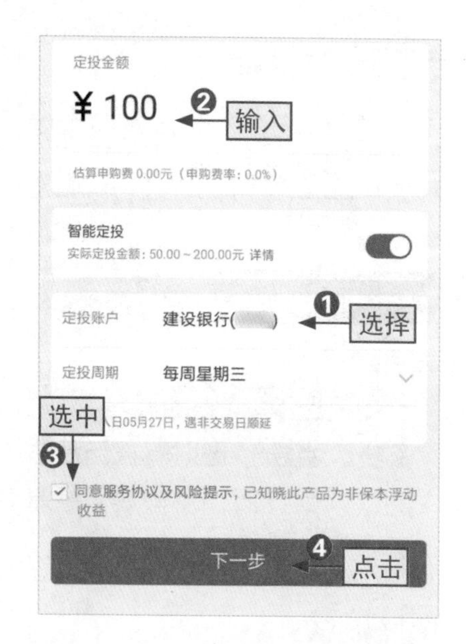

步骤04

❶在“我的定投计划”界面中，选择资金来源，❷输入定投金额（指定定投周期当日要用来购买该基金的数额），❸仔细阅读内容，确认无疑问服务协议及风险提示，知晓此产品为非保本浮动收益，选中前面的复选框，❹点击“下一步”按钮。

步骤05

❶在打开的“智能定投计划确认”对话框中确认定投信息，❷点击“下一步”按钮，完成支付操作即可。

8.3.4 可怜天下父母心——快速为儿女信用卡还款

虽然中老年人使用信用卡的比较少，但学会信用卡还款操作会比较方便，可以在儿女手头紧的时候先替儿女还信用卡，避免延期支付滞纳金。下面讲解微信还信用卡的操作方法。

[跟我做] 微信还信用卡，操作简单又方便

步骤01

进入微信的“支付”界面，点击“腾讯服务”栏中的“信用卡还款”按钮。

步骤02

在“信用卡还款”界面中点击“我要还款”按钮。

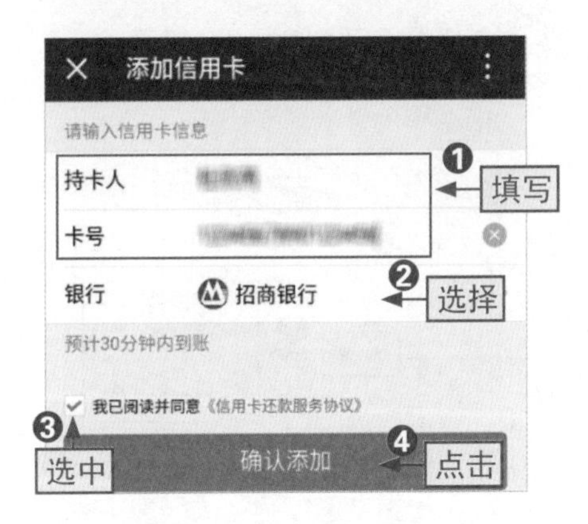

步骤03

❶在“添加信用卡”界面中填写儿女或自己的姓名、信用卡卡号，❷选择银行，❸选中“我已阅读并同意《信用卡还款服务协议》”复选框，❹点击“确认添加”按钮。

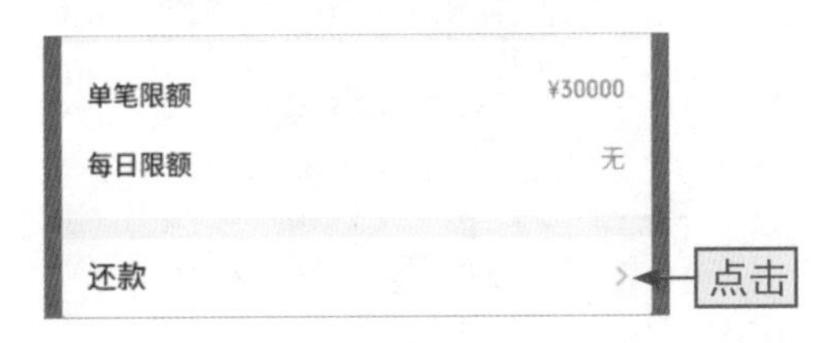

步骤04

在打开的界面中点击“还款”选项右侧的展开按钮。

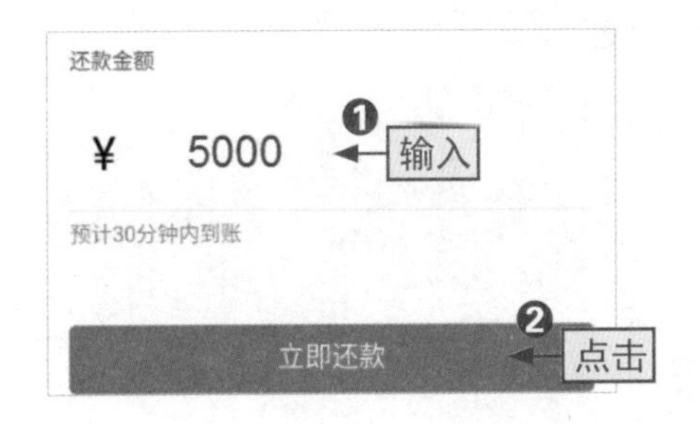

步骤05

❶在打开的界面中输入还款金额，❷点击“立即还款”按钮，完成支付操作即可还款成功。

拓展学习 | 后期微信还信用卡

中老年人要注意，对已经操作过微信还信用卡的情况，在步骤01中点击“信用卡还款”按钮后，系统直接跳转到如图8-4所示的界面，此时选择要还款的信用卡，即可跳转到步骤05的界面中，输入还款金额并点击“立即还款”按钮。

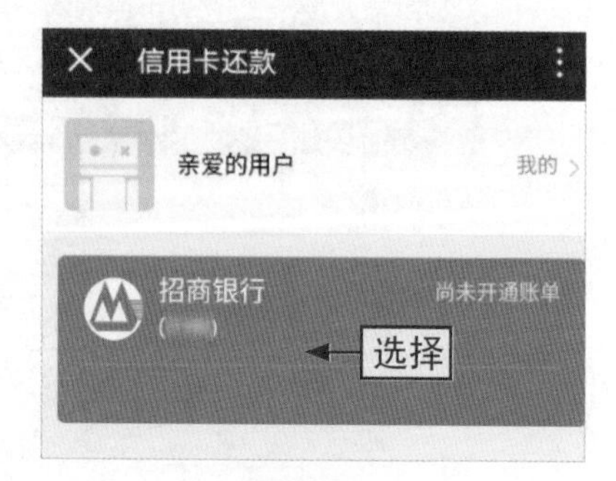

图8-4

第9章 手机炒股，中老年人随时关注行情

学习目标

股票投资的风险比一般的储蓄和货币基金的高，一般中老年人很少会考虑通过炒股来让资产增值。但中老年朋友可以适当地了解一些炒股知识和基本操作，闲暇时候可以用少部分资金练练手，丰富老年生活。

要点内容

- 炒股之前先了解政策资讯
- 快速查看股市行情
- 如何添加自选股
- 中老年朋友可查看涨跌排名了解个股好坏
- 模拟如何买入股票
- 快速开通交易账户
- 分时下单实现闪电买、卖、撤

……

9.1 同花顺手机炒股更简单

小精灵，在手机上是不是也能炒股啊？以前看我儿子天天抱着手机看股票行情，现在连我身边一些同龄的中老年人也在讨论手机炒股的问题。

是的，爷爷，电子科技高速发展，人们只需在手机上安装炒股软件就能随时随地查看股票行情。看您挺感兴趣的，那我就简单地给您讲讲吧。

有些中老年朋友的理财观念较积极，他们对炒股比较感兴趣。而现在人们炒股很方便，只需在手机上安装相关的炒股软件即可开始股票理财。本章就以同花顺APP为例，讲解手机炒股的一些基本的、简单的操作。

9.1.1 炒股之前先了解政策资讯

中老年朋友要有这样的意识，炒股之前先了解政策资讯，这样有利于选股。那么，怎样可以了解最新的政策资讯呢？来看看具体的操作步骤。

[跟我做] 去“资讯”里了解股市新消息

步骤01

进入同花顺首页，点击界面右下方的“资讯”按钮。

步骤02

系统会自动定位在“资讯”界面中的“要闻”界面，选择其中一条新闻。

步骤03

在打开的界面中即可查看所选资讯信息的详细内容。

9.1.2 快速查看股市行情

日常生活中闲暇时候，中老年朋友可以利用手机炒股软件快速查看股市行情，了解股市近况，具体操作如下。

[跟我做] 进入“行情”界面查看股市的各类行情

步骤01

进入同花顺首页，点击界面下方的“行情”按钮。

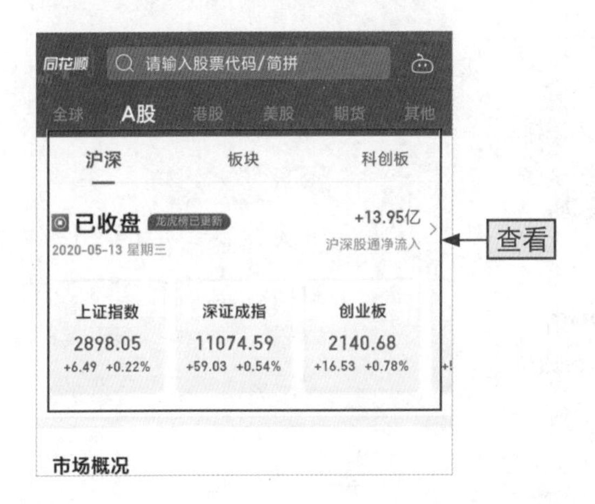

步骤02

在打开的市场行情界面中，程序自动定位在“沪深”界面，在该界面中，中老年朋友可以直观地查看上证指数、深证成指、创业板行情以及涨幅榜、跌幅榜、快速涨幅、换手率、量比和成交额等排行榜信息。

拓展学习丨切换选项卡了解不同类型的行情

步骤02中提到的数据信息都是在“沪深”选项卡下的具体市场行情，如果中老年朋友要了解股市板块或港股等行情，可点击市场行情界面上方的选项卡，切换界面，如图9-1所示。

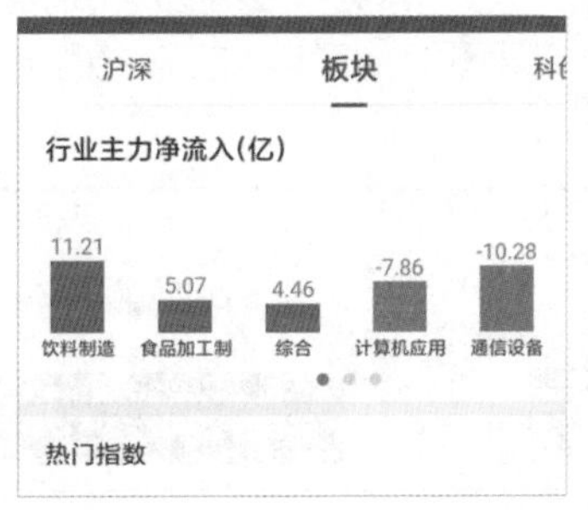

图9-1

9.1.3 如何添加自选股

中老年朋友在了解股市行情的过程中，可能会对某只或某几只股票感兴趣，此时为了下次进入软件时快速查看这些股票的个股行情，可以将其添加为自选股，如何操作呢？具体看看下面的操作方法。

[跟我做] 进入个股行情页面将其添加为自选股

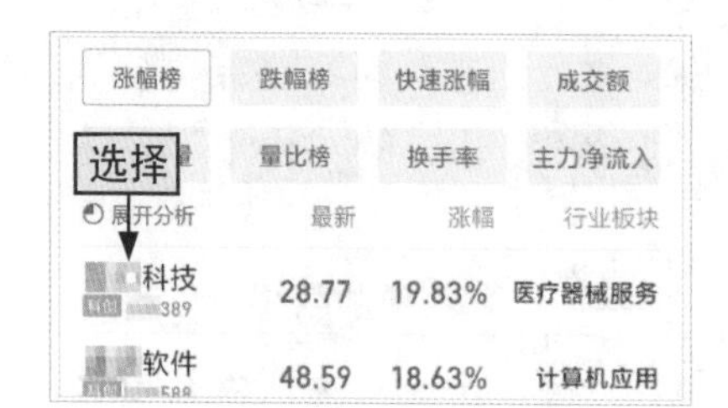

步骤01

进入市场行情界面，选择一只感兴趣的股票，如这里选择“××科技”股票。

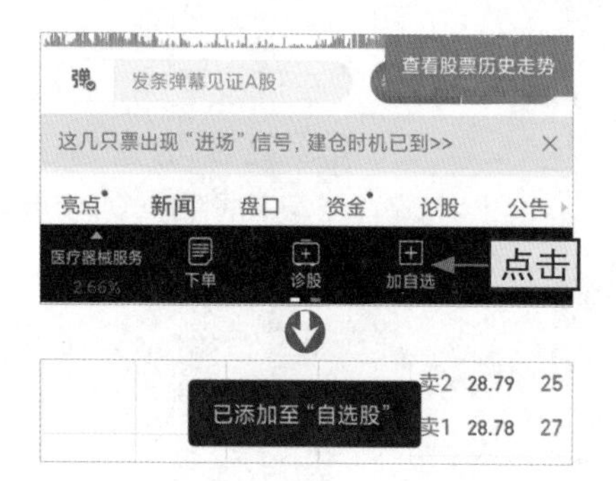

步骤02

进入所选股票的个股行情界面后，点击界面下方的“加自选”按钮，程序会提示“已添加至‘自选股’”。

技巧强化 | 如何删除自选股

中老年朋友如果过了一段时间后，不想再关注以前添加的自选股，可以将其从“自选股”中删除，具体操作是：❶在同花顺首页点击界面下方的“自选”按钮，❷选择要删除的自选股股票，如这里选择“普门科技”股票，❸进入该股票行情界面，点击界面下方的“删自选”按钮，如图9-2所示。如果刚添加了自选股就想删除，则可以在步骤02中直接点击“删自选”按钮。

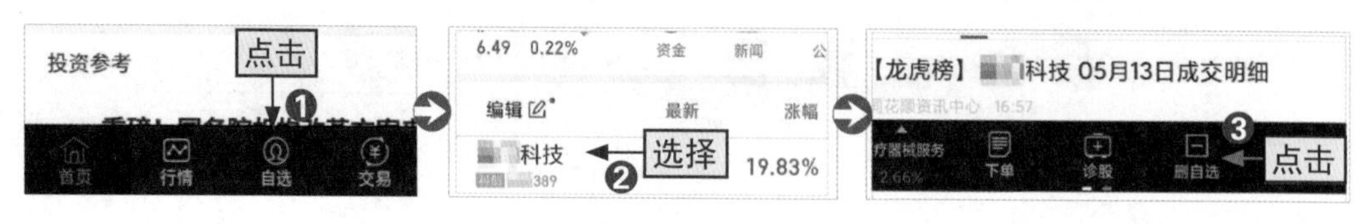

图9-2

9.1.4 “诊股”功能让你详细了解股票现状

如果不是专业的股民，人们很难看懂股市行情数据。中老年朋友要想直观、详细地了解股票状况，可通过“诊股”功能达到目的，具体操作如下。

[跟我做] 让软件给出直观的股票现状

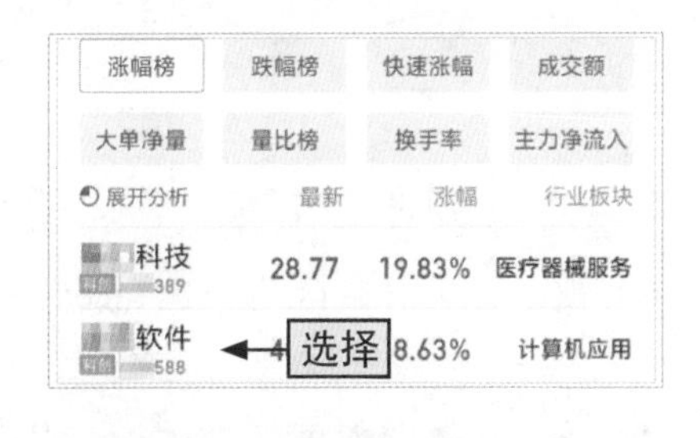

步骤01

进入同花顺的市场行情界面，在涨幅榜中选择一只想要了解详情的股票，如这里选择“××软件”股票。

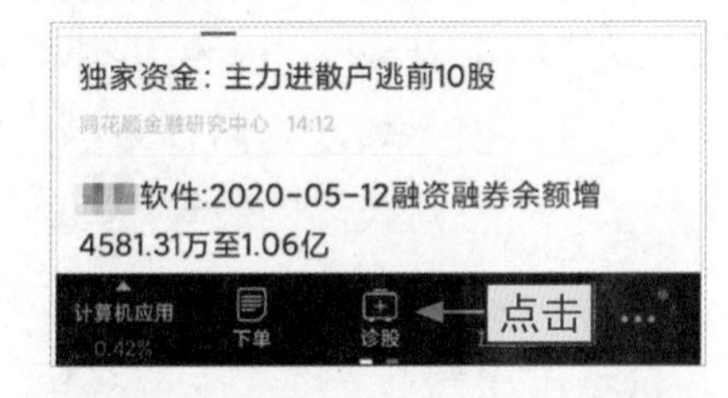

步骤02

进入“××软件”股票的详情界面，点击下方的“诊股”按钮。

步骤03

打开“同花顺手机诊股”界面，查看综合诊断分数和具体分析。除此之外，中老年朋友在该界面中还可查看技术面分析、资金面分析、消息面分析、基本面分析和风险提示等诊断结果。

9.1.5 中老年朋友可查看涨跌排名了解个股好坏

很多中老年朋友没有多少炒股经验，一般都从涨跌幅度来了解个股好坏。下面以同花顺为例，讲解查看股票涨跌排名的具体操作。

[跟我做] 利用涨幅榜查看个股涨幅排名情况

步骤01

进入同花顺的市场行情界面，在涨幅榜中点击底部的“更多”按钮。

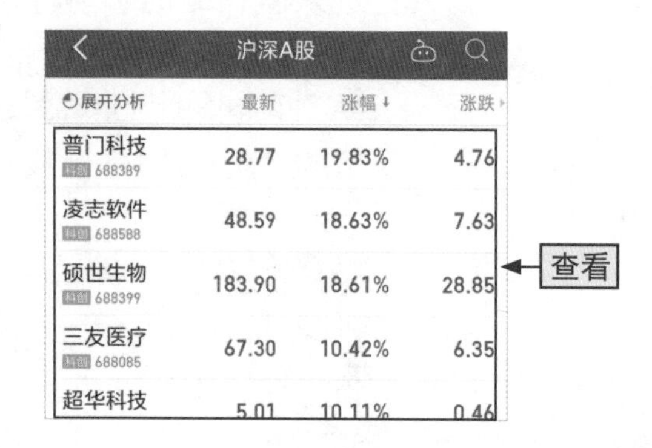

步骤02

在打开的界面中即可查看到更多的股票涨幅排名。中老年朋友要注意，系统默认的是涨幅最高的排列在最前面，依次往后列举的是涨幅相对较高的股票。

同理，当中老年朋友要查看跌幅榜时，❶点击“跌幅榜”按钮，❷再点击下方的“更多”按钮即可，如图9-3所示。跌幅榜中，跌幅最大的排列在最前面，依次往后列举的是跌幅相对较大的股票。另外，股市行情中，红色数据表示“涨”，绿色数据表示“跌”。

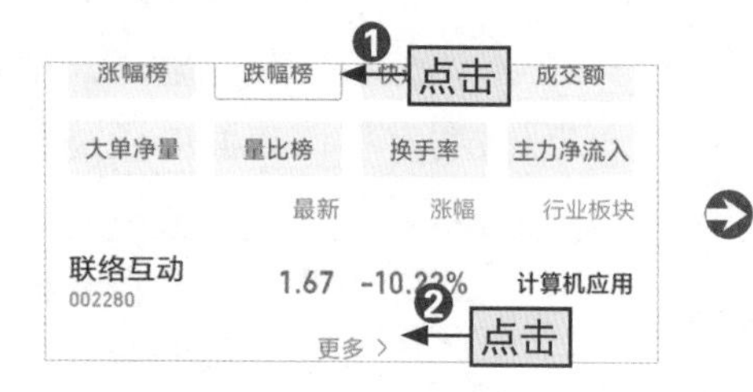

图9-3

9.1.6 如何查看个股的详细日K线图

当中老年朋友在市场行情界面中选择相应的个股后，进入到的界面中查看的是该股的日分时图，要想查看详细的日、周或月K线图，可以参考如下所示的步骤进行操作。

[跟我做] 查看某只股票的详细日K线图

步骤01

进入同花顺的市场行情界面，选择一只股票，进入该股票的分时图界面，如这里进入“××集团”的分时图界面，向左滑动手机屏幕，切换界面。

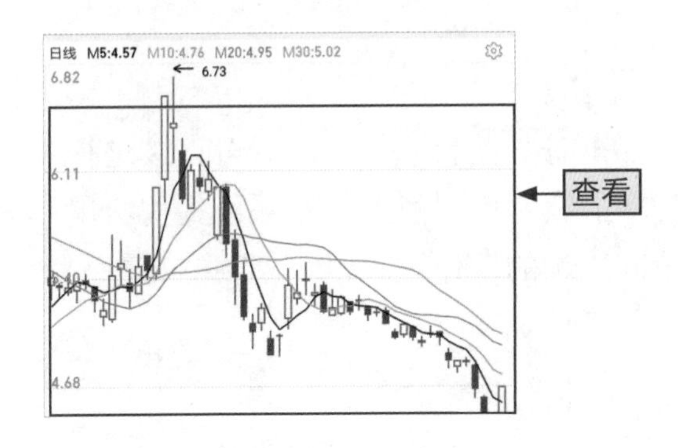

步骤02

在切换的界面中就可查看该只股票近几个月内的日K线图和对应的成交量与MACD等数据。

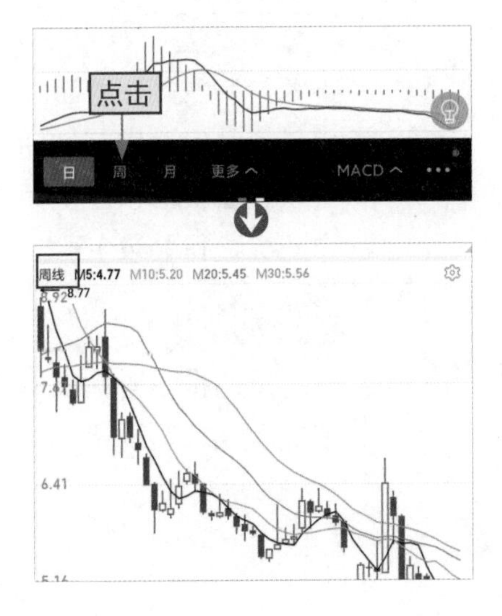

步骤03

点击该界面下方的“周”或者“月”按钮即可将日K线图切换为周K线图或者月K线图。

9.2 中老年人先模拟炒股练练手

哎呀！我也想试试炒股呢。可是我一点经验也没有，要是赔钱了怎么办？我可不想拿自己的养老金开玩笑。

爷爷，别着急啊！您可以先注册模拟账号，试试模拟炒股，这样您也可以熟悉炒股操作流程和积累炒股经验，即使亏了，也是账号中的虚拟资金，亏的不是您的钱。

股票投资活动的风险很高，只有少数中老年人对股票投资有极大的兴趣，想要学会手机炒股的基本操作。本节内容将为中老年朋友讲解模拟炒股。

9.2.1 快速登录同花顺

中老年朋友要进行模拟炒股，首先需要登录软件，然后可直接进行模拟炒股。当在模拟炒股状态下，该账号中的钱是虚拟资金，是系统提供给用户进行模拟炒股用的。下面介绍快速登录同花顺的操作过程。

[跟我做] 进行快速登录软件

步骤01

进入“同花顺”首页，点击“模拟炒股”图标按钮（也可以在首页点击左上角的用户图标进行登录）。

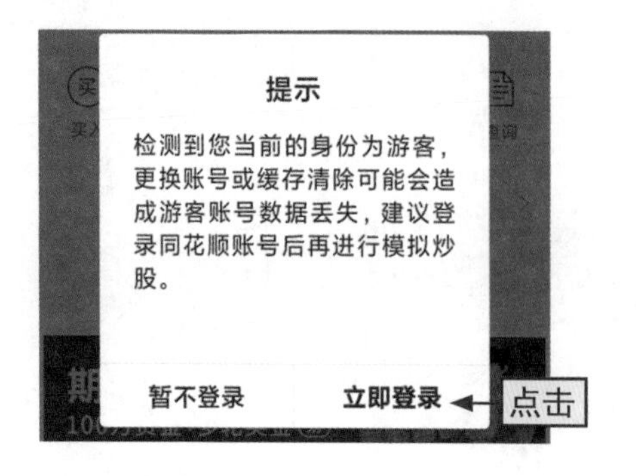

步骤02

在打开的提示对话框中点击“立即登录”按钮。

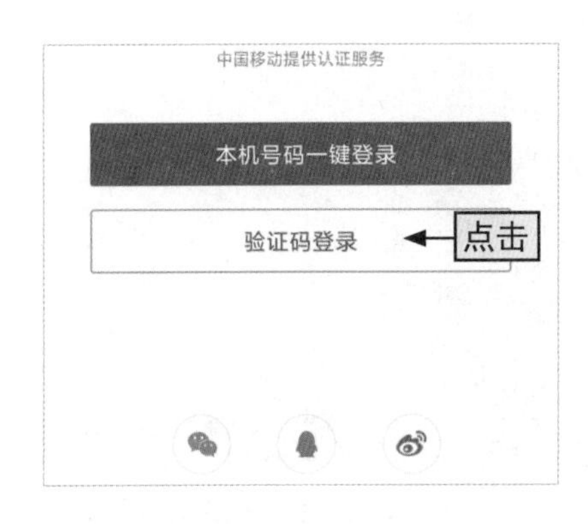

步骤03

在打开的界面中可以选择直接登录，也可以选择验证码登录，这里点击“验证码登录”按钮。

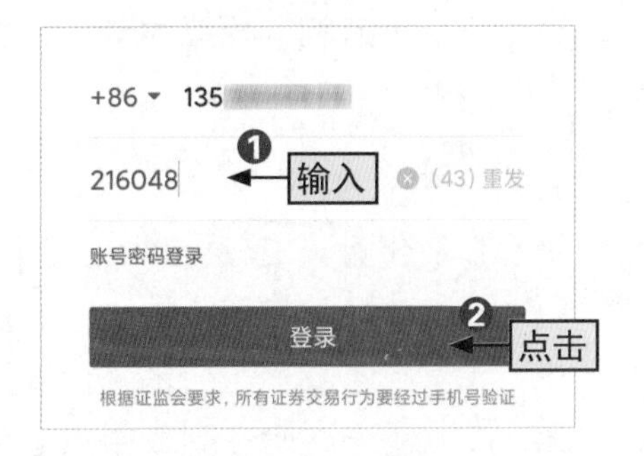

步骤04

❶在打开的界面中输入手机号码，❷点击“获取验证码”按钮。

步骤05

❶在文本框中输入验证码，❷点击“登录”按钮即成功登录。

拓展学习 | 登录软件的其他方式

除了前面提到的登录方式外，还可以通过微信、QQ和微博等第三方用户账号进行登录，只需要在步骤03对应的图片中点击底部对应的按钮即可进行第三方登录。在步骤04对应的图片中还可以点击下方的“账号密码登录”按钮，使用账号密码登录，但是需要先进行注册。

9.2.2 模拟如何买入股票

中老年人进行模拟炒股时，怎样买入股票呢？下面来看看模拟炒股买入股票的具体操作。

[跟我做] 参与模拟大赛，买入股票

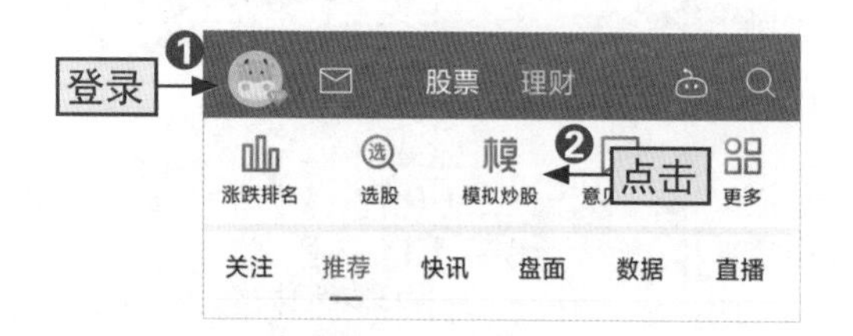

步骤01

❶登录账号，进入“同花顺”首页，❷点击“模拟炒股”图标按钮。

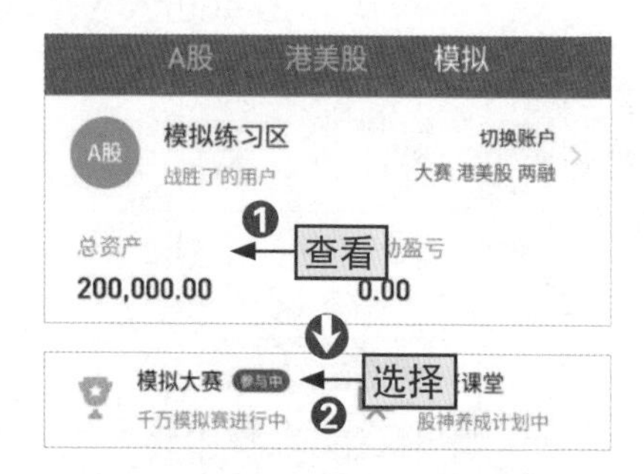

步骤02

❶在“模拟”界面可看到账户的总资产有20万元，这些都是虚拟资金。❷选择界面下方的“模拟大赛”选项。

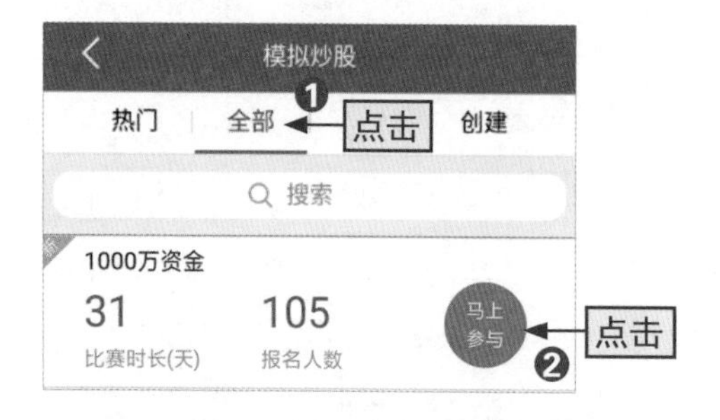

步骤03

❶打开“模拟炒股”界面，点击界面上方的“全部”选项卡，❷在列表中点击想要参加的比赛选项右侧的“马上参与”按钮。

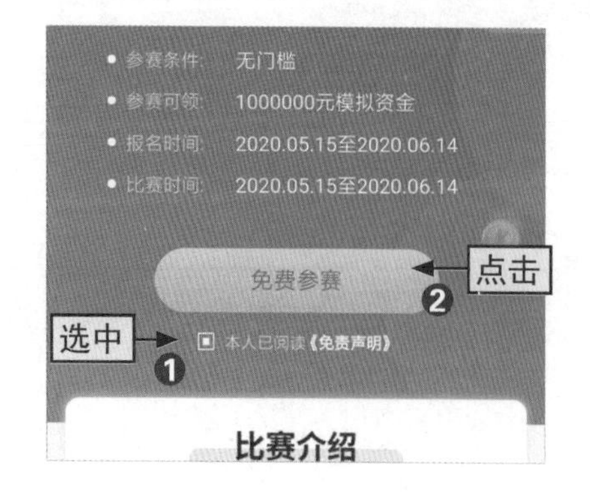

步骤04

必须仔细阅读《免责声明》内容，经确认后，❶选中“本人已阅读《免责声明》”复选框，❷点击“免费参赛”按钮。

步骤05

程序提示参赛成功，点击“立即进入比赛”超链接。

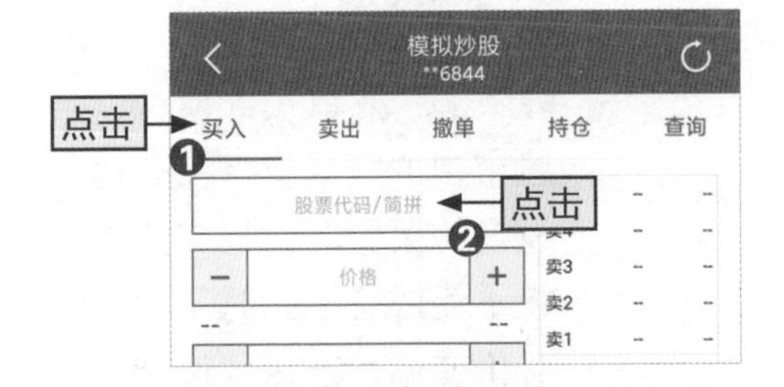

步骤06

程序自动跳转到“模拟炒股”界面，点击“买入”选项卡，点击“股票代码/简拼”文本框。

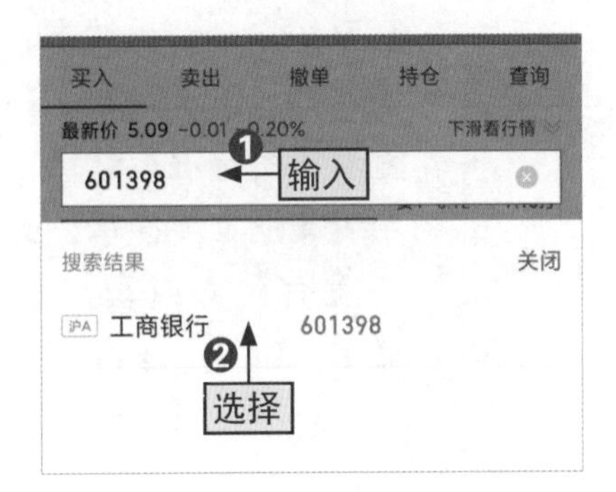

步骤07

❶在展开的文本框中输入想要购买的股票的代码，比如这里输入“601398”（工商银行的股票代码），❷在搜索结果中选择相应的选项。

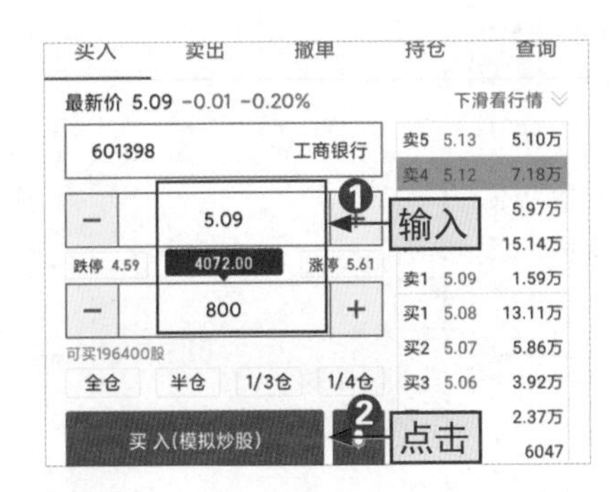

步骤08

❶返回“买入”界面，输入购买股票的价格和股票的股数，❷点击“买入（模拟炒股）”按钮。

买 入(模拟炒股)

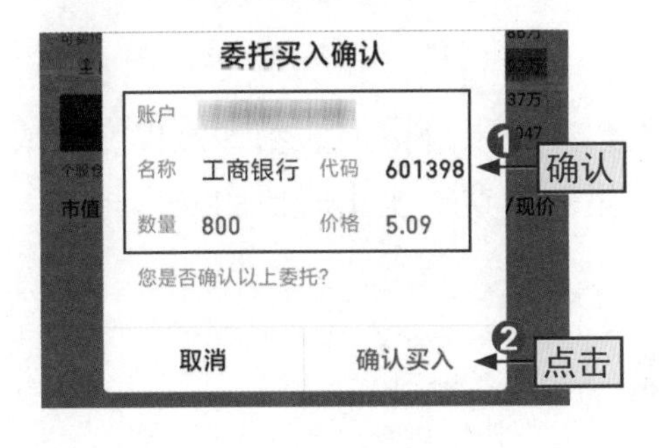

步骤09

❶打开“委托买入确认”对话框，确认买入信息，❷确认无误后点击“确认买入”按钮。

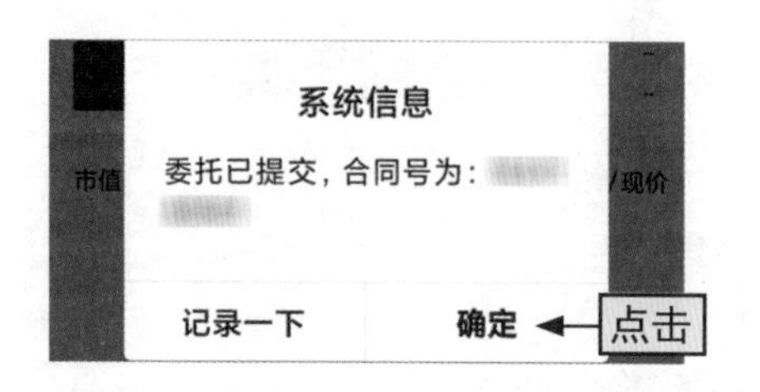

步骤10

系统提示委托已成交并给出合同号，点击"确定"按钮关闭对话框。

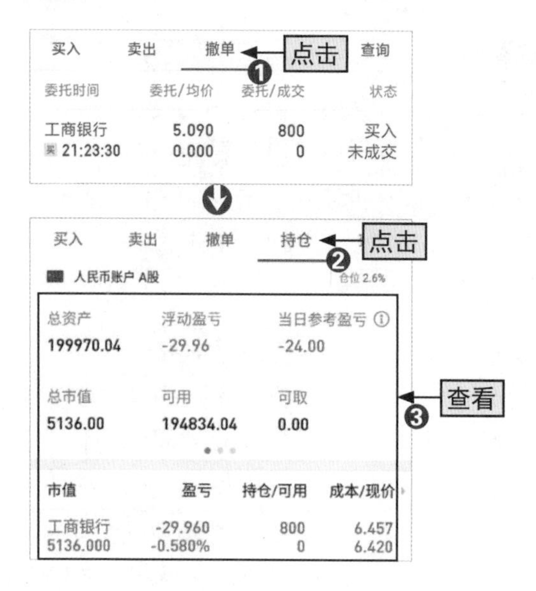

步骤11

❶点击"撤单"选项卡，当股市中的股票价格没有达到设定的买价时，提交的委托将不能成交，此时只能等待股价变动，当达到设定股价时系统自动买入股票，❷点击"持仓"选项卡，❸实时查看投资情况。注意，如果中老年朋友要撤单，必须在还没有买入或卖出前才能撤单。

拓展学习 | 交易时间外无法提交委托

股市每天都有固定的交易时间，即周一至周五早上9:00～下午15:00为交易时间，其中，国家法定节假日也不会开市。如果在非交易时间提交委托申请，系统将出现如图9-4所示的提示信息。

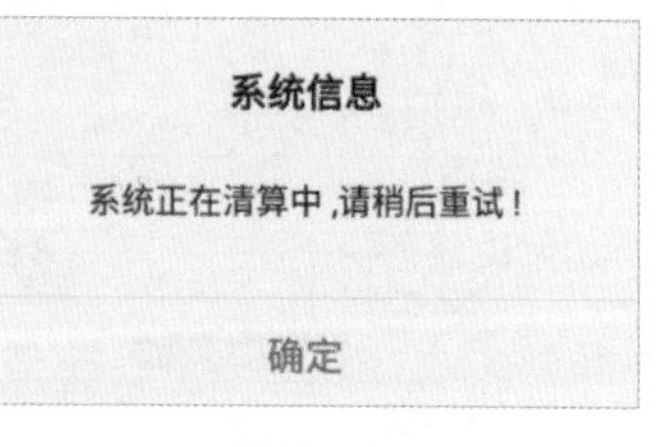

图9-4

9.2.3 卖出股票要怎么做

中老年朋友利用账户模拟买入的股票，如果价格上涨到一定程度，或者价格开始下降而想要止损，就需要卖出手里的股票。卖出股票的操作与买入股票的操作类似，具体操作如下。

[跟我做] 看好价格，及时卖出股票

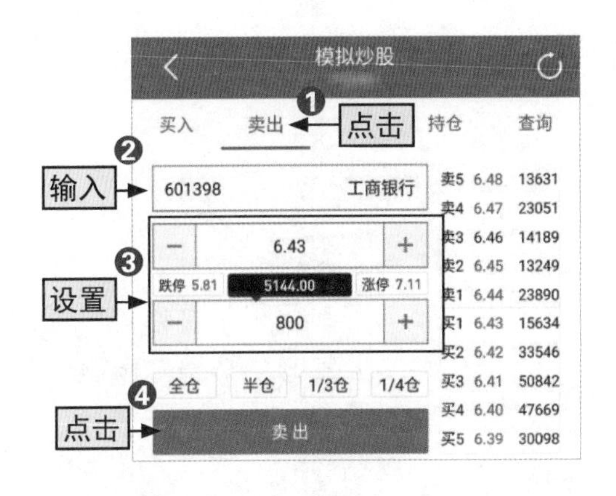

步骤01

❶进入“模拟炒股”界面，点击“卖出”选项卡，❷在股票代码框中输入要卖出股票的代码，❸设置卖出股票的价格和股数，❹点击“卖出”按钮。

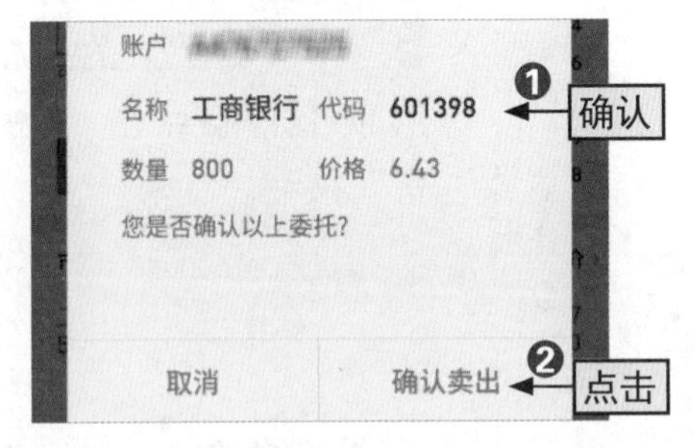

步骤02

❶在打开的“委托卖出确认”对话框中确认卖出信息，❷点击“确认卖出”按钮，等待系统提交委托并卖出股票。

9.3 涉及交易的行为要先开户

小精灵，我也做了很长一段时间的模拟炒股了，想要注册一个正式的炒股账号试试，你觉得怎么样？

可以啊，爷爷，您开户以后也不一定非得马上就买入股票，可以先观察股市行情，再择机进行交易。

股票投资风险高，但相应地，其收益变动快，赚钱也就快一点。中老年朋友家里条件比较好的，可以开通正式的股票账户，偶尔做做股票投资也不错。

9.3.1 快速开通交易账户

中老年朋友要注意，如果想要进行正式的股票交易，仅登录账号还不行，

还需要开通正式的交易账户。下面介绍低佣金开户的操作步骤。

[跟我做] 如何开通交易账户

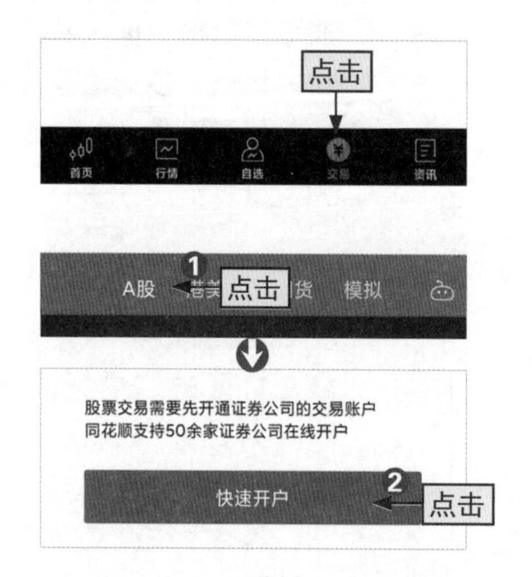

步骤01

进入“同花顺”首页，点击界面下方的“交易”按钮。

步骤02

❶点击界面上方的“A股”选项卡，❷点击“快速开户”按钮。

步骤03

在打开的“A股开户”界面中点击想要开户的证券公司对应的“开户”按钮，如这里点击一个证券右侧的“开户”按钮。等待系统下载安装相应的插件。

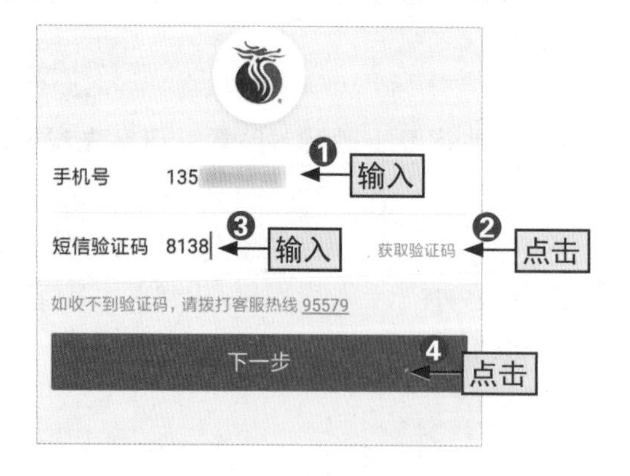

步骤04

❶在打开的界面中输入手机号码，❷点击“获取验证码”按钮，❸输入收到的验证码，❹点击“下一步”按钮。随后根据步骤提示完成身份证上传、银行卡绑定和密码设置等操作即可完成交易账户的开通。

9.3.2 分时下单实现闪电买、卖、撤

中老年朋友在正式进行股票买卖操作时，除了可以按照模拟炒股的方法，在“交易”界面买卖股票外，还可进入具体的股票详情页面进行闪电买、卖、撤操作，下面以闪电买入为例，讲解具体的步骤。

[跟我做] 添加账户，进入个股详情页开始交易

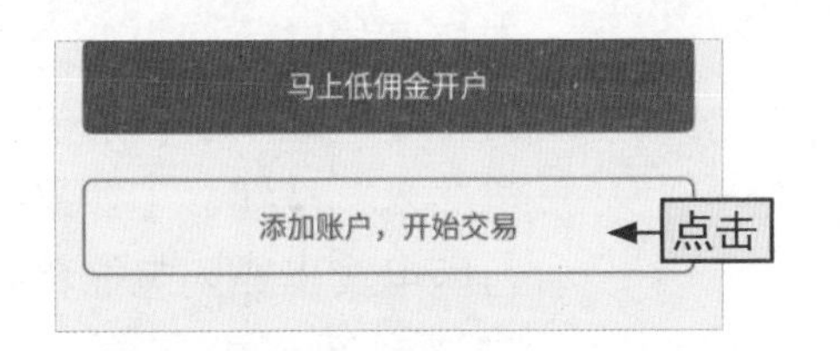

步骤01

开户成功后，返回“交易”界面，点击“添加账户，开始交易”按钮。

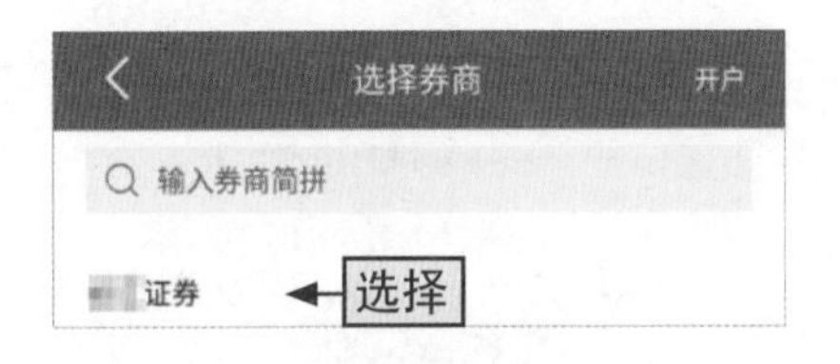

步骤02

在“选择券商”界面中选择开户券商，这里选择“一个证券”选项。

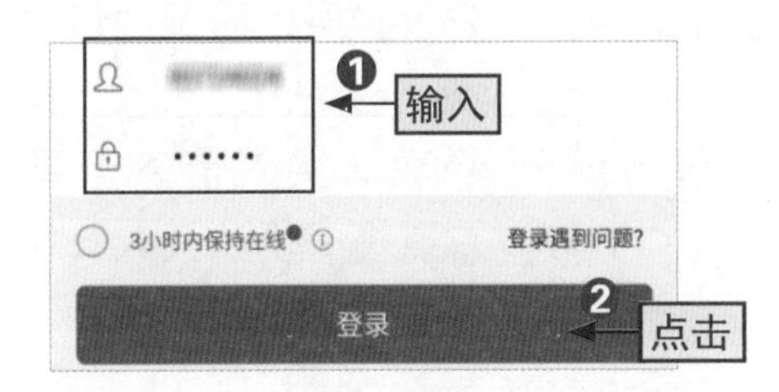

步骤03

❶在打开的“添加交易账户”界面中输入交易账号和登录密码，❷点击“登录”按钮。

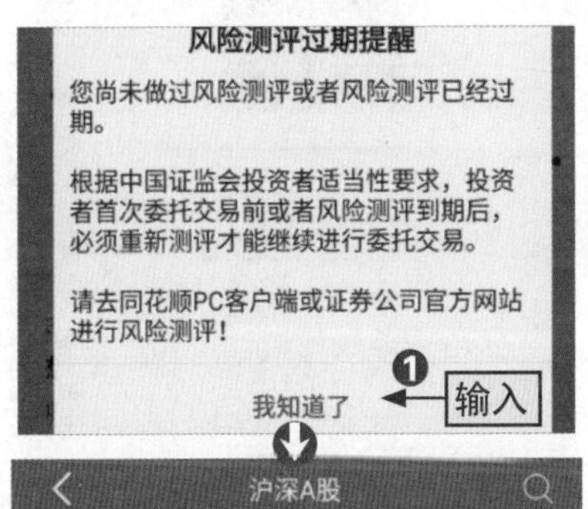

步骤04

程序提示进行风险测评，❶点击“我知道了”按钮可关闭对话框。此时点击界面下方的“行情”按钮进入市场行情界面，点击“涨幅榜”右侧的“更多”按钮进入“沪深A股”界面，❷在其中选择一只想要买入的股票，如这里选择一个股票选项。

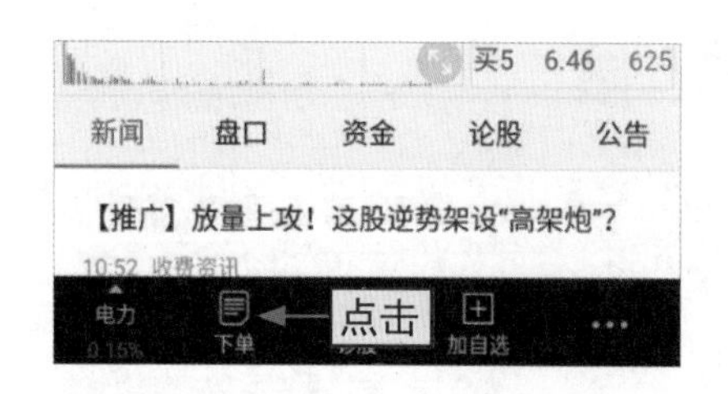

步骤05

进入这个股票的分时图界面，点击该界面下方的“下单”按钮。

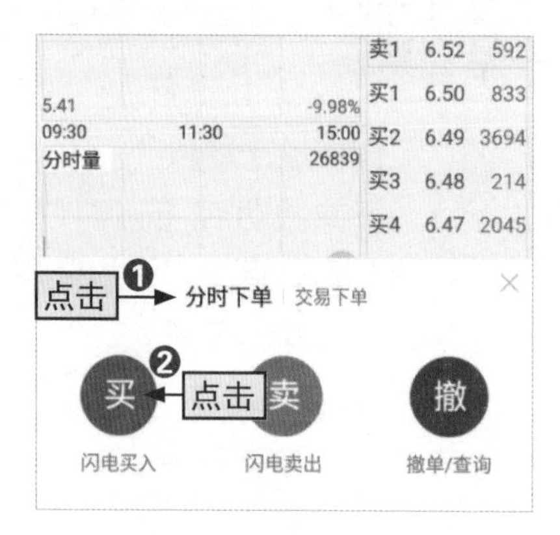

步骤06

在打开的对话框中点击“分时下单”选项卡，点击“闪电买入”按钮，（如果要进行闪电卖出或闪电撤单，均在该对话框中完成相关操作，后续步骤可参考闪电买入的操作过程）。

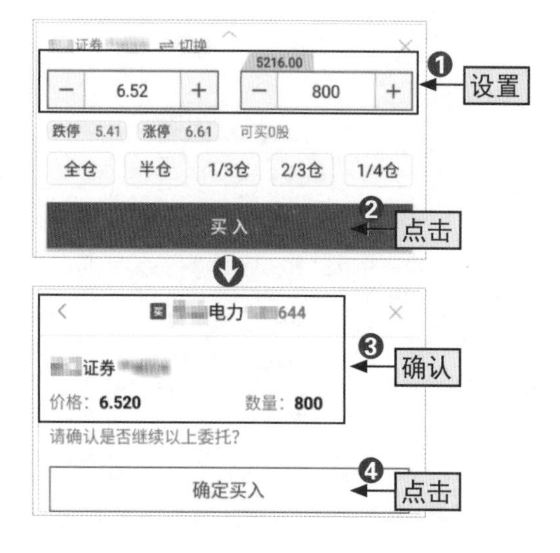

步骤07

❶设置买入股票的价格和数量，❷点击“买入”按钮，❸确认买入信息无误后，❹点击“确认买入”按钮即可完成闪电买入操作。

9.3.3 交易下单

进入某只股票的分时图界面以后，中老年朋友也可进行股票买卖的一般操作，具体步骤如下。

[跟我学] 从个股分时图界面进入交易界面买入股票

进入某只股票的分时图界面，点击“下单”按钮后，❶在打开的对话框中点击“交易下单”选项卡，❷点击“买入”按钮，程序将跳转到“交易”界面，如图9-5所示。接着按照模拟炒股中买入股票的步骤完成交易下单操作。

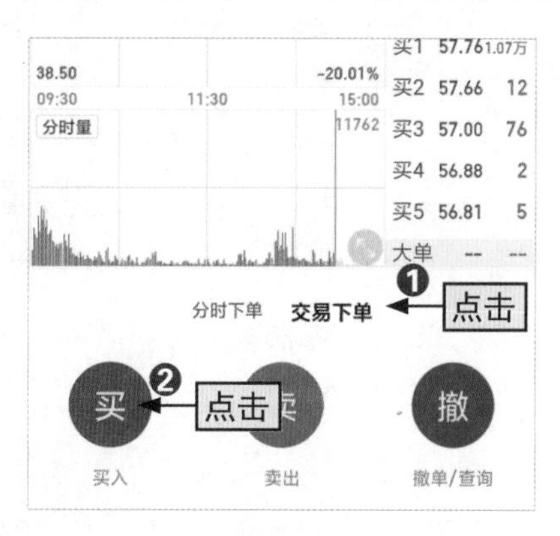

图9-5

中老年朋友进行手机理财时，需要根据自身情况而定，本书的作用只是介绍手机理财的方法，不代表手机理财的标准。